传世经典书丛
Eternal Classics

Effective C++

改善程序与设计的55个具体做法（第三版）中文版

Effective C++：55 Specific Ways to Improve Your Programs and Designs

3rd Edition

[美] Scott Meyers 著

侯捷 译

電子工業出版社
Publishing House of Electronics Industry
北京•BEIJING

内容简介

有人说C++程序员可以分为两类，读过Effective C++的和没读过的。世界顶级C++大师Scott Meyers成名之作的第三版的确当得起这样的评价。当您读过这本书之后，就获得了迅速提升自己C++功力的一个契机。

在国际上，本书所引起的反响，波及整个计算机技术的出版领域，余音至今未绝。几乎在所有C++书籍的推荐名单上，本书都会位于前三名。作者高超的技术把握力、独特的视角、诙谐轻松的写作风格、独具匠心的内容组织，都受到极大的推崇和仿效。这种奇特的现象，只能解释为人们对这本书衷心的赞美和推崇。

这本书不是读完一遍就可以束之高阁的快餐读物，也不是用以解决手边问题的参考手册，而是需要您去反复阅读体会的，C++是真正程序员的语言，背后有着精深的思想与无以伦比的表达能力，这使得它具有类似宗教般的魅力。希望这本书能够帮您跨越C++的重重险阻，领略高处才有的壮美风光，做一个成功而快乐的C++程序员。

版权贸易合同登记号　图字：01-2005-3583

图书在版编目（CIP）数据

Effective C++ : 改善程序与设计的55个具体做法：第3版 /（美）梅耶（Meyers,S.）著；侯捷译. —北京：电子工业出版社，2011.1
（传世经典书丛）
书名原文：Effective C++ : 55 Specific Ways to Improve Your Programs and Designs, 3/e
ISBN 978-7-121-12332-0

Ⅰ. ①E… Ⅱ. ①梅… ②侯… Ⅲ. ①C语言—程序设计 Ⅳ. ①TP312

中国版本图书馆CIP数据核字（2010）第223862号

责任编辑：周　筠
文字编辑：许　艳
印　　刷：三河市君旺印务有限公司
装　　订：三河市君旺印务有限公司
出版发行：电子工业出版社
　　　　　北京市海淀区万寿路173信箱　邮编　100036
开　　本：787×980　1/16　印张：21　字数：380千字
版　　次：2011年1月第1版
印　　次：2025年9月第46次印刷
定　　价：89.00元

凡所购买电子工业出版社图书有缺损问题，请向购买书店调换。若书店售缺，请与本社发行部联系，联系及邮购电话：（010）88254888，88258888。

质量投诉请发邮件至zlts@phei.com.cn，盗版侵权举报请发邮件至dbqq@phei.com.cn。

本书咨询联系方式：010-51260888-819，faq@phei.com.cn。

悦读上品 得乎益友

孔子云："取乎其上，得乎其中；取乎其中，得乎其下；取乎其下，则无所得矣"。

对于读书求知而言，这句古训教我们去读好书，最好是好书中的上品——经典书。其中，科技人员要读的技术书，因为直接关乎客观是非与生产效率，阅读选材本更应慎重。然而，随着技术图书品种的日益丰富，发现经典书越来越难，尤其对于涉世尚浅的新读者，更为不易，而他们又往往是最需要阅读、提升的重要群体。

所谓经典书，或说上品，是指选材精良、内容精练、讲述生动、外延丰盈、表现手法体贴入微的读品，它们会成为读者的知识和经验库中的重要组成部分，并且拥有从不断重读中汲取养分的空间。因此，选择阅读上品的问题便成了有效阅读的首要问题。当然，这不只是效率问题，上品促成的既是对某一种技术、思想的真正理解和掌握，同时又是一种感悟或享受，是一种愉悦。

与技术本身类似，经典 IT 技术书多来自国外。深厚的积累、良好的写作氛围，使一批大师为全球技术学习者留下了璀璨的智慧瑰宝。就在那个年代即将远去之时，无须回眸，也能感受到这一部部厚重而深邃的经典著作，在造福无数读者后从未蒙尘的熠熠光辉。而这些凝结众多当今国内技术中坚美妙记忆与绝佳体验的技术图书，虽然尚在国外图书市场上大放异彩，却已逐渐淡出国人的视线。最为遗憾的是，迟迟未有可以填补空缺的新书问世。而无可替代，不正是经典书被奉为圭臬的原因？

为了不让国内读者，尤其是即将步入技术生涯的新一代读者，就此错失这些滋养过先行者们的好书，以出版 IT 精品图书，满足技术人群需求为己任的我们，愿意承担这一使命。本次机遇惠顾了我们，让我们有机会携手权威的 Pearson 公司，精心推出"传世经典书丛"。

在我们眼中，"传世经典"的价值首先在于——既适合喜爱科技图书的读者，也符合专家们挑剔的标准。幸运的是，我们的确找到了这些堪称上品的佳作。丛书带给我们的幸运颇多，细数一下吧。

得以引荐大师著作

有恐思虑不周，我们大量参考了国外权威机构和网站的评选结果，并得到了 Pearson 的专业支持，又进一步对符合标准之图书的国内外口碑与销售情况进行细致分析，也听取了国内技术专家的宝贵建议，才有幸选出对国内读者最富有技术养分的大师上品。

向深邃的技术内涵致敬

中外技术环境存在差异，很多享誉国外的好书未必适用于国内读者；且技术与应用瞬息万变，很容易让人心生迷惘或疲于奔命。本丛书的图书遴选，注重打好思考方法与技术理念的根基，旨在帮助读者修炼内功，提升境界，将技术真正融入个人知识体系，从而可以一通百通，从容面对随时涌现的技术变化。

翻译与评注的双项选择

引进优秀外版著作，将其翻译为中文供国内读者阅读，较为有效与常见。但另有一些外语水平较高、喜好阅读原版的读者，苦于对技术理解不足，不能充分体会原文表述的精妙，需要有人指导与点拨。而一批本土技术精英经过长期经典熏陶及实践锤炼，已足以胜任这一工作。有鉴于此，本丛书在翻译版的同时推出融合英文原著与中文点评、注释的评注版，供不同志趣的读者自由选择。

承蒙国内一流译(注)者的扶持

优秀的英文原著最终转化为真正的上品，尚需跨越翻译鸿沟，外版图书的翻译质量一直屡遭国内读者诟病。评注版的增值与含金量，同样依赖于评注者的高卓才具。好在，本丛书得到了久经考验的权威译(注)者的认可和支持，首肯我们选用其佳作，或亲自参与评注工作。正是他们的参与保证了经典的品质，既再次为我们的选材把关，更提供了一流的中文表述。

期望带给读者良好的阅读体验

一本好书带给人的愉悦不止于知识收获，良好的阅读感受同样不可缺少，且对学业不无助益。为让读者收获与上品相称的体验，我们在图书装帧设计与选材用料上同样不敢轻率，惟愿送到读者手中的除了珠玑章句，还有舒适与熨帖的视觉感受。

所有参与丛书出版的人员，尽管能力有限，却无不心怀严谨之心与完美愿望。如果读者朋友能从潜心阅读这些上品中偶有获益，不啻为对我们工作的最佳褒奖。若有阅读感悟，敬请拨冗告知，以鼓励我们继续在这一道路上贡献绵薄之力。如有不周之处，也请不吝指教。

电子工业出版社博文视点

二〇一〇年十二月

Effective C++第三版赢得的赞誉

Scott Meyers的《*Effective C++*》第三版萃取了原本必须历经艰辛才能学到的编程经验。这本书是一份很棒的资源，我推荐给每一位专业C++ 程序员。

—— *Peter Dulimov, ME, Engineer, Ranges and Assessing Unit, NAVSYSCOM, Australia*

第三版仍然是“如何将 C++ 各部件以高效、高凝聚方式结合起来”的最佳书籍。声称自己是个 C++ 程序员之前，你一定得读过这本书。

—— *Eric Nagler, Consultant, Instructor, and author of* Learning C++

本书第一版被我归类为少数（真的非常少数）在我成长为一个专业软件开发人员的过程中有重大意义的书籍之一。它很实用又易阅读，却又装载着重要的忠告。《*Effective C++*》第三版延续这项传统。C++ 是个威力十足的编程语言，如果C带给你足够绞死自己的绳索，C++ 就是间五金店，挤满了许多准备为你绑绳结的人。只要精通本书讨论的重点，便可明确增加高效运用C++ 的能力并减缓压力。

——*Jack W. Reeves, Chief Executive Officer, Bleading Edge Software Technologies*

每一位参与我的开发团队的新手，都有一份功课要做：读这本书。

——*Michael Lanzetta, Senior Software Engineer*

九年前我读了《*Effective C++*》第一版，它立刻成为我最喜爱的一本 C++ 书籍。我认为第三版对于那些希望以C++ 进行高效编程的人仍然是必备读物。如果每一位C++ 程序员着手写下他们的第一行C++ 专业代码之前都先读过这本书，我们的世界会变得更好一些。

——*Danny Rabbani, Software Development Engineer*

当我还是个在第一线战场上努力搏斗的程序员，尝试怎么做比较好时，偶然机会遇上了Scott Meyers的《*Effective C++*》第一版。多美好的救星呀！我发现Meyers的忠告很实际、有用，并且有效，百分之百履行了标题上的承诺。第三版带来在严肃开发项目中使用C++ 的最新实用事物，并针对语言的最新发展和特性增加了新的篇章。我很高兴发现，从一本我原本以为自己已有很好体验的书籍的新版中，仍然学到一些有趣而新奇的东西。

——*Michael Topic, Technical Program Manager*

对于想要安全并高效使用 C++，或打算从其它 OO 语言移转到 C++ 阵营的任何人而言，这一本来自著名 C++ 导师 Scott Meyers 的书籍，是最可靠的指引。本书以清晰、简洁、有娱乐效果、见解深刻的方式，表现出极具价值的信息。

——*Siddhartha Karan Singh, Software Developer*

于一般性入门教科书之外，这应该是第二本任何 C++ 开发者应该阅读的书籍了。它超越了 C++ 语言“如何做”以及“是什么”的范畴，直指 C++ 的“为什么”。它帮助我对 C++ 的理解层次从语法晋升至编程哲学。

——*Timothy Knox, Software Developer*

这是一本 C++ 经典书籍的惊人更新版本。Meyers 在这一版本中涵盖了许多新领域，每一位认真的 C++ 程序员都应该拥有这一新版。

——*Jeffrey Somers, Game Programmer*

《*Effective C++*》第三版涵盖编写程序时该做的事，并很好地解释了为什么那些事情重要。把它视为编写C++ 程序的最佳训练吧。

——*Jeff Scherpelz, Software Development Engineer*

当C++ 拥抱改变，Scott Meyers的《*Effective C++*》第三版也昂扬出发，对语言保持完美的密集跟踪。C++ 领域有许多优秀的导入性书籍，而“第二本书”应该站在它们的肩膀上，你手上这本就是。跟随Scott指出的方向，让自己也昂扬高飞吧！

——*Leor Zolman, C++ Trainer and Pundit, BD Software*

这是一本必须拥有的书籍，对 C++ 老手和新手都是。读过本书之后，它一定不会在你的书架上吃灰尘，因为你会持续地参考它、引用它。

——*Sam Lee, Software Developer*

阅读本书，一步一步地运用 55 个可轻松阅读并各自描述某项技术或某个告诫的条款，普通的 C++ 程序员也可以摇身一变成为专家级 C++ 程序员。

——*Jeffrey D. Oldham, Ph.D., Software Engineer, Google*

Scott Meyers的《*Effective C++*》各个版本长期受到C++ 编程新手和老手的需要。这本新版并入近十年来的C++ 发展价值，是截至目前最高密度的书籍。作者不仅描述语言上的问题，也提出毫不模糊又容易奉行的忠告，用以避免陷阱并写出高效的C++。我真希望每一位C++ 程序员都能读过它。

——*Philipp K. Janert, Ph.D., Software Development Manager*

对那些使用C++ 的时间长得足以被这一丰富语言内的潜伏圈套绊倒的开发人员而言，《*Effective C++*》的每个版本都是必须拥有的书籍。第三版大面积补充了新世代的语言和程序库特性，以及为运用那些特性而进化的编程风格。Scott极具魅力的写作风格使其所整理的准则容易被消化吸收，协助你成为高效的C++ 开发者。

——*David Smallberg, Instructor, DevelopMentor; Lecturer, Computer Science, UCLA*

《*Effective C++*》已针对 21 世纪的C++ 实务做出全面更新，因此得以继续声称其为所有C++ 从业人员的首选“第二本书”。

——*Matthew Wilson, Ph.D., author of* Imperfect C++

Effective C++ 3/e

中文版

改善程序与设计的 55 个具体做法

55 Specific Ways to Improve Your Programs and Designs

[美] Scott Meyers 著

侯捷 译

For Nancy,
without whom nothing
would be much worth doing

Wisdom and beauty form a very rare combination.

—— Petronius Arbiter
Satyricon, XCIV

And in memory of Persephone.

1995-2004

译序

按孙中山先生的说法，这个世界依聪明才智的先天高下得三种人：先知先觉得发明家，后知后觉得宣传家，不知不觉得实践家。三者之中发明家最少最稀珍，最具创造力。正是匠心独具的发明家创造了这个花花绿绿的计算机世界。

以文字、图书、授课形式来讲解、宣扬、引导技术的人，一般被视为宣传家而非发明家。然而，有一类最高等级的技术作家，不但能将精辟独到的见解诉诸文字，又能创造新的教学形式，引领风骚，对技术的影响和对产业的贡献不亚于技术或开发工具的创造者。这种人当之发明家亦无愧矣。

Scott Meyers 就是这一等级的技术作家！

自从 1991 年出版《*Effective C++*》之后，Meyers 声名大噪。1996 年的《*More Effective C++*》和 1997 年的《*Effective C++*》2/e 以及 2001 年的《*Effective STL*》让他更上高楼。Meyers 擅长探索编程语言的极限，穷尽其理，再以一支生花妙笔将复杂的探索过程和前因后果写成环环相扣故事性甚强的文字。他的幽默文风也让读者在高张力的技术学习过程中犹能享受“阅读的乐趣”——这是我对技术作家的最高礼赞。

以条款（items）传递专家经验，这种写作形式是否为 Meyers 首创我不确定，但的确是他造成了这种形式的计算机书籍写作风潮。影响所及，《*Exceptional C++*》、《*More Exceptional C++*》、《*C++ Gotchas*》、《*C++ Coding Standards*》、《*Effective COM*》、《*Effective Java*》、《*Practical Java*》纷纷在书名或形式上“向大师致敬”。

睽违 8 年之后《*Effective C++*》第三版面世了。我很开心继第二版再次受邀翻译。Meyers 在自序中对新版已有介绍，此处不待赘言。在此我适度修改第二版部分译序，援引于下，协助读者迅速认识本书定位。

C++ 是一个难学易用的语言！

C++ 的难学，不仅在其广博的语法，以及语法背后的语义，以及语义背后的深层思维，以及深层思维背后的对象模型；C++ 的难学还在于它提供了四种不同而又相辅相成的编程范型（programming paradigms）：procedural-based, object-based, object-oriented, generics。

世上没有白吃的午餐！又要有效率，又要有弹性，又要前瞻望远，又要回溯相容，又要治大国，又要烹小鲜，学习起来当然就不可能太简单。在庞大复杂的机制下，万千使用者前仆后继的动力是：一旦学成，妙用无穷。

C++ 相关书籍车载斗量，如天上繁星，如过江之鲫。广博如四库全书者有之（*The C++ Programming Language*、*C++ Primer*、*Thinking in C++*），深奥如重山复水者有之（*The Annotated C++ Reference Manual, Inside the C++ Object Model*），细说历史者有之（*The Design and Evolution of C++, Ruminations on C++*），独沽一味者有之（*Polymorphism in C++*），独树一帜者有之（*Design Patterns, Large Scale C++ Software Design, C++ FAQs*），另辟蹊径者有之（*Generic Programming and the STL*），程序库大全有之（*The C++ Standard Library*），专家经验之累积亦有之（*Effective C++, More Effective C++*）。这其中“专家经验之累积”对已具 C++ 相当基础的程序员有着立竿见影的帮助，其特色是轻薄短小，高密度纳入作者浸淫 C++/OOP 多年的广泛经验。它们不但开展读者的视野，也为读者提供各种 C++/OOP 常见问题的解决模型。某些主题虽然在百科型 C++ 语言书中也可能提过，但此类书籍以深度探索的方式让我们了解问题背后的成因、最佳解法，以及其他可能的牵扯。这些都是经验的累积和心血的结晶，十分珍贵。

《*Effective C++*》就是这样一本轻薄短小高密度的“专家经验累积”。

本中译版与英文版页页对译，保留索引，偶尔加上小量译注；愿能提供您一个愉快的学习。千里之行始于足下，祝愿您从声名崇隆的本书展开一段新里程。同时，我也向您推荐本书之兄弟《*More Effective C++*》，那是 Meyers 的另一本同样盛名远播的书籍。

侯捷 2006/02/15 于台湾新竹

jjhou@jjhou.com
http://www.jjhou.com（繁体） http://jjhou.csdn.net（简体）

英中简繁术语对照

这里列出本书出现之编程术语的英中对照。本中文版在海峡两岸同步发行，因此我也列出本书简繁两版的术语对照，方便某些读者从中一窥两岸计算机用语。

表中带有 * 者表示本书对该词条大多直接采用英文术语。中英术语的选择系由以下众多考虑中取其平衡：

- 业界和学界习惯。即便是学生读者，终也要离开学校进入职场；熟悉业界和学界的习惯用语（许多为英文），避免二次转换，很有必要。
- 这是一本中文版，需顾及中文阅读的感觉和顺畅性。过多保留英文术语会造成版面的破碎与杂乱！然若适度保留英文术语，可避免某些望之不似术语的中文出现于字里行间造成阅读的困扰和停顿，有助于流畅的思考和留下深刻印象。
- 凡涉及 C++ 语言关键字之相关术语皆保留。例如 class, struct, template, public, private, protected, static, inline, const, namespace ……
- 以上术语可能衍生复合术语，例如与 class 相关的复合术语有 base class, derived class, super class, subclass, class template …… 此类复合术语如果不长，尽皆保留原文；若太长则视情况另作处理（也许中英并陈，也许赋予特殊字体）。
- 凡计算机科学所称之数据结构名称，尽皆保留。例如 stack, queue, tree, hashtable, map, set, deque, list, vector, array …… 偶尔将 array 译为数组。
- 某些流通但不被我认为足够理想之中译词，保留原文不译。例如 reference。
- 某些英文术语被我刻意以特殊字体表现并保留，例如 *pass by reference*、*pass by value*、*copy* 构造函数、*assignment* 操作符、*placement* new。
- 少量术语为顾及词性平衡，时而采用中文（如指针、类型）时而采用英文（如 pointer、type）。
- 索引之于科技书籍非常重要。本书与英文版页页对译，因此原封不动保留所有英文索引。

过去以来我一直不甚满意 object 和 type 两个术语的中译词："对象"和"类型"，认为它们缺乏术语突出性（前者正确性甚至有待商榷），却又频繁出现影响阅读，因此常在我的著作或译作中保留其英文词或偶尔采用繁体版术语："物件"和"型别"。但现在我想，既然大家已经很习惯这两个中文术语，也许我只是杞人忧天。因此本书采用大陆读者普遍习惯的译法。不过我仍要提醒您，"object" 在 Object Oriented 技术中的真正意义是"物体、物件"而非"对象、目标"。

以下带有 * 者表示本书对该词条采英文词，不译为中文

英文术语	简体版译词	繁体版译词
abstract	抽象的	抽象的
abstraction	抽象性、抽象件	抽象性、抽象件
access	访问	存取、取用
access level	访问级别	存取級別
access function	访问函数	存取函式
adapter	适配器	配接器
address	地址	地址
address-of operator	取地址操作符	取址運算子
aggregation	聚合	聚合
algorithm	算法	演算法
allocate	分配	配置
allocator	分配器	配置器
application	应用程序	應用程式
architecture	体系结构	體系結構
argument	实参	引數
*array	数组	陣列
arrow operator	箭头操作符	箭頭運算子
assembly language	汇编语言	組合語言
*assert(-ion)	断言	斷言
assign(-ment)	赋值	賦值
assignment operator	赋值操作符	賦值運算子
*base class	基类	基礎類別
*base type	基类型	基礎型別
binary search	二分查找	二分搜尋
*binary tree	二叉树	二元樹
binary operator	二元操作符	二元運算子
binding	绑定	綁定、繫結
*bit	位	位元
*bitwise	（以 bit 为单元逐一 ……）	
block	区块	區塊
boolean	布尔值	布林值
breakpoint	断点	中斷點
build	建置	建置
build-in	内置	內建
bus	总线	匯流排
*byte	字节	位元組
cache	高速缓存（区）	快取（區）
call	调用	呼叫
callback	回调	回呼
call operator	*call* 操作符	*call* 運算子

英文术语	简体版译词	繁体版译词
character	字符	字元
*child class	子类	子類別
*class	类	類別
*class template	类模板	類別模板
client	客户	客戶
code	代码	程式碼
compatible	兼容	相容
compile time	编译期	編譯期
compiler	编译器	編譯器
component	组件	組件
composition	复合	複合
concrete	具象的	具象的
concurrent	并发	並行
configuration	配置	組態
connection	连接	連接，連線
constraint	约束（条件）	約束（條件）
construct	构件	構件
container	容器	容器
*const	（C++ 关键字，代表 constant）	
constant	常量	常數
constructor	构造函数	建構式
*copy（动词）	拷贝	拷貝、複製
copy（名词）	复件、副本	複件、副本
create	创建	產生、建立、生成
custom	定制	訂制、自定
data	数据	資料
database	数据库	資料庫
data member	成员变量	成員變數
data structure	数据结构	資料結構
debug	调试	除錯
debugger	调试器	除錯器
declaration	声明式	宣告式
default	缺省	預設
definition	定义式	定義式
delegate	委托	委託
dereference	提领（解参考）	提領
*derived class	派生类	衍生類別
design pattern	设计模式	設計範式
destroy	销毁	銷毀
destructor	析构函数	解構式
directive	指示符	指令
document	文档	文件
dynamic binding	动态绑定	動態綁定

英文术语	简体版译词	繁体版译词
entity	物体	物體
encapsulation	封装	封裝
* enum(-eration)	枚举	列舉
equality	相等	相等
equivalence	等价	等價
evaluate	核定、核算	核定、核算
exception	异常	異常
explicit	显式	顯式、明白的
expression	表达式	算式
file	文件	檔案
framework	框架	框架
full specialization	全特化	全特化
function	函数	函式
function object	函数对象	函式物件
* function template	函数模板	函式模板
generic	泛型、泛化、一般化	泛型、泛化、一般化
* getter（相对于 setter）	取值函数	取值函式
* global	全局的	全域的
* handle	句柄	識別號、權柄
* handler	处理函数	處理函式
* hash table	哈希表、散列表	雜湊表
header (file)	头文件	表頭檔
* heap	堆	堆積
hierarchy	继承体系（层次结构）	繼承體系（階層體系）
identifier	标识符	識別字、識別符號
implement(-ation)	实现	實作
implicit	隐喻的、暗自的、隐式	隱喻的、暗自的、隱式
information	信息	資訊
inheritance	继承	繼承
* inline	内联	行內
initialization list	初值列	初值列
initialize	初始化	初始化
instance	实体	實體
instantiate	具现化、实体化	具現化、實體化
interface	接口	介面
Internet	互联网	網際網路
interpreter	解释器	直譯器
invariants	恒常性	恒常性
invoke	调用	喚起
iterator	迭代器	迭代器
library	程序库	程式庫
linker	连接器	連結器
literal	字面常量	字面常數

英文术语	简体版译词	繁体版译词
*list	链表	串列
load	装载	載入
*local	局部的	區域的
lock	机锁	機鎖
loop	循环	迴圈
lvalue	左值	左值
macro	宏	巨集
member	成员	成員
member function	成员函数	成員函式
memory	内存	記憶體
memory leak	内存泄漏	記憶體洩漏
meta-	元-	超-
*meta-programming	元编程	超編程
modeling	塑模	模塑
module	模块	模組
modifier	修饰符	飾詞
multi-tasking	多任务	多工
*namespace	命名空间	命名空間
native	固有的	原生的
nested	嵌套	嵌套、巢狀
object	对象	物件
object based	基于对象的	植基於物件、以物件爲基礎
object model	对象模型	物件模型
object oriented	面向对象	物件導向
operand	操作数	運算元
operating system	操作系统	作業系統
operator	操作符	運算子
overflow	溢出	上限溢位
overhead	额外开销	額外開銷
overload	重载	重載
override	覆写	覆寫
package	包	套件
parallel	并行	平行
parameter	参数、形参	參數
*parent class	父类	父類別
parse	解析	解析
partial specialization	偏特化	偏特化
*pass by reference	按址传递	傳址
*pass by value	按值传递	傳值
pattern	模式	範式
*placement delete	（某种特殊形式的 delete operator）	
*placement new	（某种特殊形式的 new operator）	
pointer	指针	指標

英文术语	简体版译词	繁体版译词
polymorphism	多态	多型
preprocessor	预处理器	前處理器
print	打印	列印
printer	打印机	印表機
process	进程	行程
program	程序	程式
programmer	程序员	程式員
programming	编程	編程
project	项目	專案
pseudo code	伪码	僞碼
quality	质量	品質
*queue	队列	佇列
raw	原始的、未经处理的	原始的、未經處理的
recursive	递归	遞迴
refer to	指涉、指称、指向	指涉、指稱、指向
*reference	引用	參考、引用
regular expression	正则表达式	正則算式
resolve	解析	決議
return	返回	回返、傳回
return type	返回类型	回返型別
return value	返回值	回返值
runtime	运行期	執行期
rvalue	右值	右值
save	存储	儲存
schedule	调度	排程
scheduler	调度器	排程器
scope	作用域	作用域
search	查找	搜尋
semantics	语义	語意
*setter (相对于 getter)	设值函数	設值函式
signature	签名（式）	簽名（式）
smart pointer	智能指针	智慧型指標
specialization	特化	特化
source	源码	源碼
*stack	栈	堆疊
standard library	标准程序库	標準程式庫
statement	语句	述句
*static	静态的	靜態的
string	字符串	字串
*subtype	子类型	子型別
support	支持	支援
*template	模板	範本
temporary object	临时对象	暫時物件

英文术语	简体版译词	繁体版译词
text	文本	文字
thread	线程	緒程
thread safe	多线程安全	多緒安全
throw	抛、掷	抛、擲
token	语汇单元	語彙單元
type	类型	型別
unary function	单参函数	一元函式
underflow	下溢	下限溢位
unqualified	未经资格修饰	未經資格修飾
user	用户	用戶
user interface	用户界面	用戶介面
* value	值、数值	值、數値
variable	变量	變數
* vector	矢量	向量
virtual function	virtual 函数	virtual 函式
virtual machine	虚拟机	虛擬機器

目录

Contents

序言

Preface

1991 年我写下《*Effective C++*》第一版。1997 年撰写第二版时我更新了许多重要内容，但为了不让熟悉第一版的读者感到困惑，我竭尽所能保留原始结构：原先 50 个条款中的 48 个标题基本没变。如果把书籍视为一栋房屋，第二版只是更换地毯灯饰，重新粉刷一遍而已。

到了第三版，修缮工作进一步深入壁骨墙筋（好几次我甚至希望能够翻新地基）。1991 年起 C++ 世界经历了巨大变革，而本书目标——在一本小而有趣的书中确认最重要的一些 C++ 编程准则——却已不再能够由 15 年前建立的那些条款体现出来。“C++ 程序员拥有 C 背景”这句话在 1991 年是个合理假设，如今 C++ 程序员却很可能来自 Java 或 C# 阵营。继承（inheritance）和面向对象编程（object-oriented programming）在 1991 年对大多数程序员都很新鲜，如今程序员已经建立良好概念，异常（exceptions）、模板（templates）和泛型编程（generic programming）才是需要更多引导的领域。1991 年没人听过所谓设计模式（design patterns），如今少了它很难讨论软件系统。1991 年 C++ 正式标准才刚要上路，如今 C++ 标准规范已经 8 岁，新版规范蓄势待发。

为了对付这些改变，我把所有条款抹得一干二净，然后问自己“2005 年什么是对 C++ 程序员最重要的忠告？”答案便是第三版中的这些条款。本书有两个新章，一个是资源管理（resource management），一个是模板编程（programming with templates）。实际上 template（模板）这东西遍布全书，因为它们几乎影响了 C++ 的每个角落。本书新素材还包括在 exceptions（异常）概念下编程、套用设计模式、以及运用新的 TR1 程序库设施（TR1 于条款 54 描述）。本书也告诉大家在单线程系统（single-threaded systems）中运作良好但可能不适用于多线程系统（multithreaded systems）的某些技术和做法。本书半数以上内容是新的。在此同时第二版大部分基础信息仍然很重要，所以我找出一个保留它们的办法：你可以在附录 B 找到第二、第三两版的条款对应表。

我努力让本书达到我所能够达到的最佳状态，但这并不表示它已臻完美。如果你认为某些条款不适合作为一般性忠告，或你有更好的办法完成本书所谈的某件工作，或书中某些技术讨论不够清楚不够完全，甚或有所误导，请告诉我。如果你找出任何错误——技术上的、文法上的、排版印刷上的，不论哪一种——也请告诉我。我很乐意将第一位提出问题并吸引我注意的朋友加入下次印刷的致谢名单中。

即使本书条款个数扩充为 55，这一整组编程准则还谈不上完备。然而毕竟整理出优良准则——几乎任何时间适用于任何应用程序的准则——比想象中困难得多。如果你有其他编程准则的想法或建议，我将乐以与闻。

我手上维护本书第一刷以来的变化清单，其中包括错误修订、进一步说明和技术更新。这份清单放在网址为 http://aristeia.com/BookErrata/ec++3e-errata.html 的 "*Effective C++ Errata*" 网页上。如果你希望在这份清单更新时获得通知，请加入我的邮件列表。这份列表用来发布消息给可能对我的专业工作感兴趣的人士，详情请见 http://aristeia.com/MailingList/。

Scott Douglas Meyers　　Stafford.Oregon
http://aristeia.com/　　April 2005

致谢

Acknowledge

《*Effective C++*》已经面世 15 年了，我开始学习 C++ 则是在书写此书的前 5 年。也就是说 "*Effective* C++项目" 已经发展两个年代了。此期间我得益于数百（数千？）人的深刻知识、对我的建议与修正，以及偶发的一些目瞪口呆的事绩。这些人帮助我更加完善《*Effective* C++》，我要对他们全体表示感谢。

我已经放弃追踪“在哪儿学到什么”的历史，但永远记得有个公众信息来源不断带给我帮助：Usenet C++ newsgroups，特别是 comp.lang.c++.moderated 和 comp.std.c++。本书许多——也许是大多数——条款得益于这些讨论群所突出的若干技术想法和后续调查与诊疗。

关于第三版新内容，Steve Dewhurst 和我一起讨论了最初的条款名单。条款 11 中关于“藉由 copy-and-swap 实现 `operator=`”的构想来自 Herb Sutter 在此主题的作品，像是《*Exceptional C++*》（Addison-Wesley, 2000）条款 13。RAII（见条款 13）源自 Bjarne Stroustrup 的《*The C++ Programming Language*》（Addison-Wesley, 2000）。条款 17 背后的想法来自 Boost `shared_ptr` 网页上的“Best Practices”节区（http://boost.org/libs/smart_ptr/shared_ptr.htm#BestPractices），又得到 Herb Sutter 的《*More Exceptional C++*》（Addison-Wesley, 2002）条款 21 的琢磨。条款 29 强烈受到 Herb Sutter 在此主题上的广泛作品的影响，像是《*Exceptional C++*》条款 8~19，《*More Exceptional C++*》条款 17~23，以及《*Exceptional C++ Style*》（Addison-Wesley, 2005）条款 11~13；David Abrahams 帮助我更好地了解三个异常安全性保证。条款 35 的 NVI 手法来自 Herb Sutter 写于《*C/C++ Users Journal*》2001 年 9 月份的 "Virtuality" 专栏。同一条款中的 ***Template Method*** 和 ***Strategy*** 设计模式来自《*Design Patterns*》（Addison-Wesley, 1995），作者是 Erich Gamma, Richard Helm, Ralph Johnson 和 John Vlissides。条款 37 所说的 NVI 使用手法，概念来自

Hendrik Schober。David Smallberg 给了我动机在条款 38 写出一个定制型 `set` 实现品。条款 39 提到 EBO 通常只在多重继承中才可用，这个构想源自 David Vandevoorde 和 Nicolai M. Josuttis 合著的《*C++ Templates*》（Addison-Wesley, 2003）。条款 42 中我对 `typename` 的最初理解来自 Greg Comeau 主持的 "C++ and C FAQ"（http://www. comeaucomputing.com/techtalk/#typename），Leor Zolman 则帮助我认知我的最初了解并不正确（是我的错，和 Greg 无关）。条款 46 的本质源自于 Dan Sak 的谈话，"Making New Friends"。条款 52 末尾的那个想法"如果你声明一版 `operatornew`，你也应该声明其对应的 `delete` 伙伴"源自 Herb Sutter 的《*Exceptional C++ Style*》条款 22。我从 David Abrahams 身上更多了解了 Boost 的检评过程（条款 55 有一份摘要）。

上面所说关于我向谁或从某处学习某一技术，并不必然表示谁或某处就是该技术的发明人或发表处。

我的笔记还告诉我，我也使用了来自 Steve Clamage, Antoine Trux, Timothy Knox 和 Mike Kaelbling 的信息，可惜这份笔记没有提到如何以及在哪儿学到什么。

第一版草稿由 Tom Cargill, Glenn Carroll, Tony Davis, Brian Kernighan, Jak Kirman, Doug Lea, Moises Lejter, Eugene Santos, Jr., John Shewchuk, John Stasko, Bjarne Stroustrup, Barbara Tilly 和 Nancy L. Urbano 共同检阅。我收到了一些改善建议并纳入后来刷次，这些建议来自 Nancy L. Urbano, Chris Treichel, David Corbin, Paul Gibson, Steve Vinoski, Tom Cargill, Neil Rhodes, David Bern, Russ Williams, Robert Brazile, Doug Morgan, Uwe Steinmüller, Mark Somer, Doug Moore, David Smallberg, Seth Meltzer, Oleg Shteynbuk, David Papurt, Tony Hansen, Peter McCluskey, Stefan Kuhlins, David Braunegg, Paul Chisholm, Adam Zell, Clovis Tondo, Mike Kaelbling, Natraj Kini, Lars Nyman, Greg Lutz, Tim Johnson, John Lakos, Roger Scott, Scott Frohman, Alan Rooks, Robert Poor, Eric Nagler, Antoine Trux, Cade Roux, Chandrika Gokul, Randy Mangoba 和 Glenn Teitelbaum。

第二版草稿由以下人士共同检阅：Derek Bosch, Tim Johnson, Brian Kernighan, Junichi Kimura, Scott Lewandowski, Laura Michaels, David Smallberg, Clovis Tondo, Chris Van Wyk 和 Oleg Zabluda。我收到来自以下人士的意见并因此对新刷有所帮助：Daniel Steinberg, Arunprasad Marathe, Doug Stapp, Robert Hall, Cheryl Ferguson, Gary Bartlett, Michael Tamm, Kendall Beaman, Eric Nagler, Max Hailperin, Joe

Gottman, Richard Weeks, Valentin Bonnard, Jun He, Tim King, Don Maier, Ted Hill, Mark Harrison, Michael Rubenstein, Mark Rodgers, David Goh, Brenton Cooper, Andy Thomas-Cramer, Antoine Trux, John Wait, Brian Sharon, Liam Fitzpatrick, Bernd Mohr, Gary Yee, John O'Hanley, Brady Patterson, Christopher Peterson, Feliks Kluzniak, Isi Dunietz, Christopher Creutzi, Ian Cooper, Carl Harris, Mark Stickel, Clay Budin, Panayotis Matsinopoulos, David Smallberg, Herb Sutter, Pajo Misljencevic, Giulio Agostini, Fredrik Blomqvist, Jimmy Snyder, Byrial Jensen, Witold Kuzminski, Kazunobu Kuriyama, Michael Christensen, Jorge Yáñez Teruel, Mark Davis, Marty Rabinowitz, Ares Lagae 和 Alexander Medvedev.

第三版早期部分草稿由以下人士共同检阅：Brian Kernighan, Angelika Langer, Jesse Laeuchli, Roger E. Pedersen, Chris Van Wyk, Nicholas Stroustrup 和 Hendrik Schober。完整草稿由以下人士共同检阅：Leor Zolman, Mike Tsao, Eric Nagler, Gene Gutnik, David Abrahams, Gerhard Kreuzer, Drosos Kourounis, Brian Kernighan, Andrew Kirmse, Balog Pal, Emily Jagdhar, Eugene Kalenkovich, Mike Roze, Enrico Carrara, Benjamin Berck, Jack Reeves, Steve Schirripa, Martin Fallenstedt, Timothy Knox, Yun Bai, Michael Lanzetta, Philipp Janert, Guido Bartolucci, Michael Topic, Jeff Scherpelz, Chris Nauroth, Nishant Mittal, Jeff Somers, Hal Moroff, Vincent Manis, Brandon Chang, Greg Li, Jim Meehan, Alan Geller, Siddhartha Singh, Sam Lee, Sasan Dashtinezhad, Alex Marin, Steve Cai, Thomas Fruchterman, Cory Hicks, David Smallberg, Gunavardhan Kakulapati, Danny Rabbani, Jake Cohen, Hendrik Schober, Paco Viciana, Glenn Kennedy, Jeffrey D. Oldham, Nicholas Stroustrup, Matthew Wilson, Andrei Alexandrescu, Tim Johnson, Leon Matthews, Peter Dulimov 和 Kevlin Henney。某些个别条款的草稿由 Herb Sutter 和 Attila F. Feher 检阅。

检阅一份不够洗炼（而且可能尚未完成）的手稿是件吃力的工作，在时间压力之下进行只会使得它更困难。我要感谢这么多人愿意为我做这件事。

如果对讨论素材缺乏背景，而又期望捕捉手稿中的每一个问题，检阅工作将更加困难。令人惊讶的是还是有人选择成为文字编辑。Chrysta Meadowbrooke 是本书的文字编辑，她的周密工作揭露出许多逃过其他每一双眼睛的问题。

Leor Zolman 在正式检阅前先以多种编译器检验所有代码，在我校订手稿之后又做一次。如果书中仍然存在任何错误，全是我的责任。Karl Wiegers 和（特别是）

Tim Johnson 提供我快速而有帮助的反馈。

John Wait 是我的前两版编辑，有点傻傻地又签下这一份责任约。他的助理 Denise Mickelsen 熟练地处理我频繁的纠缠，带着愉快的微笑（至少我认为她是。呃，我从未见过她）。Julie Nahil 向来扮演救火队角色并因此成为我的产品经理。她以非凡的镇定指挥产品计划内的六周通宵工作。John Fuller（她的老板）和 Marty Rabinowitz（他的老板）也协助解决了产品发行量问题。Vanessa Moore 的正式工作是提供 FrameMaker 和 PDF 支持，但她也协助制作附录 B 的条目并格式化打印于封底里。Solveig Haugland 协助将索引格式化。Sandra Schroeder 和 Chuti Prasertsith 负责封面设计，Chuti 总是在每次我说“如果把这张相片加上那个颜色的线条会怎样？”时修订封面。Chanda Leary-Coutu 对市场营销举重若轻。

在我忙于手稿的数月之中，电视剧集 *Buffy the Vampire Slayer* 常常帮助我在每天工作结束后解压。带着极大的克制我才能够不让 Buffyspeak 的身影进入本书。Kathy Reed 于 1971 年教我写程序，我很高兴我们保持友谊至今。Donald French 雇用我和 Moises Lejter 于 1989 年建立起 C++ 培训教材（这项计划诱使我真正了解 C++），1991 年他又聘我在 Stratus Computer 体现它们。该班学生鼓励我写下最终成为本书第一版的东西。Don 也将我介绍给 John Wait，他同意出版它们。

我的妻子 Nancy L. Urbano 持续鼓励我写作，即使在我完成了七本书、一张 CD 改写版、一篇论文之后。她有令人难以置信的忍耐、自制与宽容。没有她我无法完成我所完成的任何事情。

自始至终，我们的狗儿 Persephone 是我们无可取代的同伴。令人悲伤的是，在这个项目的大部分时间里，她和我们之间的交往关系已经改为办公室内的一坛骨灰瓮。我们十分怀念她。

0 导读

Introduction

学习程序语言根本大法是一回事；学习如何以某种语言设计并实现高效程序则是另一回事。这种说法对 C++ 尤其适用，因为 C++ 以拥有罕见的威力和丰富的表达能力为傲。只要适当使用，C++ 可以成为工作上的欢愉伙伴。巨大而变化多端的设计可以被直接表现出来，并且被有效实现出来。一组明智选择并精心设计的 classes, functions 和 templates 可使程序编写容易、直观、高效、并且远离错误。如果你知道怎么做，写出有效的 C++ 程序并不太困难。然而如果没有良好培训，C++ 可能会导致你的代码难以理解、不易维护、不易扩充、效率低下又错误连连。

本书的目的是告诉你如何有效运用 C++。我假设你已经知道 C++ 是个语言并且已经对它有某些使用经验。这里提供的是这个语言的使用导引，使你的软件易理解、易维护、可移植、可扩充、高效、并且有着你所预期的行为。

我所提出的忠告大致分为两类：一般性的设计策略，以及带有具体细节的特定语言特性。设计上的讨论集中于“如何在两个不同做法中择一完成某项任务”。你该选择 inheritance（继承）还是 templates（模板）？该选择 public 继承还是 private 继承？该选择 private 继承还是 composition（复合）？该选择 member 函数还是 non-member 函数？该选择 *pass-by-value* 还是 *pass-by-reference*？在这些选择点上做出正确决定很重要，因为一个不良的决定有可能不至于很快带来影响，却在发展后期才显现恶果，那时候再来矫正往往既困难又耗时间，而且代价昂贵。

即使你完全知道该做什么，完全进入正轨还是可能有点棘手。什么是 ***assignment*** 操作符的适当返回类型(return type)？何时该令析构函数为 virtual？当 `operator new`

无法找到足够内存时该如何行事？榨出这些细节很是重要，因为如果疏忽而不那么做，几乎总是导致未可预期的、也许神秘难解的程序行为。本书将帮助你趋吉避凶。

这并不是一本范围广泛的 C++ 参考书。这是一份 55 个特定建议（我称之为条款）的集合，谈论如何强化你的程序和设计。每个条款有相当程度的独立性，但大多数也参考其他条款。因此阅读本书的一个方式是，从你感兴趣的条款开始，然后看它逐步把你带往何方。

本书也不是一本 C++ 入门书籍。例如在第 2 章中我热切告诉你实现构造函数（constructors）、析构函数（destructors）和赋值操作符（assignment operators）的一切种种，但我假设你已经知道或有能力在其他地方学得这些函数的功能以及它们如何声明。市面上有许多 C++ 书籍内含这类信息。

本书目的是要强调那些常常被漠视的 C++ 编程方向与观点。其他书籍描述 C++ 语言的各个成分，本书告诉你如何结合那些成分以便最终获得有效程序。其他书籍告诉你如何让程序通过编译，本书告诉你如何回避编译器难以显露的问题。

在此同时，本书将范围限制在标准 C++ 上头。书内只会出现官方规范上所列的特性。本书十分重视移植性，所以如果你想找一些与平台相依的秘诀和窍门，这里没有。

另一个你不会在本书发现的是 C++ 福音书——走向完美 C++ 软件的唯一真理之路。本书每个条款都提供引导，告诉我们如何发展出更好的设计，如何避免常见的问题，或是如何达到更高的效率，但没有任何一个条款放之四海皆准、一体适用。软件设计和实现是复杂的差使，被硬件、操作系统、应用程序的约束条件涂上五颜六色，所以我能做的最好的就是提供指南，让你得以创造出更棒的程序。

如果任何时间你都遵循每一条准则，不太可能掉入 C++ 最常见的陷阱中。但是所谓准则天生就带有例外。这就是为什么每个条款都有解释与说明。这些解释与说明是本书最重要的一部分。惟有了解条款背后的基本原理，你才能够决定是否将它套用于你所开发的软件，并奉行其所昭示的独特约束。

本书的最佳用途就是彻底了解 C++ 如何行为、为什么那样行为，以及如何运用其行为形成优势。盲目应用书中条款是非常不适合的。但如果没有好理由，你或许也不该违反任何一个条款。

术语（Terminology）

下面是每一位程序员都应该了解的一份小小的 C++ 词汇。其中的术语十分重要，我们必须确认彼此都同意它们的意义。

所谓声明式（*declaration*）是告诉编译器某个东西的名称和类型（type），但略去细节。下面都是声明式：

```
extern int x;                          //对象（object）声明式
std::size_t numDigits(int number);     //函数（function）声明式
class Widget;                          //类（class）声明式

template<typename T>                   //模板（template）声明式
class GraphNode;                       //"typename" 的使用见条款 42
```

注意，我谈到整数 x 时称其为一个对象（object），即使它是个内置类型。某些人把“对象”一词保留给用户自定义类型（user-defined type）的变量，但我并不如此。也请注意，函数 numDigit 的返回类型是 std::size_t，这表示类型 size_t 位于命名空间 std 内。这个命名空间是几乎所有 C++ 标准程序库元素的栖身处。然而 C（正确说法是 C89）标准程序库也适用于 C++，而继承自 C 的符号（例如 size_t）有可能存在于 global 作用域或 std 内，甚或两者兼具，取决于哪个头文件被含入（#included）。本书之中我假设含入的都是 C++ 头文件，这也就是为什么我写 std::size_t 而不只是写 size_t。当我在文本中指称标准程序库内的组件时，往往略去前导的 std::，你得自己认清像 size_t, vector, cout 这类东西都在 std 内。但范例码中我总是会含入 std，因为真实程序编译时不能没有它。

顺带一提，size_t 只是一个 typedef，是 C++ 计算个数（例如 char*-based 字符串内的字符个数或 STL 容器内的元素个数等等）时用的某种不带正负号（unsigned）类型。它也是 vector, deque 和 string 内的 operator[] 函数接受的参数类型。条款 3 阐述当我们定义自己的 operator[] 函数时应该遵循的协议。

每个函数的声明揭示其签名式（*signature*），也就是参数和返回类型。一个函数的签名等同于该函数的类型。numDigits 函数的签名是 std::size_t (int)，也就是说“这函数获得一个 int 并返回一个 std::size_t”。C++ 对签名式的官方定义并不包括函数的返回类型，不过本书把返回类型视为签名的一部分，这样比较有帮助。

定义式（*definition*）的任务是提供编译器一些声明式所遗漏的细节。对对象而言，定义式是编译器为此对象拨发内存的地点。对 function 或 function template 而言，定义式提供了代码本体。对 class 或 class template 而言，定义式列出它们的成员：

```
int x;                                //对象的定义式
std::size_t numDigits(int number)     //函数的定义式
{                                     //此函数返回其参数的数字个数，
   std::size_t digitsSoFar = 1;       //例如十位数返回 2，百位数返回 3.

   while ((number /= 10) != 0) ++digitsSoFar;
   return digitsSoFar;
}

class Widget {                        //class 的定义式
public:
   Widget();
   ~Widget();
   ...
};

template<typename T>                  //template 的定义式
class GraphNode {
public:
   GraphNode();
   ~GraphNode();
   ...
};
```

初始化（*Initialization*）是“给予对象初值”的过程。对用户自定义类型的对象而言，初始化由构造函数执行。所谓 *default* 构造函数是一个可被调用而不带任何实参者。这样的构造函数要不没有参数，要不就是每个参数都有缺省值：

```
class A {
public:
   A();                                      //default 构造函数
};

class B {
public:
   explicit B(int x = 0, bool b = true);     //default 构造函数;
};                                           //关于 "explicit"，见以下信息
```

```
class C {
public:
   explicit C(int x);                    //不是 default 构造函数
};
```

上述的 classes B 和 C 的构造函数都被声明为 explicit，这可阻止它们被用来执行隐式类型转换（implicit type conversions），但它们仍可被用来进行显式类型转换（explicit type conversions）：

```
void doSomething(B bObject);        //函数，接受一个类型为 B 的对象

B bObj1;                          //一个类型为 B 的对象
doSomething(bObj1);               //没问题，传递一个 B 给 doSomething 函数
B bObj2(28);                      //没问题，根据 int 28 建立一个 B
                                  // （函数的 bool 参数缺省为 true）
doSomething(28);                  //错误! DoSomething 应该接受一个 B，
                                  //不是一个 int，而 int 至 B 之间
                                  //并没有隐式转换。
doSomething(B(28));               //没问题，使用 B 构造函数将 int 显式转换
                                  //（也就是转型, cast）为一个 B 以促成此一调用.
                                  //（条款 27 对转型谈得更多）
```

被声明为 explicit 的构造函数通常比其 non-explici 兄弟更受欢迎，因为它们禁止编译器执行非预期（往往也不被期望）的类型转换。除非我有一个好理由允许构造函数被用于隐式类型转换，否则我会把它声明为 explicit。我鼓励你遵循相同的政策。

请注意我在上述代码中以不同的颜色特别强调转型动作。我以这样的强调方式贯穿全书，让你特别注意值得注意的东西。

copy 构造函数被用来“以同型对象初始化自我对象”，*copy assignment* 操作符被用来“从另一个同型对象中拷贝其值到自我对象”：

```
class Widget {
public:
   Widget();                                   //default 构造函数
   Widget(const Widget& rhs);                  // copy 构造函数
   Widget& operator=(const Widget& rhs);       //copy assignment 操作符
   ...
};
Widget w1;                                     //调用 default 构造函数
Widget w2(w1);                                 //调用 copy 构造函数
w1 = w2;                                       //调用 copy assignment 操作符
```

当你看到赋值符号时请小心，因为 "=" 语法也可用来调用 *copy* 构造函数：

```
Widget w3 = w2;                //调用 copy 构造函数!
```

幸运的是“*copy* 构造”很容易和“*copy* 赋值”有所区别。如果一个新对象被定义（例如以上语句中的 w3），一定会有个构造函数被调用，不可能调用赋值操作。如果没有新对象被定义（例如前述的 "w1 = w2" 语句），就不会有构造函数被调用，那么当然就是赋值操作被调用。

copy 构造函数是一个尤其重要的函数，因为它定义一个对象如何 *passed by value*（以值传递）。举个例子，考虑以下代码：

```
bool hasAcceptableQuality(Widget w);
...
Widget aWidget;
if (hasAcceptableQuality(aWidget)) ...
```

参数 w 是以 *by value* 方式传递给 hasAcceptableQuality，所以在上述调用中 aWidget 被复制到 w 体内。这个复制动作由 Widget 的 *copy* 构造函数完成。*Pass-by-value* 意味“调用 *copy* 构造函数”。以 *by value* 传递用户自定义类型通常是个坏主意，*Pass-by-reference-to-*const 往往是比较好的选择；详见条款 20。

STL 是所谓标准模板库（Standard Template Library），是 C++ 标准程序库的一部分，致力于容器（如 vector, list, set, map 等等）、迭代器（如 vector<int>::iterator, set<string>::iterator 等等）、算法（如 for_each, find, sort 等等）及相关机能。许多相关机能以函数对象（*function objects*）实现，那是“行为像函数”的对象。这样的对象来自于重载 operator()（*function call* 操作符）的 classes。如果你对 STL 陌生，阅读本书时手边可能需要摆一本最新参考读物，因为 STL 对我太有用了，我不可能不用它。一旦你也用上它，你一定会有相同的感觉。

C++ 程序员如果原先来自诸如 Java 或 C# 语言阵营，可能会对所谓“不明确行为”（*undefined behavior*）感到惊讶。由于各种因素，某些 C++ 构件的行为没有定义：你无法稳定预估运行期会发生什么事。下面两个代码片段就带有“不明确的行为”：

```
int* p = 0;              //p 是个 null 指针
std::cout << *p;         //对一个 null 指针取值（dereferencing）
                         //会导致不明确行为。
```

```
char name[] = "Darla";  //name 是个数组，大小为 6（别忘记最尾端的 null!）
char c = name[10];      //指涉一个无效的数组索引
                        //导致不明确行为。
```

我要特别强调，不明确（未定义）行为的结果是不可预期的，很可能让人不愉快。经验丰富的 C++ 程序员常说，带有不明确行为的程序会抹煞你的辛勤努力。那是真的：一个带有不明确行为的程序会抹煞你的辛勤努力。但不一定如此，更可能的是这样的程序会出现错误行为，有时执行正常，有时造成崩坏，有时更产出不正确的结果。有战斗力的 C++ 程序员都知道尽可能避开不明确行为。我会在书中指出你需要密切注意的若干地方。

对其他语言转换至 C++ 阵营的程序员而言，另一个可能造成困惑的术语是接口（*interface*）。Java 和 .NET 语言都提供 Interfaces 为语言元素，但 C++ 没有，尽管条款 31 讨论了如何近似它。当我使用术语"接口"时，我一般谈的是函数的签名（signature）或 class 的可访问元素（例如我可能会说 class 的"public 接口"或"protected 接口"或"private 接口"），或是针对某 template 类型参数需为有效的一个表达式（见条款 41）。也就是我所说的接口完全是指一般性的设计观念。

所谓客户（*client*）是指某人或某物，他（或它）使用你写的代码（通常是一些接口）。函数的客户是指其使用者，也就是程序中调用函数（或取其地址）的那一部分，也可以说是编写并维护那些代码的人。Class 或 template 的客户则是指程序中使用 class 或 template 的那一部分，也可以说是编写并维护那些代码的人。说到"客户"时通常我指的是程序员，因为程序员可能被迷惑、被误导、或因糟糕的接口而恼怒，他们所写的代码却不会有这种情绪。

或许你不习惯想到客户，但我会花费大量时间试着说服你尽可能让他们的生活轻松些。毕竟你也是其他人所开发的软件的客户。难道你不希望那些人为你把事情弄得更轻松些吗？除此之外，在某个时间点你几乎必然会发现，你就是你自己的客户（也就是使用你自己写的代码），那个时候你就会很高兴你在开发接口时把客户放在心上了。

本书中我常常掩盖 functions 和 function templates 之间的区别，以及 classes 和 class templates 之间的区别。那是因为对其中之一为真者往往对另一方也为真。当不是这种情况的时候，我会区分 classes, functions 及它们所对应的 templates。

当我在程序批注中提到构造函数和析构函数时，有时我会使用缩写字 *ctor* 和 *dtor*。

命名习惯（Naming Conventions）

我尝试挑选有意义的名称用于 objects, classes, functions, templates 等等身上，但某些隐藏于名称背后的意义可能不是那么显而易见，例如我最喜爱的两个参数名称 `lhs` 和 `rhs`。它们分别代表 "left-hand side"（左手端）和 "right-hand side"（右手端）。我常常以它们作为二元操作符（binary operators）函数如 `operator==` 和 `operator*` 的参数名称。举个例子，如果 `a` 和 `b` 表示两个有理数对象，而如果 `Rational` 对象可被一个 non-member `operator*` 函数执行乘法（如条款 24 所言），那么下面表达式：

```
a * b
```

等价于以下的函数调用：

```
operator*(a, b)
```

在条款 24 中我声明此一 `operator*` 如下：

```
const Rational operator* (const Rational& lhs, const Rational& rhs);
```

如你所见，左操作数 `a` 变成函数内的 `lhs`，右操作数 `b` 则变成 `rhs`。

对于成员函数，左侧实参由 `this` 指针表现出来，所以有时我单独使用参数名称 `rhs`。你可能已经在第 5 页的若干 `Widget` 成员函数声明中注意到了这一点。对了，我经常以 `Widget` class 示例，"Widget" 并不代表任何东西，它只是当我需要一个示范用的 class 名称时偶尔采用的名称，它和 GUI toolkits 的 widgets 完全无关。

我常将“指向一个 `T` 型对象”的指针命名为 `pt`，意思是 "pointer to `T`"。下面是一些例子：

```
Widget* pw;                  //pw = "ptr to Widget".
class Airplane;
Airplane* pa;                //pa = "ptr to Airplane".
```

```
class GameCharacter;
GameCharacter* pgc;            //pgc = "ptr to GameCharacter"
```

对于 references 我使用类似习惯：`rw` 可能是个 reference to `Widget`，`ra` 则是个 reference to `Airplane`。

当我讨论成员函数时，偶尔会以 `mf` 为名。

关于线程（Threading Consideration）

作为一个语言，C++ 对线程（threads）没有任何意念——事实上它对任何并发（concurrency）事物都没有意念。C++ 标准程序库也一样。当 C++ 受到全世界关注时多线程（multithreaded）程序还不存在。

但现在它们存在了。本书的焦点放在标准可移植的 C++，但我不能忽略一个事实：线程安全性（thread safety）是许多程序员面对的主题。我对“标准 C++ 和真实世界之间的这个缺口”的处理方式是，如果我所检验的 C++ 构件在多线程环境中有可能引发问题，就把它指出来。这远远无法构成一本 C++多线程编程专著，却能让一本 C++ 编程书籍尽管大量限制其自身处于单线程考虑之下仍承认多线程的存在，并指出“有线程概念的程序员”在评估我所提供的忠告时需特别谨慎的地方。

如果你不熟悉多线程或无需忧虑它，可以忽略本书的线程相关讨论。然而如果你正在编写一个与线程有关的应用程序或程序库，请记住，我的注释或许比一般“以 C++ 解决问题时需注意……”的起点还多一些些。

TR1 和 Boost

你会发现，本书处处提到 TR1 和 Boost。各有一个条款详细描述它们（条款 54 针对 TR1，条款 55 针对 Boost）。不幸的是这些条款位于全书末尾（它们被放在那儿是因为那样的安排比较好。真的，我试过其他许多摆法）。如果你喜欢，可以现在就翻过去读它们，但如果你喜欢从头读起而不颠倒次序，下面的实施摘要将助你飞渡难关：

- TR1（"Technical Report 1"）是一份规范，描述加入 C++ 标准程序库的诸多新机能。这些机能以新的 class templates 和 function templates 形式体现，针对的题目有 hash tables, reference-counting smart pointers, regular expressions，以及更多。所有 TR1 组件都被置于命名空间 `tr1` 内，后者嵌套于命名空间 `std` 内。

- Boost 是个组织，亦是一个网站（http://boost.org），提供可移植、同僚复审、源码开放的 C++ 程序库。大多数 TR1 机能是以 Boost 的工作为基础。在编译器厂商于其 C++ 程序库中含入 TR1 之前，对那些搜寻 TR1 实现品的开发人员而言，Boost 网站可能是第一个逗留点。Boost 提供比 TR1 更多的东西，所以无论如何值得了解它。

1

让自己习惯 C++

Accustoming Yourself to C++

不论你的编程背景是什么，C++ 都可能让你觉得有点儿熟悉。它是一个威力强大的语言，带着众多特性，但是在你可以驾驭其威力并有效运用其特性之前，你必须先习惯 C++ 的办事方式。本书谈的便是这个。总有某些东西比其他更基础些，本章就是最基本的一些东西。

条款 01：视 C++ 为一个语言联邦

View C++ as a federation of languages.

一开始，C++只是 C 加上一些面向对象特性。C++ 最初的名称 C with Classes 也反映了这个血缘关系。

但是当这个语言逐渐成熟，它变得更活跃更无拘束，更大胆更冒险，开始接受不同于 C with Classes 的各种观念、特性和编程战略。Exceptions（异常）对函数的结构化带来不同的做法（见条款 29），templates（模板）将我们带到新的设计思考方式（见条款 41）， STL 则定义了一个前所未见的伸展性做法。

今天的 C++ 已经是个多重范型编程语言（multiparadigm programming language），一个同时支持过程形式（procedural）、面向对象形式（object-oriented）、函数形式（functional）、泛型形式（generic）、元编程形式（metaprogramming）的语言。这些能力和弹性使 C++ 成为一个无可匹敌的工具，但也可能引发某些迷惑：所有“适当用法”似乎都有例外。我们该如何理解这样一个语言呢？

最简单的方法是将 C++ 视为一个由相关语言组成的联邦而非单一语言。在其某个次语言（sublanguage）中，各种守则与通例都倾向简单、直观易懂、并且容易记住。然而当你从一个次语言移往另一个次语言，守则可能改变。为了理解 C++，你必须认识其主要的次语言。幸运的是总共只有四个：

- C。说到底 C++ 仍是以 C 为基础。区块（blocks）、语句（statements）、预处理器（preprocessor）、内置数据类型（built-in data types）、数组（arrays）、指针（pointers）等统统来自 C。许多时候 C++ 对问题的解法其实不过就是较高级的 C 解法（例如条款 2 谈到预处理器之外的另一选择，条款 13 谈到以对象管理资源），但当你以 C++ 内的 C 成分工作时，高效编程守则映照出 C 语言的局限：没有模板（templates），没有异常（exceptions），没有重载（overloading）……
- Object-Oriented C++。这部分也就是 C with Classes 所诉求的：classes（包括构造函数和析构函数），封装（encapsulation）、继承（inheritance）、多态（polymorphism）、virtual 函数（动态绑定）……等等。这一部分是面向对象设计之古典守则在 C++ 上的最直接实施。
- Template C++。这是 C++ 的泛型编程（generic programming）部分，也是大多数程序员经验最少的部分。Template 相关考虑与设计已经弥漫整个 C++，良好编程守则中“惟 template 适用”的特殊条款并不罕见（例如条款 46 谈到调用 template functions 时如何协助类型转换）。实际上由于 templates 威力强大，它们带来崭新的编程范型（programming paradigm），也就是所谓的 template metaprogramming（TMP，模板元编程）。条款 48 对此提供了一份概述，但除非你是 template 激进团队的中坚骨干，大可不必太担心这些。TMP 相关规则很少与 C++ 主流编程互相影响。
- STL。STL 是个 template 程序库，看名称也知道，但它是非常特殊的一个。它对容器（containers）、迭代器（iterators）、算法（algorithms）以及函数对象（function objects）的规约有极佳的紧密配合与协调，然而 templates 及程序库也可以其他想法建置出来。STL 有自己特殊的办事方式，当你伙同 STL 一起工作，你必须遵守它的规约。

记住这四个次语言，当你从某个次语言切换到另一个，导致高效编程守则要求你改变策略时，不要感到惊讶。例如对内置（也就是 C-like）类型而言 *pass-by-value* 通常比 *pass-by-reference* 高效，但当你从 C part of C++ 移往 Object-Oriented C++，由于用户自定义（user-defined）构造函数和析构函数的存在，*pass-by-reference-to-*`const` 往往更好。运用 Template C++ 时尤其如此，因为彼时你甚至不知道所处理的对象的类型。然而一旦跨入 STL 你就会了解，迭代器和函数对象都是在 C 指针之上塑造出来的，所以对 STL 的迭代器和函数对象而言，旧式的 C *pass-by-value* 守则再次适用（参数传递方式的选择细节请见条款 20）。

因此我说，C++ 并不是一个带有一组守则的一体语言；它是从四个次语言组成的联邦政府，每个次语言都有自己的规约。记住这四个次语言你就会发现 C++ 容易了解得多。

请记住

- C++ 高效编程守则视状况而变化，取决于你使用 C++ 的哪一部分。

条款 02：尽量以 const, enum, inline 替换 #define

Prefer consts,enums, and inlines to #defines.

这个条款或许改为"宁可以编译器替换预处理器"比较好，因为或许 `#define` 不被视为语言的一部分。那正是它的问题所在。当你做出这样的事情：

```
#define ASPECT_RATIO 1.653
```

记号名称 `ASPECT_RATIO` 也许从未被编译器看见；也许在编译器开始处理源码之前它就被预处理器移走了。于是记号名称 `ASPECT_RATIO` 有可能没进入记号表（symbol table）内。于是当你运用此常量但获得一个编译错误信息时，可能会带来困惑，因为这个错误信息也许会提到 `1.653` 而不是 `ASPECT_RATIO`。如果 `ASPECT_RATIO` 被定义在一个非你所写的头文件内，你肯定对 `1.653` 以及它来自何处毫无概念，于是你将因为追踪它而浪费时间。这个问题也可能出现在记号式调试器（symbolic debugger）中，原因相同：你所使用的名称可能并未进入记号表（symbol table）。

解决之道是以一个常量替换上述的宏（`#define`）：

```
const double AspectRatio = 1.653;     //大写名称通常用于宏,
                                      //因此这里改变名称写法。
```

作为一个语言常量，`AspectRatio` 肯定会被编译器看到，当然就会进入记号表内。此外对浮点常量（floating point constant，就像本例）而言，使用常量可能比使用`#define` 导致较小量的码，因为预处理器"盲目地将宏名称 `ASPECT_RATIO` 替换为 `1.653`"可能导致目标码（object code）出现多份 `1.653`，若改用常量 `AspectRatio` 绝不会出现相同情况。

当我们以常量替换#defines，有两种特殊情况值得说说。第一是定义常量指针（constant pointers）。由于常量定义式通常被放在头文件内（以便被不同的源码含入），因此有必要将指针（而不只是指针所指之物）声明为 const。例如若要在头文件内定义一个常量的（不变的）char*-based 字符串，你必须写 const 两次：

```
const char* const authorName = "Scott Meyers";
```

关于 const 的意义和使用(特别是当它与指针结合时)，条款 3 有完整的讨论。这里值得先提醒你的是，string 对象通常比其前辈 char*-based 合宜，所以上述的 authorName 往往定义成这样更好些：

```
const std::string authorName("Scott Meyers");
```

第二个值得注意的是 class 专属常量。为了将常量的作用域(scope)限制于 class 内，你必须让它成为 class 的一个成员（member）；而为确保此常量至多只有一份实体，你必须让它成为一个 static 成员：

```
class GamePlayer {
private:
    static const int NumTurns = 5;      //常量声明式
    int scores[NumTurns];               //使用该常量
    ...
};
```

然而你所看到的是 NumTurns 的声明式而非定义式。通常 C++ 要求你对你所使用的任何东西提供一个定义式，但如果它是个 class 专属常量又是 static 且为整数类型(integral type，例如 ints, chars, bools)，则需特殊处理。只要不取它们的地址，你可以声明并使用它们而无须提供定义式。但如果你取某个 class 专属常量的地址，或纵使你不取其地址而你的编译器却（不正确地）坚持要看到一个定义式，你就必须另外提供定义式如下：

```
const int GamePlayer::NumTurns;   //NumTurns 的定义；
                                  //下面告诉你为什么没有给予数值
```

请把这个式子放进一个实现文件而非头文件。由于 class 常量已在声明时获得初值（例如先前声明 NumTurns 时为它设初值 5），因此定义时不可以再设初值。

顺带一提，请注意，我们无法利用#define 创建一个 class 专属常量，因为#defines 并不重视作用域（scope）。一旦宏被定义，它就在其后的编译过程中有效（除非在某处被#undef）。这意味#defines 不仅不能够用来定义 class 专属常量，也不能够提供任何封装性，也就是说没有所谓 private #define 这样的东西。而当然 const 成员变量是可以被封装的，NumTurns 就是。

旧式编译器也许不支持上述语法，它们不允许 static 成员在其声明式上获得初值。此外所谓的“in-class 初值设定”也只允许对整数常量进行。如果你的编译器不支持上述语法，你可以将初值放在定义式：

```
class CostEstimate {
private:
    static const double FudgeFactor;     //static class 常量声明
    ...                                  //位于头文件内
};
const double                             //static class 常量定义
    CostEstimate::FudgeFactor = 1.35;    //位于实现文件内
```

这几乎是你在任何时候唯一需要做的事。唯一例外是当你在 class 编译期间需要一个 class 常量值，例如在上述的 GamePlayer::scores 的数组声明式中（是的，编译器坚持必须在编译期间知道数组的大小）。这时候万一你的编译器（错误地）不允许“static 整数型 class 常量”完成“in class 初值设定”，可改用所谓的 "the enum hack" 补偿做法。其理论基础是：“一个属于枚举类型（enumerated type）的数值可权充 ints 被使用”，于是 GamePlayer 可定义如下：

```
class GamePlayer {
private:
    enum { NumTurns = 5 };          //"the enum hack" — 令 NumTurns
                                    //成为 5 的一个记号名称.
    int scores[NumTurns];           //这就没问题了.
    ...
};
```

基于数个理由 enum hack 值得我们认识。第一，enum hack 的行为某方面说比较像 #define 而不像 const，有时候这正是你想要的。例如取一个 const 的地址是合法的，但取一个 enum 的地址就不合法，而取一个#define 的地址通常也不合法。

如果你不想让别人获得一个 pointer 或 reference 指向你的某个整数常量，enum 可以帮助你实现这个约束。（条款 18 对于“通过撰码时的决定实施设计上的约束条件”谈得更多。）此外虽然优秀的编译器不会为“整数型 const 对象”设定另外的存储空间（除非你创建一个 pointer 或 reference 指向该对象），不够优秀的编译器却可能如此，而这可能是你不想要的。Enums 和#defines 一样绝不会导致非必要的内存分配。

认识 enum hack 的第二个理由纯粹是为了实用主义。许多代码用了它，所以看到它时你必须认识它。事实上 "enum hack" 是 template metaprogramming（模板元编程，见条款 48）的基础技术。

把焦点拉回预处理器。另一个常见的#define 误用情况是以它实现宏（macros）。宏看起来像函数，但不会招致函数调用（function call）带来的额外开销。下面这个宏夹带着宏实参，调用函数 f：

```
//以 a 和 b 的较大值调用 f
#define CALL_WITH_MAX(a, b) f((a) > (b) ? (a) : (b))
```

这般长相的宏有着太多缺点，光是想到它们就让人痛苦不堪。

无论何时当你写出这种宏，你必须记住为宏中的所有实参加上小括号，否则某些人在表达式中调用这个宏时可能会遭遇麻烦。但纵使你为所有实参加上小括号，看看下面不可思议的事情：

```
int a = 5, b = 0;
CALL_WITH_MAX(++a, b);          //a 被累加二次
CALL_WITH_MAX(++a, b+10);       //a 被累加一次
```

在这里，调用 f 之前，a 的递增次数竟然取决于“它被拿来和谁比较”！

幸运的是你不需要对这种无聊事情提供温床。你可以获得宏带来的效率以及一般函数的所有可预料行为和类型安全性（type safety）——只要你写出 template inline 函数（见条款 30）：

```
template<typename T>                               //由于我们不知道
inline void callWithMax(const T& a, const T& b)    //T 是什么，所以采用
{                                                  //pass by reference-to-const.
   f(a > b ? a : b);                               //见条款 20.
}
```

这个 template 产出一整群函数，每个函数都接受两个同型对象，并以其中较大

者调用 f。这里不需要在函数本体中为参数加上括号，也不需要操心参数被核算（求值）多次……等等。此外由于 callWithMax 是个真正的函数，它遵守作用域（scope）和访问规则。例如你绝对可以写出一个“class 内的 private inline 函数”。一般而言宏无法完成此事。

有了 consts、enums 和 inlines，我们对预处理器（特别是#define）的需求降低了，但并非完全消除。#include 仍然是必需品，而#ifdef/#ifndef 也继续扮演控制编译的重要角色。目前还不到预处理器全面引退的时候，但你应该明确地给予它更长更频繁的假期。

请记住

- 对于单纯常量，最好以 const 对象或 enums 替换#defines。
- 对于形似函数的宏（macros），最好改用 inline 函数替换#defines。

条款 03：尽可能使用 const

Use const whenever possible.

const 的一件奇妙事情是，它允许你指定一个语义约束（也就是指定一个“不该被改动”的对象），而编译器会强制实施这项约束。它允许你告诉编译器和其他程序员某值应该保持不变。只要这（某值保持不变）是事实，你就该确实说出来，因为说出来可以获得编译器的襄助，确保这条约束不被违反。

关键字 const 多才多艺。你可以用它在 classes 外部修饰 global 或 namespace（见条款 2）作用域中的常量，或修饰文件、函数、或区块作用域（block scope）中被声明为 static 的对象。你也可以用它修饰 classes 内部的 static 和 non-static 成员变量。面对指针，你也可以指出指针自身、指针所指物，或两者都（或都不）是 const：

```
char greeting[] = "Hello";
char* p = greeting;                 //non-const pointer, non-const data
const char* p = greeting;           //non-const pointer, const data
char* const p = greeting;           //const pointer, non-const data
const char* const p = greeting;     //const pointer, const data
```

const 语法虽然变化多端，但并不莫测高深。如果关键字 const 出现在星号左边，表示被指物是常量；如果出现在星号右边，表示指针自身是常量；如果出现在星号两边，表示被指物和指针两者都是常量。

如果被指物是常量，有些程序员会将关键字 const 写在类型之前，有些人会把它写在类型之后、星号之前。两种写法的意义相同，所以下列两个函数接受的参数类型是一样的：

```
void f1(const Widget* pw);         //f1 获得一个指针，指向一个
                                   //常量的（不变的）Widget 对象.
void f2(Widget const * pw);        //f2 也是
```

两种形式都有人用，你应该试着习惯它们。

STL 迭代器系以指针为根据塑模出来，所以迭代器的作用就像个 T* 指针。声明迭代器为 const 就像声明指针为 const 一样（即声明一个 T* const 指针），表示这个迭代器不得指向不同的东西，但它所指的东西的值是可以改动的。如果你希望迭代器所指的东西不可被改动（即希望 STL 模拟一个 const T* 指针），你需要的是 const_iterator：

```
std::vector<int> vec;
...
const std::vector<int>::iterator iter =     //iter 的作用像个 T* const
    vec.begin( );
*iter = 10;                                 //没问题，改变 iter 所指物
++iter;                                     //错误！ iter 是 const
std::vector<int>::const_iterator cIter =    //cIter 的作用像个 const T*
    vec.begin( );
*cIter = 10;                                //错误! *cIter 是 const
++cIter;                                    //没问题，改变 cIter。
```

const 最具威力的用法是面对函数声明时的应用。在一个函数声明式内，const 可以和函数返回值、各参数、函数自身（如果是成员函数）产生关联。

令函数返回一个常量值，往往可以降低因客户错误而造成的意外，而又不至于放弃安全性和高效性。举个例子，考虑有理数（rational numbers，详见条款 24）的 operator* 声明式：

```
class Rational { ... };
const Rational operator* (const Rational& lhs, const Rational& rhs);
```

许多程序员第一次看到这个声明时不免斜着眼睛说，唔，为什么返回一个 const 对象？原因是如果不这样客户就能实现这样的暴行：

```
Rational a, b, c;
...
(a * b) = c;                    //在 a * b 的成果上调用 operator=
```

我不知道为什么会有人想对两个数值的乘积再做一次赋值（assignment），但我知道许多程序员会在无意识中那么做，只因为单纯的打字错误（以及一个可被隐式转换为 bool 的类型）：

```
if (a * b = c) ...        //喔欧，其实是想做一个比较（comparison）动作！
```

如果 a 和 b 都是内置类型，这样的代码直截了当就是不合法。而一个“良好的用户自定义类型”的特征是它们避免无端地与内置类型不兼容（见条款 18），因此允许对两值乘积做赋值动作也就没什么意思了。将 operator* 的回传值声明为 const 可以预防那个“没意思的赋值动作”，这就是该那么做的原因。

至于 const 参数，没有什么特别新颖的观念，它们不过就像 local const 对象一样，你应该在必要使用它们的时候使用它们。除非你有需要改动参数或 local 对象，否则请将它们声明为 const。只不过多打 6 个字符，却可以省下恼人的错误，像是“想要键入 '==' 却意外键成 '=' ”的错误，一如稍早所述。

const 成员函数

将 const 实施于成员函数的目的，是为了确认该成员函数可作用于 const 对象身上。这一类成员函数之所以重要，基于两个理由。第一，它们使 class 接口比较容易被理解。这是因为，得知哪个函数可以改动对象内容而哪个函数不行，很是重要。第二，它们使“操作 const 对象”成为可能。这对编写高效代码是个关键，因为如条款 20 所言，改善 C++ 程序效率的一个根本办法是以 ***pass by reference-to-***const 方式传递对象，而此技术可行的前提是，我们有 const 成员函数可用来处理取得（并经修饰而成）的 const 对象。

许多人漠视一件事实：两个成员函数如果只是常量性（constness）不同，可以被重载。这实在是一个重要的 C++ 特性。考虑以下 class，用来表现一大块文字：

```
class TextBlock {
public:
  ...
  const char& operator[](std::size_t position) const //operator[] for
  { return text[position]; }                         //const 对象.
  char& operator[](std::size_t position)             //operator[] for
  { return text[position]; }                         //non-const 对象.
private:
  std::string text;
};
```

TextBlock 的 operator[]s 可被这么使用：

```
TextBlock tb("Hello");
std::cout << tb[0];              //调用 non-const TextBlock::operator[]
const TextBlock ctb("World");
std::cout << ctb[0];             //调用 const TextBlock::operator[]
```

附带一提，真实程序中 const 对象大多用于 ***passed by pointer-to*-const** 或 ***passed by reference-to*-const** 的传递结果。上述的 ctb 例子太过造作，下面这个比较真实：

```
void print(const TextBlock& ctb) //此函数中 ctb 是 const
{
    std::cout << ctb[0];        //调用 const TextBlock::operator[]
    ...
}
```

只要重载 operator[]并对不同的版本给予不同的返回类型，就可以令 const 和 non-const TextBlocks 获得不同的处理：

```
std::cout << tb[0];     //没问题 — 读一个 non-const TextBlock
tb[0] = 'x';            //没问题 — 写一个 non-const TextBlock
std::cout << ctb[0];    //没问题 — 读一个 const TextBlock
ctb[0] = 'x';           //错误！ — 写一个 const TextBlock
```

注意，上述错误只因 operator[] 的返回类型以致，至于 operator[] 调用动作自身没问题。错误起因于企图对一个"由 const 版之 operator[]返回"的 const char& 施行赋值动作。

也请注意，non-const operator[] 的返回类型是个 *reference to* char，不是 char。如果 operator[] 只是返回一个 char，下面这样的句子就无法通过编译：

```
tb[0] = 'x';
```

那是因为，如果函数的返回类型是个内置类型，那么改动函数返回值从来就不合法。纵使合法，C++以 *by value* 返回对象这一事实（见条款 20）意味被改动的其实是 tb.text[0]的一个副本，不是 tb.text[0]自身，那不会是你想要的行为。

让我们为哲学思辨喊一次暂停。成员函数如果是 const 意味什么？这有两个流行概念：bitwise constness（又称 physical constness）和 logical constness。

bitwise const 阵营的人相信，成员函数只有在不更改对象之任何成员变量（static 除外）时才可以说是 const。也就是说它不更改对象内的任何一个 bit。这种论点的好处是很容易侦测违反点：编译器只需寻找成员变量的赋值动作即可。bitwise constness 正是 C++ 对常量性（constness）的定义，因此 const 成员函数不可以更改对象内任何 non-static 成员变量。

不幸的是许多成员函数虽然不十足具备 const 性质却能通过 bitwise 测试。更具体地说，一个更改了“指针所指物”的成员函数虽然不能算是 const，但如果只有指针（而非其所指物）隶属于对象，那么称此函数为 bitwise const 不会引发编译器异议。这导致反直观结果。假设我们有一个 TextBlock-like class，它将数据存储为 char* 而不是 string，因为它需要和一个不认识 string 对象的 C API 沟通：

```
class CTextBlock {
public:
    ...
    char& operator[](std::size_t position) const // bitwise const 声明,
    { return pText[position]; }                  // 但其实不适当.
private:
    char* pText;
};
```

这个 class 不适当地将其 operator[] 声明为 const 成员函数，而该函数却返回一个 reference 指向对象内部值（条款 28 对此有深刻讨论）。假设暂时不管这个事实，请注意，operator[]实现代码并不更改 pText。于是编译器很开心地为 operator[]产出目标码。它是 bitwise const，所有编译器都这么认定。但是看看它允许发生什么事：

```
const CTextBlock cctb("Hello");  //声明一个常量对象。
char* pc = &cctb[0];             //调用 const operator[]取得一个指针，
                                 //  指向 cctb 的数据。
*pc = 'J';                       //cctb 现在有了 "Jello" 这样的内容。
```

这其中当然不该有任何错误：你创建一个常量对象并设以某值，而且只对它调用 const 成员函数。但你终究还是改变了它的值。

这种情况导出所谓的 logical constness。这一派拥护者主张，一个 const 成员函数可以修改它所处理的对象内的某些 bits，但只有在客户端侦测不出的情况下才得如此。例如你的 CTextBlock class 有可能高速缓存（cache）文本区块的长度以便应付询问：

```
class CTextBlock {
public:
   ...
   std::size_t length() const;
private:
   char* pText;
   std::size_t textLength;             //最近一次计算的文本区块长度。
   bool lengthIsValid;                 //目前的长度是否有效。
};
std::size_t CTextBlock::length() const
{
   if (!lengthIsValid) {
       textLength = std::strlen(pText);   //错误！在 const 成员函数内
       lengthIsValid = true;              //  不能赋值给 textLength
   }                                      //  和 lengthIsValid。
   return textLength;
}
```

length 的实现当然不是 bitwise const，因为 textLength 和 lengthIsValid 都可能被修改。这两笔数据被修改对 const CTextBlock 对象而言虽然可接受，但编译器不同意。它们坚持 bitwise constness。怎么办？

解决办法很简单：利用 C++ 的一个与 const 相关的摆动场：mutable（可变的）。mutable 释放掉 non-static 成员变量的 bitwise constness 约束：

```
class CTextBlock {
public:
   ...
   std::size_t length() const;
private:
   char* pText;
   mutable std::size_t textLength;         //这些成员变量可能总是
   mutable bool lengthIsValid;             //会被更改，即使在
};                                         //const 成员函数内。
std::size_t CTextBlock::length() const
{
   if (!lengthIsValid) {
       textLength = std::strlen(pText);    //现在，可以这样，
       lengthIsValid = true;               //也可以这样。
   }
   return textLength;
}
```

在 const 和 non-const 成员函数中避免重复

对于“bitwise-constness 非我所欲”的问题，mutable 是个解决办法，但它不能解决所有的 const 相关难题。举个例子，假设 TextBlock（和 CTextBlock）内的 operator[] 不单只是返回一个 reference 指向某字符，也执行边界检验（bounds checking）、志记访问信息（logged access info.）、甚至可能进行数据完善性检验。把所有这些同时放进 const 和 non-const operator[] 中，导致这样的怪物（暂且不管那将会成为一个“长度颇为可议”的隐喻式 inline 函数——见条款 30）：

```
class TextBlock {
public:
   ...
   const char& operator[](std::size_t position) const
   {
       ...             //边界检验（bounds checking）
       ...             //志记数据访问（log access data）
       ...             //检验数据完整性（verify data integrity）
       return text[position];
   }
   char& operator[](std::size_t position)
   {
       ...             //边界检验（bounds checking）
       ...             //志记数据访问（log access data）
       ...             //检验数据完整性（verify data integrity）
       return text[position];
   }
private:
   std::string text;
};
```

哎哟！你能说出其中发生的代码重复以及伴随的编译时间、维护、代码膨胀等令人头痛的问题吗？当然啦，将边界检验……等所有代码移到另一个成员函数（往往是个 private）并令两个版本的 operator[] 调用它，是可能的，但你还是重复了一些代码，例如函数调用、两次 return 语句等等。

你真正该做的是实现 operator[]的机能一次并使用它两次。也就是说，你必须令其中一个调用另一个。这促使我们将常量性转除（casting away constness）。

就一般守则而言，转型（casting）是一个糟糕的想法，我将贡献一整个条款来谈这码事（条款 27），告诉你不要那么做。然而代码重复也不是什么令人愉快的经验。本例中 const operator[]完全做掉了 non-const 版本该做的一切，唯一的不同是其返回类型多了一个 const 资格修饰。这种情况下如果将返回值的 const 转除是安全的，因为不论谁调用 non-const operator[]都一定首先有个 non-const 对象，否则就不能够调用 non-const 函数。所以令 non-const operator[]调用其 const 兄弟是一个避免代码重复的安全做法——即使过程中需要一个转型动作。下面是代码，稍后有更详细的解释：

```
class TextBlock {
public:
  ...
  const char& operator[](std::size_t position) const //一如既往
  {
    ...
    ...
    ...
    return text[position];
  }
  char& operator[](std::size_t position)      //现在只调用 const op[]
  {
    return
      const_cast<char&>(                       //将 op[]返回值的 const 转除
        static_cast<const TextBlock&>(*this)     //为*this 加上 const
          [position]                             //调用 const op[]
      );
  }
...
};
```

如你所见，这份代码有两个转型动作，而不是一个。我们打算让 non-const operator[]调用其 const 兄弟，但 non-const operator[]内部若只是单纯调用 operator[]，会递归调用自己。那会大概……唔……进行一百万次。为了避免无穷递归，我们必须明确指出调用的是 const operator[]，但 C++ 缺乏直接的语法可以那么做。因此这里将 *this 从其原始类型 TextBlock& 转型为 const TextBlock&。是的，我们使用转型操作为它加上 const！所以这里共有两次转型：第一次用来为 *this 添加 const（这使接下来调用 operator[]时得以调用 const 版本），第二次则是从 const operator[]的返回值中移除 const。

添加 const 的那一次转型强迫进行了一次安全转型（将 non-const 对象转为 const 对象），所以我们使用 static_cast。移除 const 的那个动作只可以藉由 const_cast 完成，没有其他选择（就技术而言其实是有的；一个 C-style 转型也行得通，但一如我在条款 27 所说，那种转型很少是正确的抉择。如果你不熟悉 static_cast 或 const_cast，条款 27 提供了一份概要）。

至于其他动作，由于本例调用的是操作符，所以语法有一点点奇特，恐怕无法赢得选美大赛，但却有我们渴望的“避免代码重复”效果，因为它运用 const operator[] 实现出 non-const 版本。为了到达那个目标而写出如此难看的语法是否值得，只有你能决定，但“运用 const 成员函数实现出其 non-const 孪生兄弟”的技术是值得了解的。

更值得了解的是，反向做法——令 const 版本调用 non-const 版本以避免重复——并不是你该做的事。记住，const 成员函数承诺绝不改变其对象的逻辑状态（logical state），non-const 成员函数却没有这般承诺。如果在 const 函数内调用 non-const 函数，就是冒了这样的风险：你曾经承诺不改动的那个对象被改动了。这就是为什么“const 成员函数调用 non-const 成员函数”是一种错误行为：因为对象有可能因此被改动。实际上若要令这样的代码通过编译，你必须使用一个 const_cast 将*this 身上的 const 性质解放掉，这是乌云罩顶的清晰前兆。反向调用（也就是我们先前使用的那个）才是安全的：non-const 成员函数本来就可以对其对象做任何动作，所以在其中调用一个 const 成员函数并不会带来风险。这就是为什么本例以 static_cast 作用于*this 的原因：这里并不存在 const 相关危险。

本条款一开始就提醒你，const 是个奇妙且非比寻常的东西。在指针和迭代器身上；在指针、迭代器及 references 指涉的对象身上；在函数参数和返回类型身上；

在 local 变量身上；在成员函数身上，林林总总不一而足。const 是个威力强大的助手。尽可能使用它。你会对你的作为感到高兴。

请记住

- 将某些东西声明为 const 可帮助编译器侦测出错误用法。const 可被施加于任何作用域内的对象、函数参数、函数返回类型、成员函数本体。
- 编译器强制实施 bitwise constness，但你编写程序时应该使用"概念上的常量性"（conceptual constness）。
- 当 const 和 non-const 成员函数有着实质等价的实现时，令 non-const 版本调用 const 版本可避免代码重复。

条款 04：确定对象被使用前已先被初始化

Make sure that objects are initialized before they're used.

关于"将对象初始化"这事，C++ 似乎反复无常。如果你这么写：

```
int x;
```

在某些语境下 x 保证被初始化（为 0），但在其他语境中却不保证。如果你这么写：

```
class Point {
  int x, y;
};
...
Point p;
```

p 的成员变量有时候被初始化（为 0），有时候不会。如果你来自其他语言阵营而那儿并不存在"无初值对象"，那么请小心，因为这颇为重要。

读取未初始化的值会导致不明确的行为。在某些平台上，仅仅只是读取未初始化的值，就可能让你的程序终止运行。更可能的情况是读入一些"半随机"bits，污染了正在进行读取动作的那个对象，最终导致不可测知的程序行为，以及许多令人不愉快的调试过程。

现在，我们终于有了一些规则，描述"对象的初始化动作何时一定发生，何时不一定发生"。不幸的是这些规则很复杂，我认为对记忆力而言是太繁复了些。

通常如果你使用 C part of C++（见条款 1）而且初始化可能招致运行期成本，那么就不保证发生初始化。一旦进入 non-C parts of C++，规则有些变化。这就很好地解释了为什么 array（来自 C part of C++）不保证其内容被初始化，而 vector（来自 STL part of C++）却有此保证。

表面上这似乎是个无法决定的状态，而最佳处理办法就是：永远在使用对象之前先将它初始化。对于无任何成员的内置类型，你必须手工完成此事。例如：

```
int x = 0;                              //对 int 进行手工初始化
const char* text = "A C-style string";  //对指针进行手工初始化
                                        //（亦见条款 3）
double d;
std::cin >> d;                          //以读取 input stream 的方式完成初始化.
```

至于内置类型以外的任何其他东西，初始化责任落在构造函数（constructors）身上。规则很简单：确保每一个构造函数都将对象的每一个成员初始化。

这个规则很容易奉行，重要的是别混淆了赋值（assignment）和初始化（initialization）。考虑一个用来表现通讯簿的 class，其构造函数如下：

```
class PhoneNumber { ... };
class ABEntry {                    //ABEntry = "Address Book Entry"
public:
    ABEntry(const std::string& name, const std::string& address,
            const std::list<PhoneNumber>& phones);
private:
    std::string theName;
    std::string theAddress;
    std::list<PhoneNumber> thePhones;
    int numTimesConsulted;
};
ABEntry::ABEntry(const std::string& name, const std::string& address,
                 const std::list<PhoneNumber>& phones)
{
    theName = name;                //这些都是赋值（assignments），
    theAddress = address;          //而非初始化（initializations）。
    thePhones = phones;
    numTimesConsulted = 0;
}
```

这会导致 ABEntry 对象带有你期望（你指定）的值，但不是最佳做法。C++ 规定，对象的成员变量的初始化动作发生在进入构造函数本体之前。在 ABEntry 构造函数内，theName, theAddress 和 thePhones 都不是被初始化，而是被赋值。初始化的发生时间更早，发生于这些成员的 *default* 构造函数被自动调用之时（比进入 ABEntry 构造函数本体的时间更早）。但这对 numTimesConsulted 不为真，因为它属于内置类型，不保证一定在你所看到的那个赋值动作的时间点之前获得初值。

ABEntry 构造函数的一个较佳写法是，使用所谓的 member initialization list（成员初值列）替换赋值动作：

```
ABEntry::ABEntry(const std::string& name, const std::string& address,
                 const std::list<PhoneNumber>& phones)
  :theName(name),
   theAddress(address),                  //现在，这些都是初始化（initializations）
   thePhones(phones),
   numTimesConsulted(0)
{ }                                      //现在，构造函数本体不必有任何动作
```

这个构造函数和上一个的最终结果相同，但通常效率较高。基于赋值的那个版本（本例第一版本）首先调用 *default* 构造函数为 theName, theAddress 和 thePhones 设初值，然后立刻再对它们赋予新值。*default* 构造函数的一切作为因此浪费了。成员初值列（member initialization list）的做法（本例第二版本）避免了这一问题，因为初值列中针对各个成员变量而设的实参，被拿去作为各成员变量之构造函数的实参。本例中的 theName 以 name 为初值进行 *copy* 构造，theAddress 以 address 为初值进行 *copy* 构造，thePhones 以 phones 为初值进行 *copy* 构造。

对大多数类型而言，比起先调用 *default* 构造函数然后再调用 *copy assignment* 操作符，单只调用一次 *copy* 构造函数是比较高效的，有时甚至高效得多。对于内置型对象如 numTimesConsulted，其初始化和赋值的成本相同，但为了一致性最好也通过成员初值列来初始化。同样道理，甚至当你想要 *default* 构造一个成员变量，你都可以使用成员初值列，只要指定无物（nothing）作为初始化实参即可。假设 ABEntry 有一个无参数构造函数，我们可将它实现如下：

```
ABEntry::ABEntry( )
  :theName(),                  //调用 theName 的 default 构造函数;
   theAddress(),               //为 theAddress 做类似动作;
   thePhones(),                //为 thePhones 做类似动作;
   numTimesConsulted(0)        //记得将 numTimesConsulted 显式初始化为 0
{ }
```

由于编译器会为用户自定义类型（user-defined types）之成员变量自动调用 *default* 构造函数——如果那些成员变量在“成员初值列”中没有被指定初值的话，因而引发某些程序员过度夸张地采用以上写法。那是可理解的，但请立下一个规则，规定总是在初值列中列出所有成员变量，以免还得记住哪些成员变量（如果它们在初值列中被遗漏的话）可以无需初值。举个例子，由于 numTimesConsulted 属于内置类型，如果成员初值列（member initialization list）遗漏了它，它就没有初值，因而可能开启“不明确行为”的潘多拉盒子。

有些情况下即使面对的成员变量属于内置类型（那么其初始化与赋值的成本相同），也一定得使用初值列。是的，如果成员变量是 const 或 references，它们就一定需要初值，不能被赋值（见条款 5）。为避免需要记住成员变量何时必须在成员初值列中初始化，何时不需要，最简单的做法就是：总是使用成员初值列。这样做有时候绝对必要，且又往往比赋值更高效。

许多 classes 拥有多个构造函数，每个构造函数有自己的成员初值列。如果这种 classes 存在许多成员变量和/或 base classes，多份成员初值列的存在就会导致不受欢迎的重复（在初值列内）和无聊的工作（对程序员而言）。这种情况下可以合理地在初值列中遗漏那些“赋值表现像初始化一样好”的成员变量，改用它们的赋值操作，并将那些赋值操作移往某个函数（通常是 private），供所有构造函数调用。这种做法在“成员变量的初值系由文件或数据库读入”时特别有用。然而，比起经由赋值操作完成的“伪初始化”（pseudo-initialization），通过成员初值列（member initialization list）完成的“真正初始化”通常更加可取。

C++ 有着十分固定的“成员初始化次序”。是的，次序总是相同：base classes 更早于其 derived classes 被初始化（见条款 12），而 class 的成员变量总是以其声明次序被初始化。回头看看 ABEntry，其 theName 成员永远最先被初始化，然后是 theAddress，再来是 thePhones，最后是 numTimesConsulted。即使它们在成员初值列中以不同的次序出现（很不幸那是合法的），也不会有任何影响。为避免你或你的检阅者迷惑，并避免某些可能存在的晦涩错误，当你在成员初值列中条列各个成员时，最好总是以其声明次序为次序。

> 译注：上述所谓晦涩错误，指的是两个成员变量的初始化带有次序性。例如初始化 array 时需要指定大小，因此代表大小的那个成员变量必须先有初值。

一旦你已经很小心地将“内置型成员变量”明确地加以初始化，而且也确保你的构造函数运用“成员初值列”初始化 base classes 和成员变量，那就只剩唯一一件事需要操心，就是……呃……深呼吸……“不同编译单元内定义之 non-local static 对象”的初始化次序。

让我们一点一点地探钻这一长串词组。

所谓 static 对象，其寿命从被构造出来直到程序结束为止，因此 stack 和 heap-based 对象都被排除。这种对象包括 global 对象、定义于 namespace 作用域内的对象、在 classes 内、在函数内、以及在 file 作用域内被声明为 `static` 的对象。函数内的 static 对象称为 local static 对象（因为它们对函数而言是 local），其他 static 对象称为 non-local static 对象。程序结束时 static 对象会被自动销毁，也就是它们的析构函数会在 `main()` 结束时被自动调用。

所谓编译单元（translation unit）是指产出单一目标文件（single object file）的那些源码。基本上它是单一源码文件加上其所含入的头文件（`#include` files）。

现在，我们关心的问题涉及至少两个源码文件，每一个内含至少一个 non-local static 对象（也就是说该对象是 global 或位于 namespace 作用域内，抑或在 class 内或 file 作用域内被声明为 `static`）。真正的问题是：如果某编译单元内的某个 non-local static 对象的初始化动作使用了另一编译单元内的某个 non-local static 对象，它所用到的这个对象可能尚未被初始化，因为 C++ 对“定义于不同编译单元内的 non-local static 对象”的初始化次序并无明确定义。

实例可以帮助理解。假设你有一个 `FileSystem` class，它让互联网上的文件看起来好像位于本机（local）。由于这个 class 使世界看起来像个单一文件系统，你可能会产出一个特殊对象，位于 global 或 namespace 作用域内，象征单一文件系统：

```
class FileSystem {                    //来自你的程序库
public:
  ...
  std::size_t numDisks() const;       //众多成员函数之一
  ...
};
extern FileSystem tfs;                //预备给客户使用的对象;
                                      //tfs 代表 "the file system"
```

`FileSystem` 对象绝不是一个稀松平常无关痛痒的（trivial）对象，因此你的客户如果在 `theFileSystem` 对象构造完成前就使用它，会得到惨重的灾情。

现在假设某些客户建立了一个 class 用以处理文件系统内的目录（directories）。很自然他们的 class 会用上 `theFileSystem` 对象：

```
class Directory {                           //由程序库客户建立
public:
  Directory( params );
  ...
};
Directory::Directory( params )
{
  ...
  std::size_t disks = tfs.numDisks();     //使用 tfs 对象
  ...
}
```

进一步假设，这些客户决定创建一个 Directory 对象，用来放置临时文件：

```
Directory tempDir( params );              //为临时文件而做出的目录
```

现在，初始化次序的重要性显现出来了：除非 tfs 在 tempDir 之前先被初始化，否则 tempDir 的构造函数会用到尚未初始化的 tfs。但 tfs 和 tempDir 是不同的人在不同的时间于不同的源码文件建立起来的，它们是定义于不同编译单元内的 non-local static 对象。如何能够确定 tfs 会在 tempDir 之前先被初始化？

喔，你无法确定。再说一次，C++ 对"定义于不同的编译单元内的 non-local static 对象"的初始化相对次序并无明确定义。这是有原因的：决定它们的初始化次序相当困难，非常困难，根本无解。在其最常见形式，也就是多个编译单元内的 non-local static 对象经由"模板隐式具现化，implicit template instantiations"形成（而后者自己可能也是经由"模板隐式具现化"形成），不但不可能决定正确的初始化次序，甚至往往不值得寻找"可决定正确次序"的特殊情况。

幸运的是一个小小的设计便可完全消除这个问题。唯一需要做的是：将每个 non-local static 对象搬到自己的专属函数内（该对象在此函数内被声明为 static）。这些函数返回一个 reference 指向它所含的对象。然后用户调用这些函数，而不直接指涉这些对象。换句话说，non-local static 对象被 local static 对象替换了。Design Patterns 迷哥迷姊们想必认出来了，这是 ***Singleton*** 模式的一个常见实现手法。

这个手法的基础在于：C++ 保证，函数内的 local static 对象会在"该函数被调用期间""首次遇上该对象之定义式"时被初始化。所以如果你以"函数调用"（返回一个 reference 指向 local static 对象）替换"直接访问 non-local static 对象"，你就获得了保证，保证你所获得的那个 reference 将指向一个历经初始化的对象。更棒的是，如果你从未调用 non-local static 对象的“仿真函数”，就绝不会引发构造和析构成本；真正的 non-local static 对象可没这等便宜！

以此技术施行于 tfs 和 tempDir 身上，结果如下：

```
class FileSystem { ... };                //同前
FileSystem& tfs()                        //这个函数用来替换 tfs 对象；它在
{                                        //FileSystem class 中可能是个 static。
    static FileSystem fs;                //定义并初始化一个 local static 对象，
    return fs;                           //返回一个 reference 指向上述对象。
}
class Directory { ... };                 //同前
Directory::Directory( params )           //同前，但原本的 reference to tfs
{                                        //现在改为 tfs()
    ...
    std::size_t disks = tfs().numDisks( );
    ...
}
Directory& tempDir()                     //这个函数用来替换 tempDir 对象；
{                                        //它在 Directory class 中可能是个 static。
    static Directory td;                 //定义并初始化 local static 对象，
    return td;                           //返回一个 reference 指向上述对象。
}
```

这么修改之后，这个系统程序的客户完全像以前一样地用它，唯一不同的是他们现在使用 tfs() 和 tempDir() 而不再是 tfs 和 tempDir。也就是说他们使用函数返回的“指向 static 对象”的 references，而不再使用 static 对象自身。

这种结构下的 reference-returning 函数往往十分单纯：第一行定义并初始化一个 local static 对象，第二行返回它。这样的单纯性使它们成为绝佳的 inlining 候选人，尤其如果它们被频繁调用的话（见条款 30）。但是从另一个角度看，这些函数“内含 static 对象”的事实使它们在多线程系统中带有不确定性。再说一次，任何一种 non-const static 对象，不论它是 local 或 non-local，在多线程环境下“等待某事发生”都会有麻烦。处理这个麻烦的一种做法是：在程序的单线程启动阶段（single-threaded startup portion）手工调用所有 reference-returning 函数，这可消除与初始化有关的“竞速形势（race conditions）”。

当然啦，运用 reference-returning 函数防止“初始化次序问题”，前提是其中有着一个对对象而言合理的初始化次序。如果你有一个系统，其中对象 A 必须在对象 B 之前先初始化，但 A 的初始化能否成功却又受制于 B 是否已初始化，这时候你就有麻烦了。坦白说你自作自受。只要避开如此病态的境况，此处描述的办法应该可以提供你良好的服务，至少在单线程程序中。

既然这样，为避免在对象初始化之前过早地使用它们，你需要做三件事。第一，手工初始化内置型 non-member 对象。第二，使用成员初值列（member initialization lists）对付对象的所有成分。最后，在“初始化次序不确定性”（这对不同编译单元所定义的 non-local static 对象是一种折磨）氛围下加强你的设计。

请记住

- 为内置型对象进行手工初始化，因为 C++不保证初始化它们。
- 构造函数最好使用成员初值列（member initialization list），而不要在构造函数本体内使用赋值操作（assignment）。初值列列出的成员变量，其排列次序应该和它们在 class 中的声明次序相同。
- 为免除“跨编译单元之初始化次序”问题，请以 local static 对象替换 non-local static 对象。

2

构造/析构/赋值运算

Constructors, Destructors, and Assignment Operators

几乎你写的每一个 class 都会有一或多个构造函数、一个析构函数、一个 *copy assignment* 操作符。这些很难让你特别兴奋，毕竟它们是你的基本谋生工具，控制着基础操作，像是产出新对象并确保它被初始化、摆脱旧对象并确保它被适当清理、以及赋予对象新值。如果这些函数犯错，会导致深远且令人不愉快的后果，遍及你的整个 classes。所以确保它们行为正确是生死攸关的大事。本章提供的引导可让你把这些函数良好地集结在一起，形成 classes 的脊柱。

条款 05：了解 C++ 默默编写并调用哪些函数

Know what functions C++ silently writes and calls.

什么时候 empty class（空类）不再是个 empty class 呢？当 C++ 处理过它之后。是的，如果你自己没声明，编译器就会为它声明（编译器版本的）一个 *copy* 构造函数、一个 *copy assignment* 操作符和一个析构函数。此外如果你没有声明任何构造函数，编译器也会为你声明一个 *default* 构造函数。所有这些函数都是 `public` 且 `inline`（见条款 30）。因此，如果你写下：

```
class Empty { };
```

这就好像你写下这样的代码：

```
class Empty {
public:
    Empty() { ... }                                  //default 构造函数
    Empty(const Empty& rhs) { ... }                  //copy 构造函数
    ~Empty( ) { ... }                                //析构函数，是否该是
                                                     // virtual 见稍后说明.
    Empty& operator=(const Empty& rhs) { ... }       //copy assignment 操作符.
};
```

惟有当这些函数被需要（被调用），它们才会被编译器创建出来。程序中需要它们是很平常的事。下面代码造成上述每一个函数被编译器产出：

```
Empty e1;                        //default 构造函数
                                 //析构函数
Empty e2(e1);                    //copy 构造函数
e2 = e1;                         //copy assignment 操作符
```

好，我们知道了，编译器为你写函数，但这些函数做了什么呢？唔，*default* 构造函数和析构函数主要是给编译器一个地方用来放置“藏身幕后”的代码，像是调用 base classes 和 non-static 成员变量的构造函数和析构函数。注意，编译器产出的析构函数是个 non-virtual（见条款 7），除非这个 class 的 base class 自身声明有 virtual 析构函数（这种情况下这个函数的虚属性; virtualness; 主要来自 base class）。

至于 *copy* 构造函数和 *copy assignment* 操作符，编译器创建的版本只是单纯地将来源对象的每一个 non-static 成员变量拷贝到目标对象。考虑一个 `NamedObject` template，它允许你将一个个名称和类型为 `T` 的对象产生关联：

```
template<typename T>
class NamedObject {
public:
  NamedObject(const char* name, const T& value);
  NamedObject(const std::string& name, const T& value);
  ...
private:
  std::string nameValue;
  T objectValue;
};
```

由于其中声明了一个构造函数，编译器于是不再为它创建 *default* 构造函数。这很重要，意味如果你用心设计一个 class，其构造函数要求实参，你就无须担心编译器会毫无挂虑地为你添加一个无实参构造函数（即 *default* 构造函数）而遮盖掉你的版本。

`NamedObject` 既没有声明 *copy* 构造函数，也没有声明 *copy assignment* 操作符，所以编译器会为它创建那些函数（如果它们被调用的话）。现在，看看 *copy* 构造函数的用法：

```
NamedObject<int> no1("Smallest Prime Number", 2);
NamedObject<int> no2(no1);                    //调用 copy 构造函数
```

编译器生成的 *copy* 构造函数必须以 no1.nameValue 和 no1.objectValue 为初值设定 no2.nameValue 和 no2.objectValue。两者之中，nameValue 的类型是 string，而标准 string 有个 *copy* 构造函数，所以 no2.nameValue 的初始化方式是调用 string 的 *copy* 构造函数并以 no1.nameValue 为实参。另一个成员 NamedObject<int>::objectValue 的类型是 int（因为对此 template 具现体而言 T 是 int），那是个内置类型，所以 no2.objectValue 会以“拷贝 no1.objectValue 内的每一个 bits”来完成初始化。

编译器为 NamedObject<int> 所生的 *copy assignment* 操作符，其行为基本上与 *copy* 构造函数如出一辙，但一般而言只有当生出的代码合法且有适当机会证明它有意义（见下页），其表现才会如我先前所说。万一两个条件有一个不符合，编译器会拒绝为 class 生出 operator= 。

举个例子，假设 NamedObject 定义如下，其中 nameValue 是个 *reference to* string，objectValue 是个 const T：

```
template<class T>
class NamedObject {
public:
    //以下构造函数如今不再接受一个 const 名称，因为 nameValue
    //如今是个 reference-to-non-const string。先前那个 char* 构造函数
    //已经过去了，因为必须有个 string 可供指涉。
    NamedObject(std::string& name, const T& value);
    ...                              //如前，假设并未声明 operator=
private:
    std::string& nameValue;    //这如今是个 reference
    const T objectValue;       //这如今是个 const
};
```

现在考虑下面会发生什么事：

```
std::string newDog("Persephone");
std::string oldDog("Satch");
NamedObject<int> p(newDog, 2);     //当初撰写至此，我们的狗 Persephone
                                   //即将度过其第二个生日。
NamedObject<int> s(oldDog, 36);    //我小时候养的狗 Satch 则是 36 岁，
                                   //-- 如果她还活着。
p = s;                             //现在 p 的成员变量该发生什么事？
```

赋值之前，不论 p.nameValue 和 s.nameValue 都指向 string 对象（当然不是同一个）。赋值动作该如何影响 p.nameValue 呢？赋值之后 p.nameValue 应该

指向 s.nameValue 所指的那个 string 吗？也就是说 reference 自身可被改动吗？如果是，那可就开辟了新天地，因为 C++ 并不允许“让 reference 改指向不同对象”。换一个想法，p.nameValue 所指的那个 string 对象该被修改，进而影响“持有 pointers 或 references 而且指向该 string”的其他对象吗？也就是对象不被直接牵扯到赋值操作内？编译器生成的 *copy assignment* 操作符究竟该怎么做呢？

面对这个难题，C++ 的响应是拒绝编译那一行赋值动作。如果你打算在一个“内含 reference 成员”的 class 内支持赋值操作（assignment），你必须自己定义 *copy assignment* 操作符。面对“内含 const 成员”（如本例之 objectValue）的 classes，编译器的反应也一样。更改 const 成员是不合法的，所以编译器不知道如何在它自己生成的赋值函数内面对它们。最后还有一种情况：如果某个 base classes 将 *copy assignment* 操作符声明为 private，编译器将拒绝为其 derived classes 生成一个 *copy assignment* 操作符。毕竟编译器为 derived classes 所生的 *copy assignment* 操作符想象中可以处理 base class 成分（见条款 12），但它们当然无法调用 derived class 无权调用的成员函数。编译器两手一摊，无能为力。

请记住

- 编译器可以暗自为 class 创建 *default* 构造函数、*copy* 构造函数、*copy assignment* 操作符，以及析构函数。

条款 06：若不想使用编译器自动生成的函数，就该明确拒绝

Explicitly disallow the use of compiler-generated functions you do not want.

地产中介商卖的是房子，一个中介软件系统自然而然想必有个 class 用来描述待售房屋：

```
class HomeForSale { ... };
```

每一位真正的地产中介商都会说，任何一笔资产都是天上地下独一无二，没有两笔完全相像。因此我们也认为，为 HomeForSale 对象做一份副本有点没道理。你怎么可以复制某些先天独一无二的东西呢？因此，你应该乐意看到 HomeForSale 的对象拷贝动作以失败收场：

```
HomeForSale h1;
HomeForSale h2;
HomeForSale h3(h1);              //企图拷贝 h1 — 不该通过编译
h1 = h2;                         //企图拷贝 h2 — 也不该通过编译
```

啊呀，阻止这一类代码的编译并不是很直观。通常如果你不希望 class 支持某一特定机能，只要不声明对应函数就是了。但这个策略对 *copy* 构造函数和 *copy assignment* 操作符却不起作用，因为条款 5 已经指出，如果你不声明它们，而某些人尝试调用它们，编译器会为你声明它们。

这把你逼到了一个困境。如果你不声明 *copy* 构造函数或 *copy assignment* 操作符，编译器可能为你产出一份，于是你的 class 支持 *copying*。如果你声明它们，你的 class 还是支持 *copying*。但这里的目标却是要阻止 *copying*！

答案的关键是，所有编译器产出的函数都是 public。为阻止这些函数被创建出来，你得自行声明它们，但这里并没有什么需求使你必须将它们声明为 public。因此你可以将 *copy* 构造函数或 *copy assignment* 操作符声明为 private。藉由明确声明一个成员函数，你阻止了编译器暗自创建其专属版本；而令这些函数为 private，使你得以成功阻止人们调用它。

一般而言这个做法并不绝对安全，因为 member 函数和 friend 函数还是可以调用你的 private 函数。除非你够聪明，不去定义它们，那么如果某些人不慎调用任何一个，会获得一个连接错误（linkage error）。“将成员函数声明为 private 而且故意不实现它们”这一伎俩是如此为大家接受，因而被用在 C++ iostream 程序库中阻止 *copying* 行为。是的，看看你手上的标准程序库实现码中的 ios_base，basic_ios 和 sentry。你会发现无论哪一个，其 *copy* 构造函数和 *copy assignment* 操作符都被声明为 private 而且没有定义。

将这个伎俩施行于 HomeForSale 也很简单：

```
class HomeForSale {
public:
   ...
private:
   ...
   HomeForSale(const HomeForSale&);                    //只有声明
   HomeForSale& operator=(const HomeForSale&);
};
```

或许你注意到了，我没写函数参数的名称。唔，参数名称并非必要，只不过大家总是习惯写出来。这个函数毕竟不会被实现出来，也很少被使用，指定参数名称又有何用？

有了上述 class 定义，当客户企图拷贝 HomeForSale 对象，编译器会阻挠他。如果你不慎在 member 函数或 friend 函数之内那么做，轮到连接器发出抱怨。

将连接期错误移至编译期是可能的(而且那是好事，毕竟愈早侦测出错误愈好)，只要将 *copy* 构造函数和 *copy assignment* 操作符声明为 private 就可以办到，但不是在 HomeForSale 自身，而是在一个专门为了阻止 *copying* 动作而设计的 base class 内。这个 base class 非常简单：

```
class Uncopyable {
protected:                                        //允许 derived 对象构造和析构
   Uncopyable() {}
   ~Uncopyable() { }
private:
   Uncopyable(const Uncopyable&);                 //但阻止 copying
   Uncopyable& operator=(const Uncopyable&);
};
```

为求阻止 HomeForSale 对象被拷贝，我们唯一需要做的就是继承 Uncopyable：

```
class HomeForSale: private Uncopyable {           //class 不再声明
   ...                                            //copy 构造函数或
};                                                //copy assign. 操作符
```

这行得通，因为只要任何人——甚至是 member 函数或 friend 函数——尝试拷贝 HomeForSale 对象，编译器便试着生成一个 *copy* 构造函数和一个 *copy assignment* 操作符，而正如条款 12 所说，这些函数的“编译器生成版”会尝试调用其 base class 的对应兄弟，那些调用会被编译器拒绝，因为其 base class 的拷贝函数是 private。

Uncopyable class 的实现和运用颇为微妙，包括不一定得以 public 继承它（见条款 32 和 39），以及 Uncopyable 的析构函数不一定得是 virtual（见条款 7）等等。Uncopyable 不含数据，因此符合条款 39 所描述的 empty base class optimization 资格。但由于它总是扮演 base class，因此使用这项技术可能导致多重继承（译注：因为你往往还可能需要继承其他 class）（多重继承见条款 40），而多重继承有时会阻止 empty base class optimization（再次见条款 39）。通常你可以忽略这些微妙点，只像上面那样使用 Uncopyable，因为它完全像“广告”所说的能够正确运作。也可以使用 Boost（见条款 55）提供的版本，那个 class 名为 noncopyable，是个还不错的家伙，我只是认为其名称有点……呃……不太自然。

请记住

- 为驳回编译器自动（暗自）提供的机能，可将相应的成员函数声明为 private 并且不予实现。使用像 Uncopyable 这样的 base class 也是一种做法。

条款 07：为多态基类声明 virtual 析构函数

Declare destructors virtual in polymorphic base classes.

有许多种做法可以记录时间，因此，设计一个 TimeKeeper base class 和一些 derived classes 作为不同的计时方法，相当合情合理：

```
class TimeKeeper {
public:
   TimeKeeper();
   ~TimeKeeper();
   ...
};
class AtomicClock: public TimeKeeper { ... };    //原子钟
class WaterClock: public TimeKeeper { ... };     //水钟
class WristWatch: public TimeKeeper { ... };     //腕表
```

许多客户只想在程序中使用时间，不想操心时间如何计算等细节，这时候我们可以设计 factory（工厂）函数，返回指针指向一个计时对象。Factory 函数会“返回一个 base class 指针，指向新生成之 derived class 对象”：

```
TimeKeeper* getTimeKeeper();             //返回一个指针，指向一个
                                         //TimeKeeper派生类的动态分配对象
```

为遵守 factory 函数的规矩，被 getTimeKeeper()返回的对象必须位于 heap。因此为了避免泄漏内存和其他资源，将 factory 函数返回的每一个对象适当地 delete 掉很重要：

```
TimeKeeper* ptk = getTimeKeeper();       //从 TimeKeeper 继承体系
                                         //获得一个动态分配对象。
...                                      //运用它...
delete ptk;                              //释放它，避免资源泄漏。
```

条款 13 说“倚赖客户执行 delete 动作，基本上便带有某种错误倾向”，条款 18 则谈到 factory 函数接口该如何修改以便预防常见之客户错误，但这些在此都是次要的，因为此条款内我们要对付的是上述代码的一个更根本弱点：纵使客户把每一件事都做对了，仍然没办法知道程序如何行动。

问题出在 getTimeKeeper 返回的指针指向一个 derived class 对象（例如 AtomicClock），而那个对象却经由一个 base class 指针（例如一个 TimeKeeper*指针）被删除，而目前的 base class（TimeKeeper）有个 non-virtual 析构函数。

这是一个引来灾难的秘诀，因为 C++ 明白指出，当 derived class 对象经由一个 base class 指针被删除，而该 base class 带着一个 non-virtual 析构函数，其结果未有定义——实际执行时通常发生的是对象的 derived 成分没被销毁。如果 getTimeKeeper 返回指针指向一个 AtomicClock 对象，其内的 AtomicClock 成分（也就是声明于 AtomicClock class 内的成员变量）很可能没被销毁，而 AtomicClock 的析构函数也未能执行起来。然而其 base class 成分（也就是 TimeKeeper 这一部分）通常会被销毁，于是造成一个诡异的“局部销毁”对象。这可是形成资源泄漏、败坏之数据结构、在调试器上浪费许多时间的绝佳途径喔。

消除这个问题的做法很简单：给 base class 一个 virtual 析构函数。此后删除 derived class 对象就会如你想要的那般。是的，它会销毁整个对象，包括所有 derived class 成分：

```
class TimeKeeper {
public:
    TimeKeeper( );
    virtual ~TimeKeeper();
    ...
};
TimeKeeper* ptk = getTimeKeeper();
...
delete ptk;                                  //现在，行为正确。
```

像 TimeKeeper 这样的 base classes 除了析构函数之外通常还有其他 virtual 函数，因为 virtual 函数的目的是允许 derived class 的实现得以客制化（见条款 34）。例如 TimeKeeper 就可能拥有一个 virtual getCurrentTime，它在不同的 derived classes 中有不同的实现码。任何 class 只要带有 virtual 函数都几乎确定应该也有一个 virtual 析构函数。

如果 class 不含 virtual 函数，通常表示它并不意图被用做一个 base class。当 class 不企图被当作 base class，令其析构函数为 virtual 往往是个馊主意。考虑一个用来表示二维空间点坐标的 class：

```
class Point {                          //一个二维空间点（2D point）
public:
    Point(int xCoord, int yCoord);
    ~Point();
private:
    int x, y;
};
```

如果 int 占用 32 bits，那么 Point 对象可塞入一个 64-bit 缓存器中。更有甚者，这样一个 Point 对象可被当做一个“64-bit 量”传给以其他语言如 C 或 FORTRAN 撰写的函数。然而当 Point 的析构函数是 virtual，形势起了变化。

欲实现出 virtual 函数，对象必须携带某些信息，主要用来在运行期决定哪一个 virtual 函数该被调用。这份信息通常是由一个所谓 vptr（virtual table pointer）指针指出。vptr 指向一个由函数指针构成的数组，称为 vtbl（virtual table）；每一个带有 virtual 函数的 class 都有一个相应的 vtbl。当对象调用某一 virtual 函数，实际被调用的函数取决于该对象的 vptr 所指的那个 vtbl——编译器在其中寻找适当的函数指针。

virtual 函数的实现细节不重要。重要的是如果 Point class 内含 virtual 函数，其对象的体积会增加：在 32-bit 计算机体系结构中将占用 64 bits（为了存放两个 ints）至 96 bits（两个 ints 加上 vptr）；在 64-bit 计算机体系结构中可能占用 64~128 bits，因为指针在这样的计算机结构中占 64 bits。因此，为 Point 添加一个 vptr 会增加其对象大小达 50%~100%！Point 对象不再能够塞入一个 64-bit 缓存器，而 C++ 的 Point 对象也不再和其他语言（如 C）内的相同声明有着一样的结构（因为其他语言的对应物并没有 vptr），因此也就不再可能把它传递至（或接受自）其他语言所写的函数，除非你明确补偿 vptr——那属于实现细节，也因此不再具有移植性。

因此，无端地将所有 classes 的析构函数声明为 virtual，就像从未声明它们为 virtual 一样，都是错误的。许多人的心得是：只有当 class 内含至少一个 virtual 函数，才为它声明 virtual 析构函数。

即使 class 完全不带 virtual 函数，被“non-virtual 析构函数问题”给咬伤还是有可能的。举个例子，标准 string 不含任何 virtual 函数，但有时候程序员会错误地把它当做 base class：

```
class SpecialString: public std::string {  //馊主意！std::string 有个
   ...                                      //non-virtual 析构函数
};
```

乍看似乎无害，但如果你在程序任意某处无意间将一个 pointer-to-SpecialString

转换为一个 pointer-to-string，然后将转换所得的那个 string 指针 delete 掉，你立刻被流放到“行为不明确”的恶地上：

```
SpecialString* pss = new SpecialString("Impending Doom");
std::string* ps;
...
ps = pss;              //SpecialString* => std::string*
...
delete ps;             //未有定义！现实中*ps 的 SpecialString 资源会泄漏，
                       //因为 SpecialString 析构函数没被调用。
```

相同的分析适用于任何不带 virtual 析构函数的 class，包括所有 STL 容器如 vector, list, set, tr1::unordered_map（见条款 54）等等。如果你曾经企图继承一个标准容器或任何其他“带有 non-virtual 析构函数”的 class，拒绝诱惑吧！（很不幸 C ++ 没有提供类似 Java 的 final classes 或 C# 的 sealed classes 那样的“禁止派生”机制。）

有时候令 class 带一个 pure virtual 析构函数，可能颇为便利。还记得吗，pure virtual 函数导致 abstract（抽象）classes —— 也就是不能被实体化（instantiated）的 class。也就是说，你不能为那种类型创建对象。然而有时候你希望拥有抽象 class，但手上没有任何 pure virtual 函数，怎么办？唔，由于抽象 class 总是企图被当作一个 base class 来用，而又由于 base class 应该有个 virtual 析构函数，并且由于 pure virtual 函数会导致抽象 class，因此解法很简单：为你希望它成为抽象的那个 class 声明一个 pure virtual 析构函数。下面是个例子：

```
class AWOV {                    //AWOV = "Abstract w/o Virtuals"
public:
  virtual ~AWOV( ) = 0;         //声明 pure virtual 析构函数
};
```

这个 class 有一个 pure virtual 函数，所以它是个抽象 class，又由于它有个 virtual 析构函数，所以你不需要担心析构函数的问题。然而这里有个窍门：你必须为这个 pure virtual 析构函数提供一份定义：

```
AWOV::~AWOV() { }           //pure virtual 析构函数的定义
```

析构函数的运作方式是，最深层派生（most derived）的那个 class 其析构函数最先被调用，然后是其每一个 base class 的析构函数被调用。编译器会在 AWOV 的 derived classes 的析构函数中创建一个对~AWOV 的调用动作，所以你必须为这个函数提供一份定义。如果不这样做，连接器会发出抱怨。

"给 base classes 一个 virtual 析构函数"，这个规则只适用于 polymorphic（带多态性质的）base classes 身上。这种 base classes 的设计目的是为了用来"通过 base class 接口处理 derived class 对象"。TimeKeeper 就是一个 polymorphic base class，因为我们希望处理 AtomicClock 和 WaterClock 对象，纵使我们只有 TimeKeeper 指针指向它们。

并非所有 base classes 的设计目的都是为了多态用途。例如标准 string 和 STL 容器都不被设计作为 base classes 使用，更别提多态了。某些 classes 的设计目的是作为 base classes 使用，但不是为了多态用途。这样的 classes 如条款 6 的 Uncopyable 和标准程序库的 input_iterator_tag（条款 47），它们并非被设计用来"经由 base class 接口处置 derived class 对象"，因此它们不需要 virtual 析构函数。

请记住

- polymorphic（带多态性质的）base classes 应该声明一个 virtual 析构函数。如果 class 带有任何 virtual 函数，它就应该拥有一个 virtual 析构函数。
- Classes 的设计目的如果不是作为 base classes 使用，或不是为了具备多态性（polymorphically），就不该声明 virtual 析构函数。

条款 08：别让异常逃离析构函数

Prevent exceptions from leaving destructors.

C++ 并不禁止析构函数吐出异常，但它不鼓励你这样做。这是有理由的。考虑以下代码：

```
class Widget {
public:
    ...
    ~Widget( ) { ... }          //假设这个可能吐出一个异常
};
void doSomething()
{
    std::vector<Widget> v;
    ...
}                               //v 在这里被自动销毁
```

当 vector v 被销毁，它有责任销毁其内含的所有 Widgets。假设 v 内含十个 Widgets，而在析构第一个元素期间，有个异常被抛出。其他九个 Widgets 还是应该被销毁（否则它们保存的任何资源都会发生泄漏），因此 v 应该调用它们各个析构函数。但假设在那些调用期间，第二个 Widget 析构函数又抛出异常。现在有两个同时作用的异常，这对 C++ 而言太多了。在两个异常同时存在的情况下，程序若不是结束执行就是导致不明确行为。本例中它会导致不明确的行为。使用标准程序库的任何其他容器（如 list, set）或 TR1 的任何容器（见条款 54）或甚至 array，也会出现相同情况。容器或 array 并非遇上麻烦的必要条件，只要析构函数吐出异常，即使并非使用容器或 arrays，程序也可能过早结束或出现不明确行为。是的，C++ 不喜欢析构函数吐出异常！

这很容易理解，但如果你的析构函数必须执行一个动作，而该动作可能会在失败时抛出异常，该怎么办？举个例子，假设你使用一个 class 负责数据库连接：

```
class DBConnection {
public:
   ...
   static DBConnection create();          //这个函数返回
                                          // DBConnection 对象；
                                          //为求简化暂略参数。
   void close();                          //关闭联机；失败则抛出异常。
};
```

为确保客户不忘记在 DBConnection 对象身上调用 close()，一个合理的想法是创建一个用来管理 DBConnection 资源的 class，并在其析构函数中调用 close。这一类用于资源管理的 classes 在第 3 章有详细探讨，这儿只要考虑它们的析构函数长相就够了：

```
class DBConn {               //这个 class 用来管理 DBConnection 对象
public:
   ...
   ~DBConn()                 //确保数据库连接总是会被关闭
   {
        db.close( );
   }
private:
   DBConnection db;
};
```

这便允许客户写出这样的代码：

```
{                                        //开启一个区块（block）。
DBConn dbc(DBConnection::create());      //建立 DBConnection 对象并
                                         // 交给 DBConn 对象以便管理。
...                                      //通过 DBConn 的接口
                                         // 使用 DBConnection 对象。
}                                        //在区块结束点，DBConn 对象
                                         // 被销毁，因而自动
                                         // 为 DBConnection 对象调用 close
```

只要调用 close 成功，一切都美好。但如果该调用导致异常，DBConn 析构函数会传播该异常，也就是允许它离开这个析构函数。那会造成问题，因为那就是抛出了难以驾驭的麻烦。

两个办法可以避免这一问题。DBConn 的析构函数可以：

■ 如果 close 抛出异常就结束程序。通常通过调用 abort 完成：

```
DBConn::~DBConn( )
{
   try { db.close(); }
   catch (...) {
        制作运转记录，记下对 close 的调用失败；
        std::abort( );
   }
}
```

如果程序遭遇一个“于析构期间发生的错误”后无法继续执行，“强迫结束程序”是个合理选项。毕竟它可以阻止异常从析构函数传播出去（那会导致不明确的行为）。也就是说调用 abort 可以抢先制“不明确行为”于死地。

■ 吞下因调用 close 而发生的异常：

```
DBConn::~DBConn( )
{
   try { db.close(); }
   catch (...) {
        制作运转记录，记下对 close 的调用失败；
   }
}
```

一般而言，将异常吞掉是个坏主意，因为它压制了“某些动作失败”的重要信息！然而有时候吞下异常也比负担“草率结束程序”或“不明确行为带来的风险”好。为了让这成为一个可行方案，程序必须能够继续可靠地执行，即使在遭遇并忽略一个错误之后。

这些办法都没什么吸引力。问题在于两者都无法对“导致 close 抛出异常”的情况做出反应。

一个较佳策略是重新设计 DBConn 接口，使其客户有机会对可能出现的问题作出反应。例如 DBConn 自己可以提供一个 close 函数，因而赋予客户一个机会得以处理“因该操作而发生的异常”。DBConn 也可以追踪其所管理之 DBConnection 是否已被关闭，并在答案为否的情况下由其析构函数关闭之。这可防止遗失数据库连接。然而如果 DBConnection 析构函数调用 close 失败，我们又将退回“强迫结束程序”或“吞下异常”的老路：

```
class DBConn {
public:
  ...
  void close( )                              //供客户使用的新函数
  {
    db.close( );
    closed = true;
  }
  ~DBConn()
  {
     if (!closed) {
         try {                               //关闭连接（如果客户不那么做的话）
            db.close( );
         }
         catch (...) {                              //如果关闭动作失败，
            制作运转记录，记下对 close 的调用失败；   //  记录下来并结束程序
            ...                                     //  或吞下异常。
         }
     }
  }
private:
  DBConnection db;
  bool closed;
};
```

把调用 close 的责任从 DBConn 析构函数手上移到 DBConn 客户手上（但 DBConn 析构函数仍内含一个“双保险”调用）可能会给你“肆无忌惮转移负担”的印象。你甚至可能认为它违反条款 18 所提忠告（让接口容易被正确使用）。实际上这两项污名都不成立。如果某个操作可能在失败时抛出异常，而又存在某种需要必须处理该异常，那么这个异常必须来自析构函数以外的某个函数。因为析构函数吐出异常

就是危险，总会带来“过早结束程序”或“发生不明确行为”的风险。本例要说的是，由客户自己调用 close 并不会对他们带来负担，而是给他们一个处理错误的机会，否则他们没机会响应。如果他们不认为这个机会有用（或许他们坚信不会有错误发生），可以忽略它，倚赖 DBConn 析构函数去调用 close。如果真有错误发生——如果 close 的确抛出异常——而且 DBConn 吞下该异常或结束程序，客户没有立场抱怨，毕竟他们曾有机会第一手处理问题，而他们选择了放弃。

请记住

- 析构函数绝对不要吐出异常。如果一个被析构函数调用的函数可能抛出异常，析构函数应该捕捉任何异常，然后吞下它们（不传播）或结束程序。
- 如果客户需要对某个操作函数运行期间抛出的异常做出反应，那么 class 应该提供一个普通函数（而非在析构函数中）执行该操作。

条款 09：绝不在构造和析构过程中调用 virtual 函数

Never call virtual functions during construction or destruction.

本条款开始前我要先阐述重点：你不该在构造函数和析构函数期间调用 virtual 函数，因为这样的调用不会带来你预想的结果，就算有你也不会高兴。如果你同时也是一位 Java 或 C# 程序员，请更加注意本条款，因为这是 C++ 与它们不相同的一个地方。

假设你有个 class 继承体系，用来塑模股市交易如买进、卖出的订单等等。这样的交易一定要经过审计，所以每当创建一个交易对象，在审计日志（audit log）中也需要创建一笔适当记录。下面是一个看起来颇为合理的做法：

```
class Transaction {                                    //所有交易的 base class
public:
  Transaction( );
  virtual void logTransaction() const = 0;           //做出一份因类型不同而不同
                                                     //的日志记录（log entry）
  ...
};
```

```
Transaction::Transaction()                          //base class 构造函数之实现
{
  ...
  logTransaction();                                 //最后动作是志记这笔交易
}
class BuyTransaction: public Transaction {          //derived class
public:
  virtual void logTransaction() const;              //志记（log）此型交易
  ...
};
class SellTransaction: public Transaction {         //derived class
public:
  virtual void logTransaction() const;              //志记（log）此型交易
  ...
};
```

现在，当以下这行被执行，会发生什么事：

```
BuyTransaction b;
```

无疑地会有一个 `BuyTransaction` 构造函数被调用，但首先 `Transaction` 构造函数一定会更早被调用；是的，derived class 对象内的 base class 成分会在 derived class 自身成分被构造之前先构造妥当。`Transaction` 构造函数的最后一行调用 virtual 函数 `logTransaction`，这正是引发惊奇的起点。这时候被调用的 `logTransaction` 是 `Transaction` 内的版本，不是 `BuyTransaction` 内的版本——即使目前即将建立的对象类型是 `BuyTransaction`。是的，base class 构造期间 virtual 函数绝不会下降到 derived classes 阶层。取而代之的是，对象的作为就像隶属 base 类型一样。非正式的说法或许比较传神：在 base class 构造期间，virtual 函数不是 virtual 函数。

这一似乎反直觉的行为有个好理由。由于 base class 构造函数的执行更早于 derived class 构造函数，当 base class 构造函数执行时 derived class 的成员变量尚未初始化。如果此期间调用的 virtual 函数下降至 derived classes 阶层，要知道 derived class 的函数几乎必然取用 local 成员变量，而那些成员变量尚未初始化。这将是一张通往不明确行为和彻夜调试大会串的直达车票。“要求使用对象内部尚未初始化的成分”是危险的代名词，所以 C++ 不让你走这条路。

其实还有比上述理由更根本的原因：在 derived class 对象的 base class 构造期间，

对象的类型是 base class 而不是 derived class。不只 virtual 函数会被编译器解析至（*resolve to*）base class，若使用运行期类型信息（runtime type information，例如 dynamic_cast（见条款 27）和 typeid），也会把对象视为 base class 类型。本例之中，当 Transaction 构造函数正执行起来打算初始化“BuyTransaction 对象内的 base class 成分”时，该对象的类型是 Transaction。那是每一个 C++ 次成分（见条款 1）的态度，而这样的对待是合理的：这个对象内的“BuyTransaction 专属成分”尚未被初始化，所以面对它们，最安全的做法就是视它们不存在。对象在 derived class 构造函数开始执行前不会成为一个 derived class 对象。

相同道理也适用于析构函数。一旦 derived class 析构函数开始执行，对象内的 derived class 成员变量便呈现未定义值，所以 C++ 视它们仿佛不再存在。进入 base class 析构函数后对象就成为一个 base class 对象，而 C++ 的任何部分包括 virtual 函数、dynamic_casts 等等也就那么看待它。

在上述示例中，Transaction 构造函数直接调用一个 virtual 函数，这很明显而且容易看出违反本条款。由于它很容易被看出来，某些编译器会为此发出一个警告信息（某些则否，见条款 53 对警告信息的讨论）。即使没有这样的警告，这个问题在执行前也几乎肯定会变得显而易见，因为 logTransaction 函数在 Transaction 内是个 pure virtual。除非它被定义（不太有希望，但是有可能，见条款 34）否则程序无法连接，因为连接器找不到必要的 Transaction:: logTransaction 实现代码。

但是侦测“构造函数或析构函数运行期间是否调用 virtual 函数”并不总是这般轻松。如果 Transaction 有多个构造函数，每个都需执行某些相同工作，那么避免代码重复的一个优秀做法是把共同的初始化代码（其中包括对 logTransaction 的调用）放进一个初始化函数如 init 内：

```
class Transaction {
public:
  Transaction( )
  { init( ); }                                  //调用 non-virtual...
  virtual void logTransaction() const = 0;
  ...
private:
  void init()
  {
     ...
     logTransaction();                          //这里调用 virtual!
  }
};
```

这段代码概念上和稍早版本相同，但它比较潜藏并且暗中为害，因为它通常不会引发任何编译器和连接器的抱怨。此时由于 logTransaction 是 Transaction 内的一个 pure virtual 函数，当 pure virtual 函数被调用，大多执行系统会中止程序（通常会对此结果发出一个信息）。然而如果 logTransaction 是个正常的（也就是 impure）virtual 函数并在 Transaction 内带有一份实现代码，该版本就会被调用，而程序也就会兴高采烈地继续向前行，留下你百思不解为什么建立一个 derived class 对象时会调用错误版本的 logTransaction。唯一能够避免此问题的做法就是：确定你的构造函数和析构函数都没有（在对象被创建和被销毁期间）调用 virtual 函数，而它们调用的所有函数也都服从同一约束。

但你如何确保每次一有 Transaction 继承体系上的对象被创建，就会有适当版本的 logTransaction 被调用呢？很显然，在 Transaction 构造函数(s)内对着对象调用 virtual 函数是一种错误做法。

其他方案可以解决这个问题。一种做法是在 class Transaction 内将 logTransaction 函数改为 non-virtual，然后要求 derived class 构造函数传递必要信息给 Transaction 构造函数，而后那个构造函数便可安全地调用 non-virtual logTransaction。像这样：

```
class Transaction {
public:
   explicit Transaction(const std::string& logInfo);
   void logTransaction(const std::string& logInfo) const; //如今是个
                                                          //non-virtual 函数
   ...
};
Transaction::Transaction(const std::string& logInfo)
{
   ...
   logTransaction(logInfo);                              //如今是个
                                                         //non-virtual 调用
}
class BuyTransaction: public Transaction {
public:
   BuyTransaction( parameters )
     : Transaction(createLogString( parameters ))     //将 log 信息
   { ... }                                          //传给 base class 构造函数
   ...
private:
   static std::string createLogString( parameters );
};
```

换句话说由于你无法使用 virtual 函数从 base classes 向下调用，在构造期间，你可以藉由“令 derived classes 将必要的构造信息向上传递至 base class 构造函数”替换之而加以弥补。

请注意本例之 `BuyTransaction` 内的 private static 函数 `createLogString` 的运用。是的，比起在成员初值列（member initialization list）内给予 base class 所需数据，利用辅助函数创建一个值传给 base class 构造函数往往比较方便（也比较可读）。令此函数为 static，也就不可能意外指向“初期未成熟之 `BuyTransaction` 对象内尚未初始化的成员变量”。这很重要，正是因为“那些成员变量处于未定义状态”，所以“在 base class 构造和析构期间调用的 virtual 函数不可下降至 derived classes”。

请记住

- 在构造和析构期间不要调用 virtual 函数，因为这类调用从不下降至 derived class（比起当前执行构造函数和析构函数的那层）。

条款 10：令 operator= 返回一个 *reference to* `*this`

Have assignment operators return a reference to *this.

关于赋值，有趣的是你可以把它们写成连锁形式：

```
int x, y, z;
x = y = z = 15;                    //赋值连锁形式
```

同样有趣的是，赋值采用右结合律，所以上述连锁赋值被解析为：

```
x = (y = (z = 15));
```

这里 `15` 先被赋值给 `z`，然后其结果（更新后的 `z`）再被赋值给 `y`，然后其结果（更新后的 `y`）再被赋值给 `x`。

为了实现“连锁赋值”，赋值操作符必须返回一个 reference 指向操作符的左侧实参。这是你为 classes 实现赋值操作符时应该遵循的协议：

```
class Widget {
public:
  ...
```

```
    Widget& operator=(const Widget& rhs)          //返回类型是个 reference，
    {                                             //  指向当前对象。
        ...
        return* this;                             //返回左侧对象
    }
    ...
};
```

这个协议不仅适用于以上的标准赋值形式，也适用于所有赋值相关运算，例如：

```
class Widget {
public:
    ...
    Widget& operator+=(const Widget& rhs)         //这个协议适用于
    {                                             //  +=,-=,*=, 等等。
        ...
        return *this;
    }
    Widget& operator=(int rhs)                    //此函数也适用，即使
    {                                             //  此一操作符的参数类型
        ...                                       //  不符协定。
        return *this;
    }
    ...
};
```

注意，这只是个协议，并无强制性。如果不遵循它，代码一样可通过编译。然而这份协议被所有内置类型和标准程序库提供的类型如 string, vector, complex, tr1::shared_ptr 或即将提供的类型（见条款 54）共同遵守。因此除非你有一个标新立异的好理由，不然还是随众吧。

请记住

- 令赋值（*assignment*）操作符返回一个 reference to *this。

条款 11：在 operator= 中处理“自我赋值”

Handle assignment to self in operator=.

“自我赋值”发生在对象被赋值给自己时：

```
class Widget { ... };
Widget w;
...
w = w;                                  //赋值给自己
```

这看起来有点愚蠢，但它合法，所以不要认定客户绝不会那么做。此外赋值动

作并不总是那么可被一眼辨识出来，例如：

```
a[i] = a[j];        //潜在的自我赋值
```

如果 i 和 j 有相同的值，这便是个自我赋值。再看：

```
*px = *py;          //潜在的自我赋值
```

如果 px 和 py 恰巧指向同一个东西，这也是自我赋值。这些并不明显的自我赋值，是“别名”（*aliasing*）带来的结果：所谓“别名”就是“有一个以上的方法指称（指涉）某对象”。一般而言如果某段代码操作 pointers 或 references 而它们被用来“指向多个相同类型的对象”，就需考虑这些对象是否为同一个。实际上两个对象只要来自同一个继承体系，它们甚至不需声明为相同类型就可能造成“别名”，因为一个 base class 的 reference 或 pointer 可以指向一个 derived class 对象：

```
class Base { ... };
class Derived: public Base { ... };
void doSomething(const Base& rb,        //rb和*pd有可能其实是同一对象
                 Derived* pd);
```

如果遵循条款 13 和条款 14 的忠告，你会运用对象来管理资源，而且你可以确定所谓“资源管理对象”在 *copy* 发生时有正确的举措。这种情况下你的赋值操作符或许是“自我赋值安全的”（self-assignment-safe），不需要额外操心。然而如果你尝试自行管理资源（如果你打算写一个用于资源管理的 class 就得这样做），可能会掉进“在停止使用资源之前意外释放了它”的陷阱。假设你建立一个 class 用来保存一个指针指向一块动态分配的位图（bitmap）：

```
class Bitmap { ... };
class Widget {
  ...
private:
  Bitmap* pb;            //指针，指向一个从 heap 分配而得的对象
};
```

下面是 operator= 实现代码，表面上看起来合理，但自我赋值出现时并不安全（它也不具备异常安全性，但我们稍后才讨论这个主题）。

```
Widget&
Widget::operator=(const Widget& rhs)  //一份不安全的 operator= 实现版本.
{
  delete pb;                          //停止使用当前的 bitmap,
  pb = new Bitmap(*rhs.pb);           //使用 rhs's bitmap 的副本（复件）。
  return *this;                       //见条款 10。
}
```

这里的自我赋值问题是，operator= 函数内的 *this（赋值的目的端）和 rhs 有可能是同一个对象。果真如此 delete 就不只是销毁当前对象的 bitmap，它也销毁 rhs 的 bitmap。在函数末尾，Widget——它原本不该被自我赋值动作改变的——发现自己持有一个指针指向一个已被删除的对象！

欲阻止这种错误，传统做法是藉由 operator=最前面的一个“证同测试（identity test）”达到“自我赋值”的检验目的：

```
Widget& Widget::operator=(const Widget& rhs)
{
    if (this == &rhs) return *this;     //证同测试（identity test）：
                                        //如果是自我赋值，就不做任何事。
    delete pb;
    pb = new Bitmap(*rhs.pb);
    return *this;
}
```

这样做行得通。稍早我曾经提过，前一版 operator= 不仅不具备“自我赋值安全性”，也不具备“异常安全性”，这个新版本仍然存在异常方面的麻烦。更明确地说，如果 "new Bitmap" 导致异常（不论是因为分配时内存不足或因为 Bitmap 的 *copy* 构造函数抛出异常），Widget 最终会持有一个指针指向一块被删除的 Bitmap。这样的指针有害。你无法安全地删除它们，甚至无法安全地读取它们。唯一能对它们做的安全事情是付出许多调试能量找出错误的起源。

令人高兴的是，让 operator= 具备“异常安全性”往往自动获得“自我赋值安全”的回报。因此愈来愈多人对“自我赋值”的处理态度是倾向不去管它，把焦点放在实现“异常安全性”（exception safety）上。条款 29 深度探讨了异常安全性，本条款只要你注意“许多时候一群精心安排的语句就可以导出异常安全（以及自我赋值安全）的代码”，这就够了。例如以下代码，我们只需注意在复制 pb 所指东西之前别删除 pb：

```
Widget& Widget::operator=(const Widget& rhs)
{
    Bitmap* pOrig = pb;             //记住原先的 pb
    pb = new Bitmap(*rhs.pb);       //令 pb 指向 *pb 的一个复件（副本）
    delete pOrig;                   //删除原先的 pb
    return *this;
}
```

现在，如果 "new Bitmap" 抛出异常，pb（及其栖身的那个 Widget）保持原状。即使没有证同测试（identity test），这段代码还是能够处理自我赋值，因为我们对原 bitmap 做了一份复件、删除原 bitmap、然后指向新制造的那个复件。它或许不是处理"自我赋值"的最高效办法，但它行得通。

如果你很关心效率，可以把"证同测试"（identity test）再次放回函数起始处。然而这样做之前先问问自己，你估计"自我赋值"的发生频率有多高？因为这项测试也需要成本。它会使代码变大一些（包括原始码和目标码）并导入一个新的控制流（control flow）分支，而两者都会降低执行速度。Prefetching、caching 和 pipelining 等指令的效率都会因此降低。

在 operator= 函数内手工排列语句（确保代码不但"异常安全"而且"自我赋值安全"）的一个替代方案是，使用所谓的 copy and swap 技术。这个技术和"异常安全性"有密切关系，所以由条款 29 详细说明。然而由于它是一个常见而够好的 operator= 撰写办法，所以值得看看其实现手法像什么样子：

```
class Widget {
...
void swap(Widget& rhs);          //交换*this 和 rhs 的数据；详见条款 29
...
};
Widget& Widget::operator=(const Widget& rhs)
{
    Widget temp(rhs);            //为 rhs 数据制作一份复件（副本）
    swap(temp);                  //将*this 数据和上述复件的数据交换。
    return *this;
}
```

这个主题的另一个变奏曲乃利用以下事实：(1) 某 class 的 *copy assignment* 操作符可能被声明为"以 *by value* 方式接受实参"；(2) 以 *by value* 方式传递东西会造成一份复件/副本（见条款 20）：

```
Widget& Widget::operator=(Widget rhs) //rhs 是被传对象的一份复件（副本）
{                                     //注意这里是 pass by value.
    swap(rhs);                        //将*this 的数据和复件/副本的数据互换
    return *this;
}
```

我个人比较忧虑这个做法，我认为它为了伶俐巧妙的修补而牺牲了清晰性。然而将“*copying* 动作”从函数本体内移至“函数参数构造阶段”却可令编译器有时生成更高效的代码。

请记住

- 确保当对象自我赋值时 operator= 有良好行为。其中技术包括比较“来源对象”和“目标对象”的地址、精心周到的语句顺序、以及 copy-and-swap。
- 确定任何函数如果操作一个以上的对象，而其中多个对象是同一个对象时，其行为仍然正确。

条款 12：复制对象时勿忘其每一个成分

Copy all parts of an object.

设计良好之面向对象系统（OO-systems）会将对象的内部封装起来，只留两个函数负责对象拷贝（复制），那便是带着适切名称的 *copy* 构造函数和 *copy assignment* 操作符，我称它们为 *copying* 函数。条款 5 观察到编译器会在必要时候为我们的 classes 创建 *copying* 函数，并说明这些“编译器生成版”的行为：将被拷对象的所有成员变量都做一份拷贝。

如果你声明自己的 *copying* 函数，意思就是告诉编译器你并不喜欢缺省实现中的某些行为。编译器仿佛被冒犯似的，会以一种奇怪的方式回敬：当你的实现代码几乎必然出错时却不告诉你。

考虑一个 class 用来表现顾客，其中手工写出（而非由编译器创建）*copying* 函数，使得外界对它们的调用会被志记（logged）下来：

```
void logCall(const std::string& funcName);        //制造一个 log entry
class Customer {
public:
   ...
   Customer(const Customer& rhs);
   Customer& operator=(const Customer& rhs);
   ...
private:
   std::string name;
};
```

```
Customer::Customer(const Customer& rhs)
  : name(rhs.name)                              //复制 rhs 的数据
{
   logCall("Customer copy constructor");
}

Customer& Customer::operator=(const Customer& rhs)
{
   logCall("Customer copy assignment operator");
   name = rhs.name;                             //复制 rhs 的数据
   return *this;                                //见条款 10
}
```

这里的每一件事情看起来都很好，而实际上每件事情也的确都好，直到另一个成员变量加入战局：

```
class Date { ... };                  //日期
class Customer {
public:
   ...                               //同前
private:
   std::string name;
   Date lastTransaction;
};
```

这时候既有的 *copying* 函数执行的是局部拷贝（partial copy）：它们的确复制了顾客的 name，但没有复制新添加的 lastTransaction。大多数编译器对此不出任何怨言——即使在最高警告级别中（见条款 53）。这是编译器对“你自己写出 *copying* 函数”的复仇行为：既然你拒绝它们为你写出 *copying* 函数，如果你的代码不完全，它们也不告诉你。结论很明显：如果你为 class 添加一个成员变量，你必须同时修改 *copying* 函数。（你也需要修改 class 的所有构造函数（见条款 4 和条款 45）以及任何非标准形式的 operator=（条款 10 有个例子）。如果你忘记，编译器不太可能提醒你。）

一旦发生继承，可能会造成此一主题最暗中肆虐的一个潜藏危机。试考虑：

```
class PriorityCustomer: public Customer {          //一个 derived class
public:
   ...
   PriorityCustomer(const PriorityCustomer& rhs);
   PriorityCustomer& operator=(const PriorityCustomer& rhs);
   ...
private:
   int priority;
};
```

```
PriorityCustomer::PriorityCustomer(const PriorityCustomer& rhs)
 : priority(rhs.priority)
{
   logCall("PriorityCustomer copy constructor");
}
PriorityCustomer&
PriorityCustomer::operator=(const PriorityCustomer& rhs)
{
   logCall("PriorityCustomer copy assignment operator");
   priority = rhs.priority;
   return *this;
}
```

PriorityCustomer 的 *copying* 函数看起来好像复制了 PriorityCustomer 内的每一样东西，但是请再看一眼。是的，它们复制了 PriorityCustomer 声明的成员变量，但每个 PriorityCustomer 还内含它所继承的 Customer 成员变量复件（副本），而那些成员变量却未被复制。PriorityCustomer 的 *copy* 构造函数并没有指定实参传给其 base class 构造函数（也就是说它在它的成员初值列（member initialization list）中没有提到 Customer），因此 PriorityCustomer 对象的 Customer 成分会被不带实参之 Customer 构造函数（即 *default* 构造函数——必定有一个否则无法通过编译）初始化。*default* 构造函数将针对 name 和 lastTransaction 执行缺省的初始化动作。

以上事态在 PriorityCustomer 的 *copy assignment* 操作符身上只有轻微不同。它不曾企图修改其 base class 的成员变量，所以那些成员变量保持不变。

任何时候只要你承担起"为 derived class 撰写 *copying* 函数"的重责大任，必须很小心地也复制其 base class 成分。那些成分往往是 private（见条款 22），所以你无法直接访问它们，你应该让 derived class 的 *copying* 函数调用相应的 base class 函数：

```
PriorityCustomer::PriorityCustomer(const PriorityCustomer& rhs)
 : Customer(rhs),                   //调用base class 的copy构造函数
   priority(rhs.priority)
{
   logCall("PriorityCustomer copy constructor");
}
PriorityCustomer&
PriorityCustomer::operator=(const PriorityCustomer& rhs)
{
   logCall("PriorityCustomer copy assignment operator");
   Customer::operator=(rhs);        //对base class 成分进行赋值动作
   priority = rhs.priority;
   return *this;
}
```

本条款题目所说的“复制每一个成分”现在应该很清楚了。当你编写一个 *copying* 函数，请确保 (1) 复制所有 local 成员变量，(2) 调用所有 base classes 内的适当的 *copying* 函数。

这两个 *copying* 函数往往有近似相同的实现本体，这可能会诱使你让某个函数调用另一个函数以避免代码重复。这样精益求精的态度值得赞赏，但是令某个 *copying* 函数调用另一个 *copying* 函数却无法让你达到你想要的目标。

令 *copy assignment* 操作符调用 *copy* 构造函数是不合理的，因为这就像试图构造一个已经存在的对象。这件事如此荒谬，乃至于根本没有相关语法。是有一些看似如你所愿的语法，但其实不是；也的确有些语法背后真正做了它，但它们在某些情况下会造成你的对象败坏，所以我不打算将那些语法呈现给你看。单纯地接受这个叙述吧：你不该令 *copy assignment* 操作符调用 *copy* 构造函数。

反方向——令 *copy* 构造函数调用 *copy assignment* 操作符——同样无意义。构造函数用来初始化新对象，而 *assignment* 操作符只施行于已初始化对象身上。对一个尚未构造好的对象赋值，就像在一个尚未初始化的对象身上做“只对已初始化对象才有意义”的事一样。无聊嘛！别尝试。

如果你发现你的 *copy* 构造函数和 *copy assignment* 操作符有相近的代码，消除重复代码的做法是，建立一个新的成员函数给两者调用。这样的函数往往是 private 而且常被命名为 `init`。这个策略可以安全消除 *copy* 构造函数和 *copy assignment* 操作符之间的代码重复。

请记住

- *Copying* 函数应该确保复制“对象内的所有成员变量”及“所有 base class 成分”。
- 不要尝试以某个 *copying* 函数实现另一个 *copying* 函数。应该将共同机能放进第三个函数中，并由两个 *coping* 函数共同调用。

3

资源管理

Resource Management

所谓资源就是，一旦用了它，将来必须还给系统。如果不这样，糟糕的事情就会发生。C++ 程序中最常使用的资源就是动态分配内存（如果你分配内存却从来不曾归还它，会导致内存泄漏），但内存只是你必须管理的众多资源之一。其他常见的资源还包括文件描述器（file descriptors）、互斥锁（mutex locks）、图形界面中的字型和笔刷、数据库连接、以及网络 sockets。不论哪一种资源，重要的是，当你不再使用它时，必须将它还给系统。

尝试在任何运用情况下都确保以上所言，是件困难的事，但当你考虑到异常、函数内多重回传路径、程序维护员改动软件却没能充分理解随之而来的冲击，态势就很明显了：资源管理的特殊手段还不很充分够用。

本章一开始是一个直接而易懂且基于对象（object-based）的资源管理办法，建立在 C++ 对构造函数、析构函数、*copying* 函数的基础上。经验显示，经过训练后严守这些做法，可以几乎消除资源管理问题。然后本章的某些条款将专门用来对付内存管理。这些排列在后的专属条款弥补了先前一般化条款的不足，因为管理内存的那个对象必须知道如何适当而正确地工作。

条款 13：以对象管理资源

Use objects to manage resources.

假设我们使用一个用来塑模投资行为（例如股票、债券等等）的程序库，其中各式各样的投资类型继承自一个 root class `Investment`：

```
class Investment { ... };            // “投资类型” 继承体系中的 root class
```

进一步假设，这个程序库系通过一个工厂函数（factory function，见条款 7）供应我们某特定的 Investment 对象：

```
Investment* createInvestment();   //返回指针，指向 Investment 继承体系内
                                  //的动态分配对象。调用者有责任删除它。
                                  //这里为了简化，刻意不写参数。
```

一如以上注释所言，createInvestment 的调用端使用了函数返回的对象后，有责任删除之。现在考虑有个 f 函数履行了这个责任：

```
void f( )
{
    Investment* pInv = createInvestment( );      //调用 factory 函数
    ...
    delete pInv;                                 //释放pInv 所指对象
}
```

这看起来妥当，但若干情况下 f 可能无法删除它得自 createInvestment 的投资对象——或许因为 "..." 区域内的一个过早的 return 语句。如果这样一个 return 被执行起来，控制流就绝不会触及 delete 语句。类似情况发生在对 createInvestment 的使用及 delete 动作位于某循环内，而该循环由于某个 continue 或 goto 语句过早退出。最后一种可能是 "..." 区域内的语句抛出异常，果真如此控制流将再次不会幸临 delete。无论 delete 如何被略过去，我们泄漏的不只是内含投资对象的那块内存，还包括那些投资对象所保存的任何资源。

当然啦，谨慎地编写程序可以防止这一类错误，但你必须想想，代码可能会在时间渐渐过去后被修改。一旦软件开始接受维护，可能会有某些人添加 return 语句或 continue 语句而未能全然领悟它对函数的资源管理策略造成的后果。更糟的是 f 的 "..." 区域有可能调用一个“过去从未抛出异常，却在被‘改善’之后开始那么做”的函数。因此单纯倚赖“f 总是会执行其 delete 语句”是行不通的。

为确保 createInvestment 返回的资源总是被释放，我们需要将资源放进对象内，当控制流离开 f，该对象的析构函数会自动释放那些资源。实际上这正是隐身于本条款背后的半边想法：把资源放进对象内，我们便可倚赖 C++ 的“析构函数自动调用机制”确保资源被释放。（稍后讨论另半边想法。）

许多资源被动态分配于 heap 内而后被用于单一区块或函数内。它们应该在控制流离开那个区块或函数时被释放。标准程序库提供的 auto_ptr 正是针对这种形势而设计的特制产品。auto_ptr 是个“类指针（pointer-like）对象”，也就是所谓“智能指针”，其析构函数自动对其所指对象调用 delete。下面示范如何使用 auto_ptr 以避免 f 函数潜在的资源泄漏可能性：

```
void f( )
{
    std::auto_ptr<Investment> pInv(createInvestment( ));
                                        //调用 factory 函数
    ...                                 //一如以往地使用 pInv
}                                       //经由 auto_ptr 的析构函数自动删除 pInv
```

这个简单的例子示范“以对象管理资源”的两个关键想法：

- **获得资源后立刻放进管理对象**（managing object）**内**。以上代码中 createInvestment 返回的资源被当做其管理者 auto_ptr 的初值。实际上“以对象管理资源”的观念常被称为“资源取得时机便是初始化时机”（*Resource Acquisition Is Initialization;* RAII），因为我们几乎总是在获得一笔资源后于同一语句内以它初始化某个管理对象。有时候获得的资源被拿来赋值（而非初始化）某个管理对象，但不论哪一种做法，每一笔资源都在获得的同时立刻被放进管理对象中。
- **管理对象**（managing object）**运用析构函数确保资源被释放**。不论控制流如何离开区块，一旦对象被销毁（例如当对象离开作用域）其析构函数自然会被自动调用，于是资源被释放。如果资源释放动作可能导致抛出异常，事情变得有点棘手，但条款 8 已经能够解决这个问题，所以这里我们也就不多操心了。

由于 auto_ptr 被销毁时会自动删除它所指之物，所以一定要注意别让多个 auto_ptr 同时指向同一对象。如果真是那样，对象会被删除一次以上，而那会使你的程序搭上驶向“未定义行为”的快速列车上。为了预防这个问题，auto_ptrs 有一个不寻常的性质：若通过 *copy* 构造函数或 *copy assignment* 操作符复制它们，它们会变成 null，而复制所得的指针将取得资源的唯一拥有权！

```
std::auto_ptr<Investment>
  pInv1(createInvestment( ));                    //pInv1 指向
                                                 // createInvestment 返回物.
std::auto_ptr<Investment> pInv2(pInv1);          //现在 pInv2 指向对象,
                                                 //  pInv1 被设为 null.
pInv1 = pInv2;                                   //现在 pInv1 指向对象,
                                                 //  pInv2 被设为 null.
```

这一诡异的复制行为，复加上其底层条件："受 auto_ptrs 管理的资源必须绝对没有一个以上的 auto_ptr 同时指向它"，意味 auto_ptrs 并非管理动态分配资源的神兵利器。举个例子，STL 容器要求其元素发挥"正常的"复制行为，因此这些容器容不得 auto_ptr。

auto_ptr 的替代方案是"引用计数型智慧指针"(*reference-counting smart pointer;* RCSP）。所谓 RCSP 也是个智能指针，持续追踪共有多少对象指向某笔资源，并在无人指向它时自动删除该资源。RCSPs 提供的行为类似垃圾回收（garbage collection），不同的是 RCSPs 无法打破环状引用（cycles of references，例如两个其实已经没被使用的对象彼此互指，因而好像还处在"被使用"状态）。

TR1 的 tr1::shared_ptr（见条款 54）就是个 RCSP，所以你可以这么写 f：

```
void f( )
{
    ...
    std::tr1::shared_ptr<Investment>
    pInv(createInvestment( ));                   //调用 factory 函数.
    ...                                          //使用 pInv 一如以往.
}                                        //经由 shared_ptr 析构函数自动删除 pInv
```

这段代码看起来几乎和使用 auto_ptr 的那个版本相同，但 shared_ptrs 的复制行为正常多了：

```
void f( )
{
    ...
    std::tr1::shared_ptr<Investment>
    pInv1(createInvestment( ));              //pInv1 指向
                                             //createInvestment 返回物.
    std::tr1::shared_ptr<Investment>
    pInv2(pInv1);                            //pInv1 和 pInv2 指向同一个对象.
    pInv1 = pInv2;                       //同上，无任何改变.
    ...
}                                            //pInv1 和 pInv2 被销毁,
                                             //它们所指的对象也就被自动销毁.
```

由于 tr1::shared_ptrs 的复制行为“一如预期”，它们可被用于 STL 容器以及其他“auto_ptr 之非正统复制行为并不适用”的语境上。

尽管如此，可别误会了，本条款并不专门针对 auto_ptr, tr1::shared_ptr 或任何其他智能指针，而只是强调“以对象管理资源”的重要性，auto_ptr 和 tr1::shared_ptr 只不过是实际例子。如果想知道 tr1:shared_ptr 的更多信息，请看条款 14, 18 和 54。

auto_ptr 和 tr1::shared_ptr 两者都在其析构函数内做 delete 而不是 delete[] 动作（条款 16 对两者的不同有些描述）。那意味在动态分配而得的 array 身上使用 auto_ptr 或 tr1::shared_ptr 是个馊主意。尽管如此，可叹的是，那么做仍能通过编译：

```
std::auto_ptr<std::string>                        //馊主意！会用上错误的
  aps(new std::string[10]);                       // delete 形式。
std::tr1::shared_ptr<int> spi(new int[1024]);     //相同问题。
```

你或许会惊讶地发现，并没有特别针对“C++ 动态分配数组”而设计的类似 auto_ptr 或 tr1::shared_ptr 那样的东西，甚至 TR1 中也没有。那是因为 vector 和 string 几乎总是可以取代动态分配而得的数组。如果你还是认为拥有针对数组而设计、类似 auto_ptr 和 tr1::shared_ptr 那样的 classes 较好，看看 Boost 吧（见条款 55）。在那儿你会很高兴地发现 boost::scoped_array 和 boost::shared_array classes，它们都提供你要的行为。

本条款也建议，如果你打算手工释放资源（例如使用 delete 而非使用一个资源管理类；resource-managing class），容易发生某些错误。罐装式的资源管理类如 auto_ptr 和 tr1::shared_ptr 往往比较能够轻松遵循本条款忠告，但有时候你所使用的资源是目前这些预制式 classes 无法妥善管理的。既然如此就需要精巧制作你自己的资源管理类。那并不是非常困难，但的确涉及若干你需要考虑的细节。那些考虑形成了条款 14 和条款 15 的标题。

作为最后批注，我必须指出，createInvestment 返回的“未加工指针”（raw pointer）简直是对资源泄漏的一个死亡邀约，因为调用者极易在这个指针身上忘记调用 delete。（即使他们使用 auto_ptr 或 tr1::shared_ptr 来执行 delete，他们首先必须记得将 createInvestment 的返回值存储于智能指针对象内。）为与此问题搏斗，首先需要对 createInvestment 进行接口修改，那是条款 18 面对的事。

请记住

- 为防止资源泄漏，请使用 RAII 对象，它们在构造函数中获得资源并在析构函数中释放资源。
- 两个常被使用的 RAII classes 分别是 tr1::shared_ptr 和 auto_ptr。前者通常是较佳选择，因为其 *copy* 行为比较直观。若选择 auto_ptr，复制动作会使它（被复制物）指向 null。

条款 14：在资源管理类中小心 *copying* 行为

Think carefully about copying behavior in resource-managing classes.

条款 13 导入这样的观念：“资源取得时机便是初始化时机”（*Resource Acquisition Is Initialization;* RAII），并以此作为“资源管理类”的脊柱，也描述了 auto_ptr 和 tr1::shared_ptr 如何将这个观念表现在 heap-based 资源上。然而并非所有资源都是 heap-based，对那种资源而言，像 auto_ptr 和 tr1::shared_ptr 这样的智能指针往往不适合作为资源掌管者（resource handlers）。既然如此，有可能偶而你会发现，你需要建立自己的资源管理类。

例如，假设我们使用 C API 函数处理类型为 Mutex 的互斥器对象（mutex objects），共有 lock 和 unlock 两函数可用：

```
void lock(Mutex* pm);          //锁定 pm 所指的互斥器.
void unlock(Mutex* pm);        //将互斥器解除锁定.
```

为确保绝不会忘记将一个被锁住的 Mutex 解锁，你可能会希望建立一个 class 用来管理机锁。这样的 class 的基本结构由 RAII 守则支配，也就是“资源在构造期间获得，在析构期间释放”：

```
class Lock {
public:
   explicit Lock(Mutex* pm)
    : mutexPtr(pm)
   { lock(mutexPtr); }                    //获得资源
```

```
   ~Lock() {  unlock(mutexPtr); }        //释放资源
private:
   Mutex *mutexPtr;
};
```

客户对 Lock 的用法符合 RAII 方式：

```
Mutex m;         //定义你需要的互斥器
...
{                //建立一个区块用来定义 critical section.
Lock ml(&m);  //锁定互斥器.
   ...           //执行 critical section 内的操作.
}                //在区块最末尾，自动解除互斥器锁定.
```

这很好，但如果 Lock 对象被复制，会发生什么事？

```
Lock ml1(&m);         //锁定 m
Lock ml2(ml1);        //将 ml1 复制到 ml2 身上。这会发生什么事?
```

这是某个一般化问题的特定例子。那个一般化问题是每一位 RAII class 作者一定需要面对的："当一个 RAII 对象被复制，会发生什么事？"大多数时候你会选择以下两种可能：

- **禁止复制**。许多时候允许 RAII 对象被复制并不合理。对一个像 Lock 这样的 class 这是有可能的，因为很少能够合理拥有"同步化基础器物"（synchronization primitives）的复件（副本）。如果复制动作对 RAII class 并不合理，你便应该禁止之。条款 6 告诉你怎么做：将 *copying* 操作声明为 private。对 Lock 而言看起来是这样：

```
class Lock: private Uncopyable {          //禁止复制。见条款 6。
public:
    ...                                   //如前
};
```

- **对底层资源祭出"引用计数法"（reference-count）**。有时候我们希望保有资源，直到它的最后一个使用者（某对象）被销毁。这种情况下复制 RAII 对象时，应该将资源的"被引用数"递增。tr1::shared_ptr 便是如此。

  通常只要内含一个 tr1::shared_ptr 成员变量，RAII classes 便可实现出 reference-counting *copying* 行为。如果前述的 Lock 打算使用 reference counting，它可以改变 mutexPtr 的类型，将它从 Mutex* 改为 tr1::shared_ptr<Mutex>。然而很不幸 tr1::shared_ptr 的缺省行为是"当引用次数为 0 时删除其所指物"，那不是我们所要的行为。当我们用上一个 Mutex，我们想要做的释放动作是解除锁定而非删除。

幸运的是 tr1::shared_ptr 允许指定所谓的“删除器”（deleter），那是一个函数或函数对象（function object），当引用次数为 0 时便被调用（此机能并不存在于 auto_ptr——它总是将其指针删除）。删除器对 tr1::shared_ptr 构造函数而言是可有可无的第二参数，所以代码看起来像这样：

```
class Lock {
public:
    explicit Lock(Mutex* pm)          //以某个 Mutex 初始化 shared_ptr
     : mutexPtr(pm, unlock)           //  并以 unlock 函数为删除器.
    {
        lock(mutexPtr.get());         //条款 15 谈到 "get"
    }
private:
    std::tr1::shared_ptr<Mutex> mutexPtr;   //使用 shared_ptr
};                                          //替换 raw pointer
```

请注意，本例的 Lock class 不再声明析构函数。因为没有必要。条款 5 说过，class 析构函数（无论是编译器生成的，或用户自定的）会自动调用其 non-static 成员变量（本例为 mutexPtr）的析构函数。而 mutexPtr 的析构函数会在互斥器的引用次数为 0 时自动调用 tr1::shared_ptr 的删除器（本例为 unlock）。（当你阅读这个 class 的原始码，或许会感谢其中有一条注释指出：你并没有忘记析构，你只是倚赖了编译器生成的缺省行为。）

- **复制底部资源**。有时候，只要你喜欢，可以针对一份资源拥有其任意数量的复件（副本）。而你需要“资源管理类”的唯一理由是，当你不再需要某个复件时确保它被释放。在此情况下复制资源管理对象，应该同时也复制其所包覆的资源。也就是说，复制资源管理对象时，进行的是“深度拷贝”。

  某些标准字符串类型是由“指向 heap 内存”之指针构成（那内存被用来存放字符串的组成字符）。这种字符串对象内含一个指针指向一块 heap 内存。当这样一个字符串对象被复制，不论指针或其所指内存都会被制作出一个复件。这样的字符串展现深度复制（deep copying）行为。

- **转移底部资源的拥有权**。某些罕见场合下你可能希望确保永远只有一个 RAII 对象指向一个未加工资源（raw resource），即使 RAII 对象被复制依然如此。此时资源的拥有权会从<u>被复制物</u>转移到<u>目标物</u>。一如条款 13 所述，这是 auto_ptr 奉行的复制意义。

Copying 函数（包括 *copy* 构造函数和 *copy assignment* 操作符）有可能被编译器自动创建出来，因此除非编译器所生版本做了你想要做的事（条款 5 提过其缺省行为），否则你得自己编写它们。某些情况下你或许也想支持这些函数的一般版本，这样的版本描述于条款 45。

请记住

- 复制 RAII 对象必须一并复制它所管理的资源，所以资源的 *copying* 行为决定 RAII 对象的 *copying* 行为。
- 普遍而常见的 RAII class *copying* 行为是：抑制 *copying*、施行引用计数法（reference counting）。不过其他行为也都可能被实现。

条款 15：在资源管理类中提供对原始资源的访问

Provide access to raw resources in resource-managing classes.

资源管理类（resource-managing classes）很棒。它们是你对抗资源泄漏的堡垒。排除此等泄漏是良好设计系统的根本性质。在一个完美世界中你将倚赖这样的 classes 来处理和资源之间的所有互动，而不是玷污双手直接处理原始资源（raw resources）。但这个世界并不完美。许多 APIs 直接指涉资源，所以除非你发誓（这其实是一种少有实际价值的举动）永不录用这样的 APIs，否则只得绕过资源管理对象（resource-managing objects）直接访问原始资源（raw resources）。

举个例子，条款 13 导入一个观念：使用智能指针如 `auto_ptr` 或 `tr1::shared_ptr` 保存 factory 函数如 `createInvestment` 的调用结果：

```
std::tr1::shared_ptr<Investment> pInv(createInvestment()); //见条款 13
```

假设你希望以某个函数处理 `Investment` 对象，像这样：

```
int daysHeld(const Investment* pi);            //返回投资天数
```

你想要这么调用它：

```
int days = daysHeld(pInv);                    //错误!
```

却通不过编译，因为 daysHeld 需要的是 Investment* 指针，你传给它的却是个类型为 tr1::shared_ptr<Investment> 的对象。

这时候你需要一个函数可将 RAII class 对象（本例为 tr1::shared_ptr）转换为其所内含之原始资源（本例为底部之 Investment*）。有两个做法可以达成目标：显式转换和隐式转换。

tr1::shared_ptr 和 auto_ptr 都提供一个 get 成员函数，用来执行显式转换，也就是它会返回智能指针内部的原始指针（的复件）：

```
int days = daysHeld(pInv.get());              //很好，将 pInv 内的原始指针
                                              //传给 daysHeld
```

就像（几乎）所有智能指针一样，tr1::shared_ptr 和 auto_ptr 也重载了指针取值（pointer dereferencing）操作符（operator-> 和 operator*），它们允许隐式转换至底部原始指针：

```
class Investment {                            //investment 继承体系的根类
public:
   bool isTaxFree() const;
   ...
};

Investment* createInvestment();               //factory 函数

std::tr1::shared_ptr<Investment>              //令 tr1::shared_ptr
 pi1(createInvestment( ));                    //  管理一笔资源。

bool taxable1 = !(pi1->isTaxFree());          //经由 operator-> 访问资源。
...
std::auto_ptr<Investment> pi2(createInvestment());   //令 auto_ptr
                                                      //管理一笔资源。
bool taxable2 = !((*pi2).isTaxFree());        //经由 operator* 访问资源。
...
```

由于有时候还是必须取得 RAII 对象内的原始资源，某些 RAII class 设计者于是联想到“将油脂涂在滑轨上”，做法是提供一个隐式转换函数。考虑下面这个用于字体的 RAII class（对 C API 而言字体是一种原生数据结构）：

```
FontHandle getFont();                     //这是个C API。为求简化暂略参数。
```

```
void releaseFont(FontHandle fh);          //来自同一组 C API

class Font {                              //RAII class
public:
  explicit Font(FontHandle fh)            //获得资源;
   : f(fh)                                //采用 pass-by-value,
  { }                                     //  因为 C API 这样做。
  ~Font( ) { releaseFont(f ); }           //释放资源
private:
  FontHandle f;                           //原始（raw）字体资源
};
```

假设有大量与字体相关的 C API，它们处理的是 FontHandles，那么“将 Font 对象转换为 FontHandle”会是一种很频繁的需求。Font class 可为此提供一个显式转换函数，像 get 那样：

```
class Font {
public:
  ...
  FontHandle get() const { return f; }    //显式转换函数
  ...
};
```

不幸的是这使得客户每当想要使用 API 时就必须调用 get：

```
void changeFontSize(FontHandle f, int newSize);    //C API
Font f(getFont());
int newFontSize;
...
changeFontSize(f.get(),newFontSize);   //明白地将 Font 转换为 FontHandle
```

某些程序员可能会认为，如此这般地到处要求显式转换，足以使人们倒尽胃口，不再愿意使用这个 class，从而增加了泄漏字体的可能性，而 Font class 的主要设计目的就是为了防止资源（字体）泄漏。

另一个办法是令 Font 提供隐式转换函数，转型为 FontHandle：

```
class Font {
public:
  ...
  operator FontHandle() const             //隐式转换函数
  { return f; }
  ...
};
```

这使得客户调用 C API 时比较轻松且自然：

```
Font f(getFont());
int newFontSize;
...
changeFontSize(f, newFontSize);        //将Font隐式转换为FontHandle
```

但是这个隐式转换会增加错误发生机会。例如客户可能会在需要 Font 时意外创建一个 FontHandle：

```
Font f1(getFont( ));
...
FontHandle f2 = f1;          //喔欧！原意是要拷贝一个Font对象，
                             //却反而将 f1 隐式转换为其底部的FontHandle
                             //然后才复制它。
```

以上程序有个 FontHandle 由 Font 对象 f1 管理，但那个 FontHandle 也可通过直接使用 f2 取得。那几乎不会有好下场。例如当 f1 被销毁，字体被释放，而 f2 因此成为“虚吊的”（dangle）。

是否该提供一个显式转换函数（例如 get 成员函数）将 RAII class 转换为其底部资源，或是应该提供隐式转换，答案主要取决于 RAII class 被设计执行的特定工作，以及它被使用的情况。最佳设计很可能是坚持条款 18 的忠告：“让接口容易被正确使用，不易被误用”。通常显式转换函数如 get 是比较受欢迎的路子，因为它将“非故意之类型转换”的可能性最小化了。然而有时候，隐式类型转换所带来的“自然用法”也会引发天秤倾斜。

你的内心也可能认为，RAII class 内的那个返回原始资源的函数，与“封装”发生矛盾。那是真的，但一般而言它谈不上是什么设计灾难。RAII classes 并不是为了封装某物而存在；它们的存在是为了确保一个特殊行为——资源释放——会发生。如果一定要，当然也可以在这基本功能之上再加一层资源封装，但那并非必要。此外也有某些 RAII classes 结合十分松散的底层资源封装，藉以获得真正的封装实现。例如 tr1::shared_ptr 将它的所有引用计数机构封装了起来，但还是让外界很容易访问其所内含的原始指针。就像多数设计良好的 classes 一样，它隐藏了客户不需要看的部分，但备妥客户需要的所有东西。

请记住

- APIs 往往要求访问原始资源（raw resources），所以每一个 RAII class 应该提供一个"取得其所管理之资源"的办法。
- 对原始资源的访问可能经由显式转换或隐式转换。一般而言显式转换比较安全，但隐式转换对客户比较方便。

条款 16：成对使用 new 和 delete 时要采取相同形式

Use the same form in corresponding uses of new and delete.

以下动作有什么错？

```
std::string* stringArray = new std::string[100];
...
delete stringArray;
```

每件事看起来都井然有序。使用了 new，也搭配了对应的 delete。但还是有某样东西完全错误：你的程序行为不明确（未有定义）。最低限度，stringArray 所含的 100 个 string 对象中的 99 个不太可能被适当删除，因为它们的析构函数很可能没被调用。

当你使用 new（也就是通过 new 动态生成一个对象），有两件事发生。第一，内存被分配出来（通过名为 operator new 的函数，见条款 49 和条款 51）。第二，针对此内存会有一个（或更多）构造函数被调用。当你使用 delete，也有两件事发生：针对此内存会有一个（或更多）析构函数被调用，然后内存才被释放（通过名为 operator delete 的函数，见条款 51）。delete 的最大问题在于：即将被删除的内存之内究竟存有多少对象？这个问题的答案决定了有多少个析构函数必须被调用起来。

实际上这个问题可以更简单些：即将被删除的那个指针，所指的是单一对象或对象数组？这是个必不可缺的问题，因为单一对象的内存布局一般而言不同于数组的内存布局。更明确地说，数组所用的内存通常还包括"数组大小"的记录，以便 delete 知道需要调用多少次析构函数。单一对象的内存则没有这笔记录。你可以把两种不同的内存布局想象如下，其中 n 是数组大小：

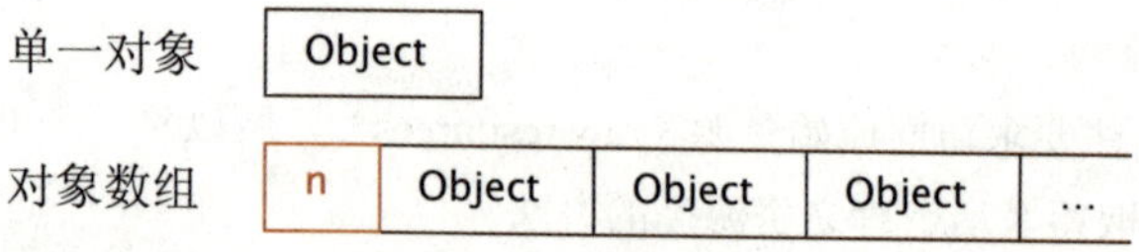

当然啦，这只是个例子。编译器不需非得这么实现不可，虽然很多编译器的确是这样做的。

当你对着一个指针使用 delete，唯一能够让 delete 知道内存中是否存在一个“数组大小记录”的办法就是：由你来告诉它。如果你使用 delete 时加上中括号（方括号），delete 便认定指针指向一个数组，否则它便认定指针指向单一对象：

```
std::string* stringPtr1 = new std::string;
std::string* stringPtr2 = new std::string[100];
...
delete stringPtr1;                  //删除一个对象
delete [ ] stringPtr2;              //删除一个由对象组成的数组
```

如果你对 stringPtr1 使用 "delete []" 形式，会发生什么事？结果未有定义，但不太可能让人愉快。假设内存布局如上，delete 会读取若干内存并将它解释为“数组大小”，然后开始多次调用析构函数，浑然不知它所处理的那块内存不但不是个数组，也或许并未持有它正忙着销毁的那种类型的对象。

如果你没有对 stringPtr2 使用 "delete []" 形式，又会发生什么事呢？唔，其结果亦未有定义，但你可以猜想可能导致太少的析构函数被调用。犹有进者，这对内置类型如 int 者亦未有定义（甚至有害），即使这类类型并没有析构函数。

游戏规则很简单：如果你调用 new 时使用 []，你必须在对应调用 delete 时也使用 []。如果你调用 new 时没有使用 []，那么也不该在对应调用 delete 时使用 []。

当你撰写的 class 含有一个指针指向动态分配内存，并提供多个构造函数时，上述规则尤其重要，因为这种情况下你必须小心地在所有构造函数中使用相同形式的 new 将指针成员初始化。如果没这样做，又如何知道该在析构函数中使用什么形式的 delete 呢？

这个规则对于喜欢使用 typedef 的人也很重要，因为它意味 typedef 的作者必须说清楚，当程序员以 new 创建该种 typedef 类型对象时，该以哪一种 delete 形式删除之。考虑下面这个 typedef：

```
typedef std::string AddressLines[4];        //每个人的地址有4行，
                                            //每行是一个 string
```

由于 AddressLines 是个数组，如果这样使用 new：

```
std::string* pal = new AddressLines;   //注意，"new AddressLines" 返回
                                       //一个 string*，就像
                                       //"new string[4]" 一样。
```

那就必须匹配“数组形式”的 delete：

```
delete pal;                //行为未有定义！
delete [ ] pal;            //很好。
```

为避免诸如此类的错误，最好尽量不要对数组形式做 typedefs 动作。这很容易达成，因为 C++ 标准程序库（条款 54）含有 string, vector 等 templates，可将数组的需求降至几乎为零。例如你可以将本例的 AddressLines 定义为“由 strings 组成的一个 vector”，也就是其类型为 vector<string>。

请记住

- 如果你在 new 表达式中使用 []，必须在相应的 delete 表达式中也使用 []。如果你在 new 表达式中不使用 []，一定不要在相应的 delete 表达式中使用 []。

条款 17：以独立语句将 newed 对象置入智能指针

Store newed objects in smart pointers in standalone statements.

假设我们有个函数用来揭示处理程序的优先权，另一个函数用来在某动态分配所得的 Widget 上进行某些带有优先权的处理：

```
int priority();
void processWidget(std::tr1::shared_ptr<Widget> pw, int priority);
```

由于谨记“以对象管理资源”（条款 13）的智慧铭言，processWidget 决定对其动态分配得来的 Widget 运用智能指针（这里采用 tr1::shared_ptr）。

现在考虑调用 processWidget：

```
processWidget(new Widget, priority());
```

等等，不要考虑这个调用形式。它不能通过编译。tr1::shared_ptr 构造函数需要一个原始指针（raw pointer），但该构造函数是个 explicit 构造函数，无法进行隐式转换，将得自"newWidget"的原始指针转换为 processWidget 所要求的 tr1::shared_ptr。如果写成这样就可以通过编译：

```
processWidget(std::tr1::shared_ptr<Widget>(new Widget), priority());
```

令人惊讶的是，虽然我们在此使用"对象管理式资源"（object-managing resources），上述调用却可能泄漏资源。稍后我再详加解释。

编译器产出一个 processWidget 调用码之前，必须首先核算即将被传递的各个实参。上述第二实参只是一个单纯的对 priority 函数的调用，但第一实参 std::tr1:: shared_ptr<Widget>(new Widget) 由两部分组成：

- 执行 "new Widget" 表达式
- 调用 tr1::shared_ptr 构造函数

于是在调用 processWidget 之前，编译器必须创建代码，做以下三件事：

- 调用 priority
- 执行 "new Widget"
- 调用 tr1::shared_ptr 构造函数

C++ 编译器以什么样的次序完成这些事情呢？弹性很大。这和其他语言如 Java 和 C# 不同，那两种语言总是以特定次序完成函数参数的核算。可以确定的是 "new Widget" 一定执行于 tr1::shared_ptr 构造函数被调用之前，因为这个表达式的结果还要被传递作为 tr1::shared_ptr 构造函数的一个实参，但对 priority 的调用则可以排在第一或第二或第三执行。如果编译器选择以第二顺位执行它（说不定可因此生成更高效的代码，谁知道！），最终获得这样的操作序列：

1. 执行 "new Widget"
2. 调用 priority
3. 调用 tr1::shared_ptr 构造函数

现在请你想想，万一对 priority 的调用导致异常，会发生什么事？在此情况下 "new Widget" 返回的指针将会遗失，因为它尚未被置入 tr1::shared_ptr 内，后者是我们期盼用来防卫资源泄漏的武器。是的，在对 processWidget 的调用过程中可能引发资源泄漏，因为在"资源被创建（经由 "new Widget"）"和"资源被转换为资源管理对象”两个时间点之间有可能发生异常干扰。

避免这类问题的办法很简单：使用分离语句，分别写出 (1) 创建 Widge，(2) 将它置入一个智能指针内，然后再把那个智能指针传给 processWidget：

```
std::tr1::shared_ptr<Widget> pw(new Widget);    //在单独语句内以
                                                //  智能指针存储
                                                //  newed 所得对象。
processWidget(pw, priority());            //这个调用动作绝不至于造成泄漏。
```

以上之所以行得通，因为编译器对于“跨越语句的各项操作”没有重新排列的自由（只有在语句内它才拥有那个自由度）。在上述修订后的代码内，"newWidget" 表达式以及“对 tr1::shared_ptr 构造函数的调用”这两个动作，和“对 priority 的调用”是分隔开来的，位于不同语句内，所以编译器不得在它们之间任意选择执行次序。

请记住

- 以独立语句将 newed 对象存储于（置入）智能指针内。如果不这样做，一旦异常被抛出，有可能导致难以察觉的资源泄漏。

4

设计与声明

Designs and Declarations

所谓软件设计，是“令软件做出你希望它做的事情”的步骤和做法，通常以颇为一般性的构想开始，最终演变成十足的细节，以允许特殊接口（interfaces）的开发。这些接口而后必须转换为 C++ 声明式。本章中我将对良好 C++ 接口的设计和声明发起攻势。我以或许最重要、适合任何接口设计的一个准则作为开端：“让接口容易被正确使用，不容易被误用”。这个准则设立了一个舞台，让其他更专精的准则对付一大范围的题目，包括正确性、高效性、封装性、维护性、延展性，以及协议的一致性。

以下准备的材料并不覆盖你需要知道的优良接口设计的每一件事，但它强调某些最重要的考虑，对某些最频繁出现的错误提出警告，为 class、function 和 template 设计者经常遭遇的问题提供解答。

条款 18：让接口容易被正确使用，不易被误用

Make interfaces easy to use correctly and hard to use incorrectly.

C++ 在接口之海漂浮。function 接口、class 接口、template 接口……每一种接口都是客户与你的代码互动的手段。假设你面对的是一群“讲道理的人”，那些客户企图把事情做好。他们想要正确使用你的接口。这种情况下如果他们对任何其中一个接口的用法不正确，你至少也得负一部分责任。理想上，如果客户企图使用某个接口而却没有获得他所预期的行为，这个代码不该通过编译；如果代码通过了编译，它的作为就该是客户所想要的。

欲开发一个“容易被正确使用，不容易被误用”的接口，首先必须考虑客户可能做出什么样的错误。假设你为一个用来表现日期的 class 设计构造函数：

```
class Date {
public:
  Date(int month, int day, int year);
  ...
};
```

乍见之下这个接口通情达理（至少在美国如此），但它的客户很容易犯下至少两个错误。第一，他们也许会以错误的次序传递参数：

```
Date d(30, 3, 1995);    //喔欧! 应该是 "3, 30" 而不是 "30, 3"
```

第二，他们可能传递一个无效的月份或天数：

```
Date d(2, 30, 1995);    //喔欧! 应该是 "3, 30" 而不是 "2, 30"
```

（上个例子也许看起来很蠢，但别忘了，键盘上的 2 就在 3 旁边。打岔一个键的情况并不是太罕见。）

许多客户端错误可以因为导入新类型而获得预防。真的，在防范“不值得拥有的代码”上，类型系统（type system）是你的主要同盟国。既然这样，就让我们导入简单的外覆类型（wrapper types）来区别天数、月份和年份，然后于 Date 构造函数中使用这些类型：

```
struct Day {              struct Month {              struct Year {
explicit Day(int d)       explicit Month(int m)       explicit Year(int y)
  : val(d) { }              : val(m) { }                : val(y){ }
int val;                  int val;                    int val;
};                        };                          };

class Date {
public:
  Date(const Month& m, const Day& d, const Year& y);
  ...
};
Date d(30, 3, 1995);                          //错误!不正确的类型
Date d(Day(30), Month(3), Year(1995));        //错误!不正确的类型
Date d(Month(3), Day(30), Year(1995));        //OK, 类型正确
```

令 Day, Month 和 Year 成为成熟且经充分锻炼的 classes 并封装其内数据，比简单使用上述的 structs 好（见条款 22）。但即使 structs 也已经足够示范：明智而审慎地导入新类型对预防“接口被误用”有神奇疗效。

一旦正确的类型就定位，限制其值有时候是通情达理的。例如一年只有 12 个有效月份，所以 Month 应该反映这一事实。办法之一是利用 enum 表现月份，但 enums 不具备我们希望拥有的类型安全性，例如 enums 可被拿来当一个 ints 使用（见条款 2）。比较安全的解法是预先定义所有有效的 Months：

```
class Month {
public:
   static Month Jan() { return Month(1); }      //函数，返回有效月份。
   static Month Feb() { return Month(2); }      //稍后解释为什么。
   ...                                          //这些是函数而非对象。
   static Month Dec() { return Month(12); }
   ...                                          //其他成员函数
private:
   explicit Month(int m);                       //阻止生成新的月份。
   ...                                          //这是月份专属数据。
};
Date d(Month::Mar(), Day(30), Year(1995));
```

如果“以函数替换对象，表现某个特定月份”让你觉得诡异，或许是因为你忘记了 non-local static 对象的初始化次序有可能出问题。建议阅读条款 4 恢复记忆。

预防客户错误的另一个办法是，限制类型内什么事可做，什么事不能做。常见的限制是加上 const。例如条款 3 曾经说明为什么“以 const 修饰 operator* 的返回类型”可阻止客户因“用户自定义类型”而犯错：

```
if (a * b = c) ...       //喔欧，原意其实是要做一次比较动作！
```

下面是另一个一般性准则“让 types 容易被正确使用，不容易被误用”的表现形式：“除非有好理由，否则应该尽量令你的 types 的行为与内置 types 一致”。客户已经知道像 int 这样的 type 有些什么行为，所以你应该努力让你的 types 在合样合理的前提下也有相同表现。例如，如果 a 和 b 都是 ints，那么对 a*b 赋值并不合法，所以除非你有好的理由与此行为分道扬镳，否则应该让你的 types 也有相同的表现。是的，一旦怀疑，就请拿 ints 做范本。

避免无端与内置类型不兼容，真正的理由是为了提供行为一致的接口。很少有其他性质比得上“一致性”更能导致“接口容易被正确使用”，也很少有其他性质比得上“不一致性”更加剧接口的恶化。STL 容器的接口十分一致（虽然不是完美地一致），这使它们非常容易被使用。例如每个 STL 容器都有一个名为 size 的成员函数，它会告诉调用者目前容器内有多少对象。与此对比的是 Java，它允许你针对数组使用 length *property*，对 Strings 使用 length *method*，而对 Lists 使用 size *method*；.NET 也一样混乱，其 Arrays 有个 *property* 名为 Length，其 ArrayLists 有个 *property* 名为 Count。有些开发人员会以为整合开发环境（integrated development environments, IDEs）能使这般不一致性变得不重要，但他们错了。不一致性对开发人员造成的心理和精神上的摩擦与争执，没有任何一个 IDE 可以完全抹除。

任何接口如果要求客户必须记得做某些事情，就是有着“不正确使用”的倾向，因为客户可能会忘记做那件事。例如条款 13 导入了一个 factory 函数，它返回一个指针指向 Investment 继承体系内的一个动态分配对象：

```
Investment* createInvestment();          //来自条款 13; 为求简化暂略参数。
```

为避免资源泄漏，createInvestment 返回的指针最终必须被删除，但那至少开启了两个客户错误机会：没有删除指针，或删除同一个指针超过一次。

条款 13 表明客户如何将 createInvestment 的返回值存储于一个智能指针如 auto_ptr 或 tr1::shared_ptr 内，因而将 delete 责任推给智能指针。但万一客户忘记使用智能指针怎么办？许多时候，较佳接口的设计原则是先发制人，就令 factory 函数返回一个智能指针：

```
std::tr1::shared_ptr<Investment> createInvestment();
```

这便实质上强迫客户将返回值存储于一个 tr1::shared_ptr 内，几乎消弭了忘记删除底部 Investment 对象（当它不再被使用时）的可能性。

实际上，返回 tr1::shared_ptr 让接口设计者得以阻止一大群客户犯下资源泄漏的错误，因为就如条款 14 所言，tr1::shared_ptr 允许当智能指针被建立起来时指定一个资源释放函数（所谓删除器，"deleter"）绑定于智能指针身上（auto_ptr 就没有这种能耐）。

假设 class 设计者期许那些“从 createInvestment 取得 Investment* 指针”的客户将该指针传递给一个名为 getRidOfInvestment 的函数，而不是直接在它身上动刀（使用 delete）。这样一个接口又开启通往另一个客户错误的大门，该错误是“企图使用错误的资源析构机制”（也就是拿 delete 替换 getRidOfInvestment）。

createInvestment 的设计者可以针对此问题先发制人：返回一个“将 getRidOfInvestment 绑定为删除器（deleter）”的 tr1::shared_ptr。

tr1::shared_ptr 提供的某个构造函数接受两个实参：一个是被管理的指针，另一个是引用次数变成 0 时将被调用的“删除器”。这启发我们创建一个 null tr1::shared_ptr 并以 getRidOfInvestment 作为其删除器，像这样：

```
std::tr1::shared_ptr<Investment>              //企图创建一个 null shared_ptr
  pInv(0, getRidOfInvestment);                //并携带一个自定的删除器。
                                              //此式无法通过编译。
```

啊呀，这不是有效的 C++。tr1::shared_ptr 构造函数坚持其第一参数必须是个指针，而 0 不是指针，是个 int。是的，它可被转换为指针，但在此情况下并不够好，因为 tr1::shared_ptr 坚持要一个不折不扣的指针。转型（cast）可以解决这个问题：

```
std::tr1::shared_ptr<Investment>              //建立一个 null shared_ptr 并以
  pInv( static_cast<Investment*>(0),          //getRidOfInvestment 为删除器;
    getRidOfInvestment);                      //条款 27 提到 static_cast
```

因此，如果我们要实现 createInvestment 使它返回一个 tr1::shared_ptr 并夹带 getRidOfInvestment 函数作为删除器，代码看起来像这样：

```
std::tr1::shared_ptr<Investment> createInvestment()
{
  std::tr1::shared_ptr<Investment> retVal(static_cast<Investment* >(0),
                                          getRidOfInvestment);
  retVal = ... ;    //令 retVal 指向正确对象
  return retVal;
}
```

当然啦，如果被 pInv 管理的原始指针（raw pointer）可以在建立 pInv 之前先确定下来，那么“将原始指针传给 pInv 构造函数”会比“先将 pInv 初始化为 null 再对它做一次赋值操作”为佳。至于其原因，请见条款 26。

tr1::shared_ptr 有一个特别好的性质是：它会自动使用它的“每个指针专属的删除器”，因而消除另一个潜在的客户错误：所谓的 "cross-DLL problem"。这个问题发生于“对象在动态连接程序库（DLL）中被 new 创建，却在另一个 DLL 内被 delete 销毁”。在许多平台上，这一类“跨 DLL 之 new/delete 成对运用”会导致运行期错误。tr1::shared_ptr 没有这个问题，因为它缺省的删除器是来自“tr1::shared_ptr 诞生所在的那个 DLL”的 delete。这意思是……唔……让我举个例子，如果 Stock 派生自 Investment 而 createInvestment 实现如下：

```
std::tr1::shared_ptr<Investment> createInvestment()
{
  return std::tr1::shared_ptr<Investment>(new Stock);
}
```

返回的那个 `tr1::shared_ptr` 可被传递给任何其他 DLLs，无需在意 "cross-DLL problem"。这个指向 `Stock` 的 `tr1::shared_ptrs` 会追踪记录“当 `Stock` 的引用次数变成 0 时该调用的那个 DLL's `delete`”。

本条款并非特别针对 `tr1::shared_ptr`，而是为了“让接口容易被正确使用，不容易被误用”而设。但由于 `tr1::shared_ptr` 如此容易消除某些客户错误，值得我们核计其使用成本。最常见的 `tr1::shared_ptr` 实现品来自 Boost（见条款 55）。Boost 的 `shared_ptr` 是原始指针（raw pointer）的两倍大，以动态分配内存作为簿记用途和“删除器之专属数据”，以 virtual 形式调用删除器，并在多线程程序修改引用次数时蒙受线程同步化（thread synchronization）的额外开销。（只要定义一个预处理器符号就可以关闭多线程支持）。总之，它比原始指针大且慢，而且使用辅助动态内存。在许多应用程序中这些额外的执行成本并不显著，然而其“降低客户错误”的成效却是每个人都看得到。

请记住

- 好的接口很容易被正确使用，不容易被误用。你应该在你的所有接口中努力达成这些性质。
- “促进正确使用”的办法包括接口的一致性，以及与内置类型的行为兼容。
- “阻止误用”的办法包括建立新类型、限制类型上的操作，束缚对象值，以及消除客户的资源管理责任。
- `tr1::shared_ptr` 支持定制型删除器（custom deleter）。这可防范 DLL 问题，可被用来自动解除互斥锁（mutexes; 见条款 14）等等。

条款 19：设计 class 犹如设计 type

Treat class design as type design.

C++ 就像在其他 OOP（面向对象编程）语言一样，当你定义一个新 class，也就定义了一个新 type。身为 C++ 程序员，你的许多时间主要用来扩张你的类型系统（type system）。这意味你并不只是 class 设计者，还是 type 设计者。重载（overloading）函数和操作符、控制内存的分配和归还、定义对象的初始化和终结……全都在你手上。因此你应该带着和"语言设计者当初设计语言内置类型时"一样的谨慎来研讨 class 的设计。

设计优秀的 classes 是一项艰巨的工作，因为设计好的 types 是一项艰巨的工作。好的 types 有自然的语法，直观的语义，以及一或多个高效实现品。在 C++ 中，一个不良规划下的 class 定义恐怕无法达到上述任何一个目标。甚至 class 的成员函数的效率都有可能受到它们"如何被声明"的影响。

那么，如何设计高效的 classes 呢？首先你必须了解你面对的问题。几乎每一个 class 都要求你面对以下提问，而你的回答往往导致你的设计规范：

- **新 type 的对象应该如何被创建和销毁？**这会影响到你的 class 的构造函数和析构函数以及内存分配函数和释放函数（`operator new`, `operator new[]`, `operator delete` 和 `operator delete[]`——见第 8 章）的设计，当然前提是如果你打算撰写它们。
- **对象的初始化和对象的赋值该有什么样的差别？**这个答案决定你的构造函数和赋值（*assignment*）操作符的行为，以及其间的差异。很重要的是别混淆了"初始化"和"赋值"，因为它们对应于不同的函数调用（见条款 4）。
- **新 type 的对象如果被 *passed by value*（以值传递），意味着什么？**记住，*copy* 构造函数用来定义一个 type 的 *pass-by-value* 该如何实现。
- **什么是新 type 的"合法值"？**对 class 的成员变量而言，通常只有某些数值集是有效的。那些数值集决定了你的 class 必须维护的约束条件（invariants），也就决定了你的成员函数（特别是构造函数、赋值操作符和所谓 "setter" 函数）必须进行的错误检查工作。它也影响函数抛出的异常、以及（极少被使用的）函数异常明细列（exception specifications）。

- **你的新 type 需要配合某个继承图系（inheritance graph）吗？** 如果你继承自某些既有的 classes，你就受到那些 classes 的设计的束缚，特别是受到"它们的函数是 virtual 或 non-virtual"的影响（见条款 34 和条款 36）。如果你允许其他 classes 继承你的 class，那会影响你所声明的函数——尤其是析构函数——是否为 virtual（见条款 7）。

- **你的新 type 需要什么样的转换？** 你的 type 生存于其他一海票 types 之间，因而彼此该有转换行为吗？如果你希望允许类型 `T1` 之物被隐式转换为类型 `T2` 之物，就必须在 class `T1` 内写一个类型转换函数（`operator T2`）或在 class `T2` 内写一个 non-explicit-one-argument（可被单一实参调用）的构造函数。如果你只允许 explicit 构造函数存在，就得写出专门负责执行转换的函数，且不得为类型转换操作符（type conversion operators）或 non-explicit-one-argument 构造函数。（条款 15 有隐式和显式转换函数的范例。）

- **什么样的操作符和函数对此新 type 而言是合理的？** 这个问题的答案决定你将为你的 class 声明哪些函数。其中某些该是 member 函数，某些则否（见条款 23, 24, 46）。

- **什么样的标准函数应该驳回？** 那些正是你必须声明为 private 者（见条款 6）。

- **谁该取用新 type 的成员？** 这个提问可以帮助你决定哪个成员为 public，哪个为 protected，哪个为 private。它也帮助你决定哪一个 classes 和/或 functions 应该是 friends，以及将它们嵌套于另一个之内是否合理。

- **什么是新 type 的"未声明接口"（undeclared interface）？** 它对效率、异常安全性（见条款 29）以及资源运用（例如多任务锁定和动态内存）提供何种保证？你在这些方面提供的保证将为你的 class 实现代码加上相应的约束条件。

- **你的新 type 有多么一般化？** 或许你其实并非定义一个新 type，而是定义一整个 types 家族。果真如此你就不该定义一个新 class，而是应该定义一个新的 class template。

■ **你真的需要一个新 type 吗？** 如果只是定义新的 derived class 以便为既有的 class 添机能，那么说不定单纯定义一或多个 non-member 函数或 templates，更能够达到目标。

这些问题不容易回答，所以定义出高效的 classes 是一种挑战。然而如果能够设计出至少像 C++ 内置类型一样好的用户自定义（user-defined）classes，一切汗水便都值得。

请记住

■ Class 的设计就是 type 的设计。在定义一个新 type 之前，请确定你已经考虑过本条款覆盖的所有讨论主题。

条款 20：宁以 pass-by-reference-to-const 替换 pass-by-value

Prefer pass-by-reference-to-const to pass-by-value.

缺省情况下 C++ 以 *by value* 方式（一个继承自 C 的方式）传递对象至（或来自）函数。除非你另外指定，否则函数参数都是以实际实参的复件（副本）为初值，而调用端所获得的亦是函数返回值的一个复件。这些复件（副本）系由对象的 *copy* 构造函数产出，这可能使得 *pass-by-value* 成为昂贵的（费时的）操作。考虑以下 class 继承体系：

```
class Person {
public:
    Person();                          //为求简化，省略参数
    virtual ~Person();                 //条款 7 告诉你为什么它是 virtual
    ...
private:
    std::string name;
    std::string address;
};
class Student: public Person {
public:
    Student();                         //再次省略参数
    ~Student();
    ...
private:
    std::string schoolName;
    std::string schoolAddress;
};
```

现在考虑以下代码，其中调用函数 validateStudent，后者需要一个 Student 实参（*by value*）并返回它是否有效：

```
bool validateStudent(Student s);           //函数以 by value 方式接受学生
Student plato;                             //柏拉图,苏格拉底的学生
bool platoIsOK = validateStudent(plato);   //调用函数
```

当上述函数被调用时，发生什么事？

无疑地 Student 的 *copy* 构造函数会被调用，以 plato 为蓝本将 s 初始化。同样明显地，当 validateStudent 返回 s 会被销毁。因此，对此函数而言，参数的传递成本是“一次 Student *copy* 构造函数调用，加上一次 Student 析构函数调用”。

但那还不是整个故事喔。Student 对象内有两个 string 对象，所以每次构造一个 Student 对象也就构造了两个 string 对象。此外 Student 对象继承自 Person 对象，所以每次构造 Student 对象也必须构造出一个 Person 对象。一个 Person 对象又有两个 string 对象在其中，因此每一次 Person 构造动作又需承担两个 string 构造动作。最终结果是，以 *by value* 方式传递一个 Student 对象会导致调用一次 Student *copy* 构造函数、一次 Person *copy* 构造函数、四次 string *copy* 构造函数。当函数内的那个 Student 复件被销毁，每一个构造函数调用动作都需要一个对应的析构函数调用动作。因此，以 *by value* 方式传递一个 Student 对象，总体成本是“六次构造函数和六次析构函数”！

这是正确且值得拥有的行为，毕竟你希望你的所有对象都能够被确实地构造和析构。但尽管如此，如果有什么方法可以回避所有那些构造和析构动作就太好了。有的，就是 *pass by reference-to-*const：

```
bool validateStudent(const Student& s);
```

这种传递方式的效率高得多：没有任何构造函数或析构函数被调用，因为没有任何新对象被创建。修订后的这个参数声明中的 const 是重要的。原先的 validateStudent 以 *by value* 方式接受一个 Student 参数，因此调用者知道他们受到保护，函数内绝不会对传入的 Student 作任何改变；validateStudent 只能够对其复件（副本）做修改。现在 Student 以 *by reference* 方式传递，将它声明为 const 是必要的，因为不这样做的话调用者会忧虑 validateStudent 会不会改变他们传入的那个 Student。

以 *by reference* 方式传递参数也可以避免 *slicing*（对象切割）问题。当一个 derived class 对象以 *by value* 方式传递并被视为一个 base class 对象，base class 的 *copy* 构造函

数会被调用，而“造成此对象的行为像个 derived class 对象”的那些特化性质全被切割掉了，仅仅留下一个 base class 对象。这实在不怎么让人惊讶，因为正是 base class 构造函数建立了它。但这几乎绝不会是你想要的。假设你在一组 classes 上工作，用来实现一个图形窗口系统：

```
class Window {
public:
   ...
   std::string name() const;              //返回窗口名称
   virtual void display() const;          //显示窗口和其内容
};
class WindowWithScrollBars: public Window {
public:
   ...
   virtual void display() const;
};
```

所有 Window 对象都带有一个名称，你可以通过 name 函数取得它。所有窗口都可显示，你可以通过 display 函数完成它。display 是个 virtual 函数，这意味简易朴素的 base class Window 对象的显示方式和华丽高贵的 WindowWithScrollBars 对象的显示方式不同（见条款 34 和条款 36）。

现在假设你希望写个函数打印窗口名称，然后显示该窗口。下面是错误示范：

```
void printNameAndDisplay(Window w)          //不正确! 参数可能被切割。
{
   std::cout << w.name();
   w.display();
}
```

当你调用上述函数并交给它一个 WindowWithScrollBars 对象，会发生什么事呢？

```
WindowWithScrollBars wwsb;
printNameAndDisplay(wwsb);
```

喔，参数 w 会被构造成为一个 Window 对象；它是 passed by value，还记得吗？而造成 wwsb“之所以是个 WindowWithScrollBars 对象”的所有特化信息都会被切除。在 printNameAndDisplay 函数内不论传递过来的对象原本是什么类型，参数 w 就像一个 Window 对象(因为其类型是 Window)。因此在 printNameAndDisplay 内调用 display 调用的总是 Window::display，绝不会是 WindowWithScrollBars::display。

解决切割（slicing）问题的办法，就是以 *by reference-to-*const 的方式传递 w：

```
void printNameAndDisplay(const Window& w)        //很好,参数不会被切割
{
    std::cout << w.name();
    w.display();
}
```

现在，传进来的窗口是什么类型，w 就表现出那种类型。

如果窥视 C++ 编译器的底层，你会发现，*references* 往往以指针实现出来，因此 *pass by reference* 通常意味真正传递的是指针。因此如果你有个对象属于内置类型（例如 int），*pass by value* 往往比 *pass by reference* 的效率高些。对内置类型而言，当你有机会选择采用 *pass-by-value* 或 *pass-by-reference-to-*const 时，选择 *pass-by-value* 并非没有道理。这个忠告也适用于 STL 的迭代器和函数对象，因为习惯上它们都被设计为 *passed by value*。迭代器和函数对象的实践者有责任看看它们是否高效且不受切割问题（slicing problem）的影响。这是"规则之改变取决于你使用哪一部分 C++（见条款 1）"的一个例子。

内置类型都相当小，因此有人认为，所有小型 types 都是 *pass-by-value* 的合格候选人，甚至它们是用户自定义的 class 亦然。这是个不可靠的推论。对象小并不就意味其 *copy* 构造函数不昂贵。许多对象——包括大多数 STL 容器——内含的东西只比一个指针多一些，但复制这种对象却需承担"复制那些指针所指的每一样东西"。那将非常昂贵。

即使小型对象拥有并不昂贵的 *copy* 构造函数，还是可能有效率上的争议。某些编译器对待"内置类型"和"用户自定义类型"的态度截然不同，纵使两者拥有相同的底层表述（underlying representation）。举个例子，某些编译器拒绝把只由一个 double 组成的对象放进缓存器内，却很乐意在一个正规基础上对光秃秃的 doubles 那么做。当这种事发生，你更应该以 *by reference* 方式传递此等对象，因为编译器当然会将指针（*references* 的实现体）放进缓存器内，绝无问题。

"小型的用户自定义类型不必然成为 *pass-by-value* 优良候选人"的另一个理由是，作为一个用户自定义类型，其大小容易有所变化。一个 type 目前虽然小，将来也许会变大，因为其内部实现可能改变。甚至当你改用另一个 C++ 编译器都有可能改变 type 的大小。举个例子，在我下笔此刻，某些标准程序库实现版本中的 string 类型比其他版本大七倍。

一般而言，你可以合理假设“*pass-by-value* 并不昂贵”的唯一对象就是内置类型和 STL 的迭代器和函数对象。至于其他任何东西都请遵守本条款的忠告，尽量以 *pass-by-reference-to-*const 替换 *pass-by-value*。

请记住

- 尽量以 *pass-by-reference-to-*const 替换 *pass-by-value*。前者通常比较高效，并可避免切割问题（slicing problem）。
- 以上规则并不适用于内置类型，以及 STL 的迭代器和函数对象。对它们而言，*pass-by-value* 往往比较适当。

条款 21：必须返回对象时，别妄想返回其 reference

Don't try to return a reference when you must return an object.

一旦程序员领悟了 *pass-by-value*（传值）的效率牵连层面（见条款 20），往往变成十字军战士，一心一意根除 *pass-by-value* 带来的种种邪恶。在坚定追求 *pass-by-reference* 的纯度中，他们一定会犯下一个致命错误：开始传递一些 *references* 指向其实并不存在的对象。这可不是件好事。

考虑一个用以表现有理数（rational numbers）的 class，内含一个函数用来计算两个有理数的乘积：

```
class Rational {
public:
   Rational(int numerator = 0,           //条款 24 说明为什么这个构造函数
            int denominator = 1);        //不声明为 explicit
   ...
private:
   int n, d;                           //分子（numerator）和分母（denominator）
  friend
   const Rational                      //条款 3 说明为什么返回类型是 const
     operator* (const Rational& lhs,
                const Rational& rhs);
};
```

这个版本的 operator* 系以 *by value* 方式返回其计算结果（一个对象）。如果你完全不担心该对象的构造和析构成本，你其实是明显逃避了你的专业责任。若非必要，没有人会想要为这样的对象付出太多代价，问题是需要付出任何代价吗？

唔，如果可以改而传递 reference，就不需付出代价。但是记住，所谓 reference 只是个名称，代表某个既有对象。任何时候看到一个 reference 声明式，你都应该立刻问自己，它的另一个名称是什么？因为它一定是某物的另一个名称。以上述 operator* 为例，如果它返回一个 reference，后者一定指向某个既有的 Rational 对象，内含两个 Rational 对象的乘积。

我们当然不可能期望这样一个（内含乘积的）Rational 对象在调用 operator*之前就存在。也就是说，如果你有：

```
Rational a(1, 2);                    //a = 1/2
Rational b(3, 5);                    //b = 3/5
Rational c = a * b;                  //c应该是 3/10
```

期望“原本就存在一个其值为 3/10 的 Rational 对象”并不合理。如果 operator* 要返回一个 reference 指向如此数值，它必须自己创建那个 Rational 对象。

函数创建新对象的途径有二：在 stack 空间或在 heap 空间创建之。如果定义一个 local 变量，就是在 stack 空间创建对象。根据这个策略试写 operator* 如下：

```
const Rational& operator* (const Rational& lhs,
                           const Rational& rhs)
{
  Rational result(lhs.n * rhs.n, lhs.d * rhs.d);    //警告！糟糕的代码！
  return result;
}
```

你可以拒绝这种做法，因为你的目标是要避免调用构造函数，而 result 却必须像任何对象一样地由构造函数构造起来。更严重的是：这个函数返回一个 reference 指向 result，但 result 是个 local 对象，而 local 对象在函数退出前被销毁了。因此，这个版本的 operator* 并未返回 reference 指向某个 Rational，它返回的 reference 指向一个“从前的” Rational；一个旧时的 Rational；一个曾经被当做 Rational 但如今已经成空、发臭、败坏的残骸，因为它已经被销毁了。任何调用者甚至只是对此函数的返回值做任何一点点运用，都将立刻坠入“无定义行为”的恶地。事情的真相是，任何函数如果返回一个 reference 指向某个 local 对象，都将一败涂地。（如果函数返回指针指向一个 local 对象，也是一样。）

于是，让我们考虑在 heap 内构造一个对象，并返回 reference 指向它。Heap-based 对象由 new 创建，所以你得写一个 heap-based operator* 如下：

```
const Rational& operator* (const Rational& lhs,
                           const Rational& rhs)
{                                                    //警告！更糟的写法
    Rational* result = new Rational(lhs.n * rhs.n, lhs.d * rhs.d);
    return *result;
}
```

唔，你还是必须付出一个“构造函数调用”代价，因为分配所得的内存将以一个适当的构造函数完成初始化动作。但此外你现在又有了另一个问题：谁该对着被你 new 出来的对象实施 delete？

即使调用者诚实谨慎，并且出于良好意识，他们还是不太能够在这样合情合理的用法下阻止内存泄漏：

```
Rational w, x, y, z;
w = x * y * z;                    //与 operator*(operator*(x, y), z) 相同
```

这里，同一个语句内调用了两次 operator*，因而两次使用 new，也就需要两次 delete。但却没有合理的办法让 operator* 使用者进行那些 delete 调用，因为没有合理的办法让他们取得 operator* 返回的 references 背后隐藏的那个指针。这绝对导致资源泄漏。

但或许你注意到了，上述不论 on-the-stack 或 on-the-heap 做法，都因为对 operator* 返回的结果调用构造函数而受惩罚。也许你还记得我们的最初目标是要避免如此的构造函数调用动作。或许你认为你知道有一种办法可以避免任何构造函数被调用。或许你心里出现下面这样的实现代码，此法奠基于“让 operator* 返回的 reference 指向一个被定义于函数内部的 static Rational 对象”：

```
const Rational& operator* (const Rational& lhs,
                           const Rational& rhs)

{                                        //警告，又一堆烂代码。
    static Rational result;              //static 对象，此函数将返回
                                         //  其reference。
    result = ... ;                       //将 lhs 乘以 rhs，并将结果
                                         //  置于 result 内。
    return result;
}
```

就像所有用上 static 对象的设计一样，这一个也立刻造成我们对多线程安全性的疑虑。不过那还只是它显而易见的弱点。如果想看看更深层的瑕疵，考虑以下面这些完全合理的客户代码：

```
bool operator==(const Rational& lhs,          //一个针对 Rationals
                const Rational& rhs); //  而写的 operator==
Rational a, b, c, d;
...
if ((a * b) == (c * d)) {
   当乘积相等时，做适当的相应动作;
} else {
   当乘积不等时，做适当的相应动作;
}
```

猜想怎么着？表达式 ((a*b) == (c*d)) 总是被核算为 true，不论 a, b, c 和 d 的值是什么！

一旦将代码重新写为等价的函数形式，很容易就可以了解出了什么意外：

```
if (operator==(operator*(a, b), operator*(c, d)))
```

注意，在 operator== 被调用前，已有两个 operator* 调用式起作用，每一个都返回 reference 指向 operator* 内部定义的 static Rational 对象。因此 operator== 被要求将“operator* 内的 static Rational 对象值”拿来和“operator* 内的 static Rational 对象值”比较，如果比较结果不相等，那才奇怪呢。（译注：这里我补充说明：两次 operator* 调用的确各自改变了 static Rational 对象值，但由于它们返回的都是 reference，因此调用端看到的永远是 static Rational 对象的“现值”。）

这应该足够说服你，欲令诸如 operator* 这样的函数返回 reference，只是浪费时间而已，但现在或许又有些人这样想：“唔，如果一个 static 不够，或许一个 static array 可以得分……”。

我不打算再次写出示例来驳斥这个想法以彰显自己多么厉害，但我可以简单描述为什么你该为了提出这个念头而脸红。首先你必须选择 array 大小 n。如果 n 太小，你可能会耗尽“用以存储函数返回值”的空间，那么情况就回到了我们刚才讨论过的单一 static 设计。但如果 n 太大，会因此降低程序效率，因为 array 内的每一个对象都会在函数第一次被调用时构造完成。那么将消耗 n 个构造函数和 n 个析构函数——即使我们所讨论的函数只被调用一次。如果所谓“最优化”是改善软件效率的过程，我们现在所谈的这些应该称为“恶劣化”。最后，想一想如何将你需要的值放进 array 内，而那么做的成本又是多少。在对象之间搬移数值的最直接办法是通过赋值（*assignment*）操作，但赋值的成本几何？对许多 types 而言它相当于调用一个析构函数（用以销毁旧值）加上一个构造函数（用以复制新值）。但你的目标是避免构造和析构成本耶！面对现实吧，这个做法不会成功的。就算以 vector 替换 array 也不会让情况更好些。

一个“必须返回新对象”的函数的正确写法是：就让那个函数返回一个新对象呗。对 Rational 的 operator* 而言意味以下写法（或其他本质上等价的代码）：

```
inline const Rational operator * (const Rational& lhs, const Rational& rhs)
{
   return Rational(lhs.n * rhs.n, lhs.d * rhs.d);
}
```

当然，你需得承受 operator* 返回值的构造成本和析构成本，然而长远来看那只是为了获得正确行为而付出的一个小小代价。但万一账单很恐怖，你承受不起，别忘了 C++ 和所有编程语言一样，允许编译器实现者施行最优化，用以改善产出码的效率却不改变其可观察的行为。因此某些情况下 operator* 返回值的构造和析构可被安全地消除。如果编译器运用这一事实（它们也往往如此），你的程序将继续保持它们该有的行为，而执行起来又比预期的更快。

我把以上的讨论浓缩总结为：当你必须在“返回一个 reference 和返回一个 object”之间抉择时，你的工作就是挑出行为正确的那个。就让编译器厂商为“尽可能降低成本”鞠躬尽瘁吧，你可以享受你的生活。

请记住

- 绝不要返回 pointer 或 reference 指向一个 local stack 对象，或返回 reference 指向一个 heap-allocated 对象，或返回 pointer 或 reference 指向一个 local static 对象而有可能同时需要多个这样的对象。条款 4 已经为“在单线程环境中合理返回 reference 指向一个 local static 对象”提供了一份设计实例。

条款 22：将成员变量声明为 private

Declare data members private.

OK，下面是我的规划。首先带你看看为什么成员变量不该是 public，然后让你看看所有反对 public 成员变量的论点同样适用于 protected 成员变量。最后导出一个结论：成员变量应该是 private。获得这个结论后，本条款也就大功告成了。

好，现在看看 public 成员变量。为什么不采用它呢？

让我们从语法一致性开始（同时请见条款 18）。如果成员变量不是 public，客户唯一能够访问对象的办法就是通过成员函数。如果 public 接口内的每样东西都是函数，客户就不需要在打算访问 class 成员时迷惑地试着记住是否该使用小括号（圆括号）。他们只要做就是了，因为每样东西都是函数。就生命而言，这至少可以省下许多搔首弄耳的时间。

或许你不认为一致性的理由足以令人信服，那么这个事实如何：使用函数可以让你对成员变量的处理有更精确的控制。如果你令成员变量为 public，每个人都可以读写它，但如果你以函数取得或设定其值，你就可以实现出“不准访问”、“只读访问”以及“读写访问”。见鬼了，你甚至可以实现“惟写访问”，如果你想要的话：

```
class AccessLevels {
public:
   ...
   int getReadOnly() const { return readOnly; }
   void setReadWrite(int value) { readWrite = value; }
   int getReadWrite( ) const { return readWrite; }
   void setWriteOnly(int value) { writeOnly = value; }
private:
   int noAccess;        //对此 int 无任何访问动作
   int readOnly;        //对此 int 做只读访问（read-only access）
   int readWrite;       //对此 int 做读写访问（read-write access）
   int writeOnly;       //对此 int 做惟写访问（write-only access）
};
```

如此细微地划分访问控制颇有必要，因为许多成员变量应该被隐藏起来。每个成员变量都需要一个 getter 函数和 setter 函数毕竟罕见。

还是不够说服你？是端出大口径武器的时候了：封装啦。如果你通过函数访问成员变量，日后可改以某个计算替换这个成员变量，而 class 客户一点也不会知道 class 的内部实现已经起了变化。

举个例子，假设你正在写一个自动测速程序，当汽车通过，其速度便被计算并填入一个速度收集器内：

```
class SpeedDataCollection {
  ...
public:
   void addValue(int speed);                 //添加一笔新数据
   double averageSoFar() const;              //返回平均速度
   ...
};
```

现在让我们考虑成员函数 averageSoFar。做法之一是在 class 内设计一个成员变量，记录至今以来所有速度的平均值。当 averageSoFar 被调用，只需返回那个成员变量就好。另一个做法是令 averageSoFar 每次被调用时重新计算平均值，此函数有权力调取收集器内的每一笔速度值。

上述第一种做法（随时保持平均值）会使每一个 SpeedDataCollection 对象变大，因为你必须为用来存放目前平均值、累积总量、数据点数的每一个成员变量分配空间。然而 averageSoFar 却可因此而十分高效；它可以只是一个返回目前平均值的 inline 函数（见条款 30）。相反地，“被询问才计算平均值”会使得 averageSoFar 执行较慢，但每一个 SpeedDataCollection 对象比较小。

谁说得出哪一个比较好？在一部内存吃紧的机器上（例如一台嵌入式路边侦测装置），或是在一个并不常常需要平均值的应用程序中，“每次需要时才计算”或许是比较好的解法。但在一个频繁需要平均值的应用程序中，如果反应速度非常重要，内存不是重点，这时候“随时维持一个当下平均值”往往更好一些。重点是，由于通过成员函数来访问平均值（也就是封装了它），你得以替换不同的实现方式（以及其他你可能想到的东西），客户最多只需重新编译。（如果遵循条款 31 所描述的技术，你甚至可以消除重新编译的不便性。）

将成员变量隐藏在函数接口的背后，可以为“所有可能的实现”提供弹性。例如这可使得成员变量被读或被写时轻松通知其他对象、可以验证 class 的约束条件以及函数的前提和事后状态、可以在多线程环境中执行同步控制……等等。来自 Delphi 和 C# 阵营的 C++ 程序员应该知道，这般能力等价于其他语言中的 "properties"，尽管额外需要一组小括号。

封装的重要性比你最初见到它时还重要。如果你对客户隐藏成员变量（也就是封装它们），你可以确保 class 的约束条件总是会获得维护，因为只有成员函数可以影响它们。犹有进者，你保留了日后变更实现的权利。如果你不隐藏它们，你很快会发现，即使拥有 class 原始码，改变任何 public 事物的能力还是极端受到束缚，因为那会破坏太多客户码。Public 意味不封装，而几乎可以说，不封装意味不可改变，特别是对被广泛使用的 classes 而言。被广泛使用的 classes 是最需要封装的一个族群，因为它们最能够从“改采用一个较佳实现版本”中获益。

protected 成员变量的论点十分类似。实际上它和 public 成员变量的论点相同，虽然或许最初看起来不是一回事。“语法一致性”和“细微划分之访问控制”等理由显然也适用于 protected 数据，就像对 public 一样适用。但封装呢？protected 成员变量的封装性是不是高过 public 成员变量？答案令人惊讶：并非如此。

条款 23 会告诉你，某些东西的封装性与“当其内容改变时可能造成的代码破坏量”成反比。因此，成员变量的封装性与“成员变量的内容改变时所破坏的代码数量”成反比。所谓改变，也许是从 class 中移除它（或许这有利于计算，就像上述的 `averageSoFar`）。

假设我们有一个 public 成员变量，而我们最终取消了它。多少代码可能会被破坏呢？唔，所有使用它的客户码都会被破坏，而那是一个不可知的大量。因此 public 成员变量完全没有封装性。假设我们有一个 protected 成员变量，而我们最终取消了它，有多少代码被破坏？唔，所有使用它的 derived classes 都会被破坏，那往往也是个不可知的大量。因此，protected 成员变量就像 public 成员变量一样缺乏封装性，因为在这两种情况下，如果成员变量被改变，都会有不可预知的大量代码受到破坏。虽然这个结论有点违反直观，但经验丰富的程序库作者会告诉你，它是真的。一旦你将一个成员变量声明为 public 或 protected 而客户开始使用它，就很难改变那个成员变量所涉及的一切。太多代码需要重写、重新测试、重新编写文档、重新编译。从封装的角度观之，其实只有两种访问权限：private（提供封装）和其他（不提供封装）。

请记住

- 切记将成员变量声明为 private。这可赋予客户访问数据的一致性、可细微划分访问控制、允诺约束条件获得保证，并提供 class 作者以充分的实现弹性。
- protected 并不比 public 更具封装性。

条款 23：宁以 non-member、non-friend 替换 member 函数

Prefer non-member non-friend functions to member functions.

想象有个 class 用来表示网页浏览器。这样的 class 可能提供的众多函数中，有一些用来清除下载元素高速缓存区（cache of downloaded elements）、清除访问过的 URLs 的历史记录（history of visited URLs）、以及移除系统中的所有 cookies：

```
class WebBrowser {
public:
   ...
   void clearCache( );
   void clearHistory( );
   void removeCookies( );
   ...
};
```

许多用户会想一整个执行所有这些动作，因此 WebBrowser 也提供这样一个函数：

```
class WebBrowser {
public:
   ...
   void clearEverything( );          //调用 clearCache, clearHistory,
                                     //和 removeCookies
   ...
};
```

当然，这一机能也可由一个 non-member 函数调用适当的 member 函数而提供出来：

```
void clearBrowser(WebBrowser& wb)
{
   wb.clearCache();
   wb.clearHistory();
   wb.removeCookies( );
}
```

那么，哪一个比较好呢？是 member 函数 `clearEverything` 还是 non-member 函数 `clearBrowser`？

面向对象守则要求，数据以及操作数据的那些函数应该被捆绑在一块，这意味它建议 member 函数是较好的选择。不幸的是这个建议不正确。这是基于对面向对象真实意义的一个误解。面向对象守则要求数据应该尽可能被封装，然而与直观相反地，member 函数 `clearEverything` 带来的封装性比 non-member 函数 `clearBrowser` 低。此外，提供 non-member 函数可允许对 `WebBrowser` 相关机能有较大的包裹弹性（packaging flexibility），而那最终导致较低的编译相依度，增加 `WebBrowser` 的可延伸性。因此在许多方面 non-member 做法比 member 做法好。重要的是，我们必须了解其原因。

让我们从封装开始讨论。如果某些东西被封装，它就不再可见。愈多东西被封装，愈少人可以看到它。而愈少人看到它，我们就有愈大的弹性去变化它，因为我们的改变仅仅直接影响看到改变的那些人事物。因此，愈多东西被封装，我们改变那些东西的能力也就愈大。这就是我们首先推崇封装的原因：它使我们能够改变事物而只影响有限客户。

现在考虑对象内的数据。愈少代码可以看到数据（也就是访问它），愈多的数据可被封装，而我们也就愈能自由地改变对象数据，例如改变成员变量的数量、类型等等。如何量测“有多少代码可以看到某一块数据”呢？我们计算能够访问该数据的函数数量，作为一种粗糙的量测。愈多函数可访问它，数据的封装性就愈低。

条款 22 曾说过，成员变量应该是 private，因为如果它们不是，就有无限量的函数可以访问它们，它们也就毫无封装性。能够访问 private 成员变量的函数只有 class 的 member 函数加上 friend 函数而已。如果要你在一个 member 函数（它不只可以访问 class 内的 private 数据，也可以取用 private 函数、enums、typedefs 等等）和一个 non-member, non-friend 函数（它无法访问上述任何东西）之间做抉择，而且两者提供相同机能，那么，导致较大封装性的是 non-member non-friend 函数，因为它并不增加“能够访问

class 内之 private 成分"的函数数量。这就解释了为什么 `clearBrowser`（一个 non-member non-friend 函数）比 `clearEverything`（一个 member 函数）更受欢迎的原因：它导致 `WebBrowser` class 有较大的封装性。

在这一点上有两件事情值得注意。第一，这个论述只适用于 non-member non-friend 函数。friends 函数对 class private 成员的访问权力和 member 函数相同，因此两者对封装的冲击力道也相同。从封装的角度看，这里的选择关键并不在 member 和 non-member 函数之间，而是在 member 和 non-member non-friend 函数之间。（当然，封装并非唯一考虑。条款 24 解释当我们考虑隐式类型转换，应该在 member 和 non-member 函数之间抉择。）

第二件值得注意的事情是，只因在意封装性而让函数"成为 class 的 non-member"，并不意味它"不可以是另一个 class 的 member"。这对那些习惯于"所有函数都必须定义于 class 内"的语言（如 Eiffel, Java, C#）的程序员而言，可能是个温暖的慰藉。例如我们可以令 `clearBrowser` 成为某工具类（utility class）的一个 static member 函数。只要它不是 `WebBrowser` 的一部分（或成为其 friend），就不会影响 `WebBrowser` 的 private 成员封装性。

在 C++，比较自然的做法是让 `clearBrowser` 成为一个 non-member 函数并且位于 `WebBrowser` 所在的同一个 namespace（命名空间）内：

```
namespace WebBrowserStuff {
   class WebBrowser { ... };
   void clearBrowser(WebBrowser& wb);
   ...
}
```

然而这不只是为了看起来自然而已。要知道，namespace 和 classes 不同，前者可跨越多个源码文件而后者不能。这很重要，因为像 `clearBrowser` 这样的函数是个"提供便利的函数"，如果它既不是 members 也不是 friends，就没有对 `WebBrowser` 的特殊访问权力，也就不能提供"`WebBrowser` 客户无法以其他方式取得"的机能。举个例子，如果 `clearBrowser` 不存在，客户端就只好自行调用 `clearCache`, `clearHistory` 和 `removeCookies`。

一个像 `WebBrowser` 这样的 class 可能拥有大量便利函数，某些与书签（bookmarks）有关，某些与打印有关，还有一些与 cookie 的管理有关…… 通常大多数客户只对其中某些感兴趣。没道理一个只对书签相关便利函数感兴趣的客户却与……呃……例如一个 cookie 相关便利函数发生编译相依关系。分离它们的最直接做法就是将书签相关便利函数声明于一个头文件，将 cookie 相关便利函数声明于另一个头文件，再将打印相关便利函数声明于第三个头文件，依此类推：

```
//头文件 "webbrowser.h" — 这个头文件针对 class WebBrowser 自身
//  及 WebBrowser 核心机能。
namespace WebBrowserStuff {
class WebBrowser { ... };
   ...                  //核心机能，例如几乎所有客户都需要的
                        // non-member 函数。
}
//头文件 "webbrowserbookmarks.h"
namespace WebBrowserStuff {
   ...                  //与书签相关的便利函数
}
//头文件 "webbrowsercookies.h"
namespace WebBrowserStuff {
   ...                  //与 cookie 相关的便利函数
}
...
```

注意，这正是 C++ 标准程序库的组织方式。标准程序库并不是拥有单一、整体、庞大的 <C++StandardLibrary> 头文件并在其中内含 std 命名空间内的每一样东西，而是有数十个头文件（<vector>, <algorithm>, <memory>等等），每个头文件声明 std 的某些机能。如果客户只想使用 vector 相关机能，他不需要 #include <memory>；如果客户不想使用 list，也不需要 #include <list>。这允许客户只对他们所用的那一小部分系统形成编译相依（见条款 31，其中讨论降低编译依存性的其他做法）。以此种方式切割机能并不适用于 class 成员函数，因为一个 class 必须整体定义，不能被分割为片片段段。

将所有便利函数放在多个头文件内但隶属同一个命名空间，意味客户可以轻松扩展这一组便利函数。他们需要做的就是添加更多 non-member non-friend 函数到此命名空间内。举个例子，如果某个 WebBrowser 客户决定写些与影像下载相关的便利函数，他只需要在 WebBrowserStuff 命名空间内建立一个头文件，内含那些函数的声明即可。新函数就像其他旧有的便利函数那样可用且整合为一体。这是 class 无法提供的另一

个性质，因为 class 定义式对客户而言是不能扩展的。当然啦，客户可以派生出新的 classes，但 derived classes 无法访问 base class 中被封装的（即 private）成员，于是如此的 "扩展机能" 拥有的只是次级身份。此外一如条款 7 所说，并非所有 classes 都被设计用来作为 base classes。

请记住

- 宁可拿 non-member non-friend 函数替换 member 函数。这样做可以增加封装性、包裹弹性（packaging flexibility）和机能扩充性。

条款 24：若所有参数皆需类型转换，请为此采用 non-member 函数

Declare non-member functions when type conversions should apply to all parameters.

我在导读中提过，令 classes 支持隐式类型转换通常是个糟糕的主意。当然这条规则有其例外，最常见的例外是在建立数值类型时。假设你设计一个 class 用来表现有理数，允许整数“隐式转换”为有理数似乎颇为合理。的确，它并不比 C++ 内置从 int 至 double 的转换来得不合理，而还比 C++ 内置从 double 至 int 的转换来得合理些。假设你这样开始你的 Rational class：

```
class Rational {
public:
   Rational(int numerator = 0,          //构造函数刻意不为 explicit;
            int denominator = 1);       //允许 int-to-Rational 隐式转换。
   int numerator() const;               //分子（numerator）和分母（denominator）
   int denominator() const;             //的访问函数（accessors）—见条款 22。
private:
   ...
};
```

你想支持算术运算诸如加法、乘法等等，但你不确定是否该由 member 函数、non-member 函数，或可能的话由 non-member friend 函数来实现它们。你的直觉告诉你，当你犹豫就该保持面向对象精神。你知道有理数相乘和 Rational class 有关，因此很自然地似乎该在 Rational class 内为有理数实现 operator*。条款 23 曾经反直觉地主张，将函数放进相关 class 内有时会与面向对象守则发生矛盾，但让我们先把那放在一

旁，先研究一下将 operator* 写成 Rational 成员函数的写法：

```
class Rational {
public:
    ...
    const Rational operator* (const Rational& rhs) const;
};
```

（如果你不确定为什么这个函数被声明为此种形式，也就是为什么它返回一个 const *by-value* 结果但接受一个 *reference-to*-const 实参，请参考条款 3, 20 和 21。）

这个设计使你能够将两个有理数以最轻松自在的方式相乘：

```
Rational oneEighth(1, 8);
Rational oneHalf(1, 2);
Rational result = oneHalf * oneEighth;      //很好
result = result * oneEighth;                //很好
```

但你还不满足。你希望支持混合式运算，也就是拿 Rationals 和……嗯……例如 ints 相乘。毕竟很少有什么东西会比两个数值相乘更自然的了——即使是两个不同类型的数值。

然而当你尝试混合式算术，你发现只有一半行得通：

```
result = oneHalf * 2;              //很好
result = 2 * oneHalf;              //错误!
```

这不是好兆头。乘法应该满足交换律，不是吗？

当你以对应的函数形式重写上述两个式子，问题所在便一目了然了：

```
result = oneHalf.operator*(2);          //很好
result = 2.operator*(oneHalf);          //错误!
```

是的，oneHalf 是一个内含 operator* 函数的 class 的对象，所以编译器调用该函数。然而整数 2 并没有相应的 class，也就没有 operator* 成员函数。编译器也会尝试寻找可被以下这般调用的 non-member operator*（也就是在命名空间内或在 global 作用域内）：

```
result = operator*(2, oneHalf);         //错误!
```

但本例并不存在这样一个接受 int 和 Rational 作为参数的 non-member operator*，因此查找失败。

再次看看先前成功的那个调用。注意其第二参数是整数 2，但 Rational::operator*需要的实参却是个 Rational 对象。这里发生了什么事？为什么 2 在这里可被接受，在另一个调用中却不被接受？

因为这里发生了所谓隐式类型转换（implicit type conversion）。编译器知道你正在传递一个 int，而函数需要的是 Rational；但它也知道只要调用 Rational 构造函数并赋予你所提供的 int，就可以变出一个适当的 Rational 来。于是它就那样做了。换句话说此一调用动作在编译器眼中有点像这样：

```
const Rational temp(2);           //根据2建立一个暂时性的Rational对象。
result = oneHalf * temp;          //等同于oneHalf.operator*(temp);
```

当然，只因为涉及 non-explicit 构造函数，编译器才会这样做。如果 Rational 构造函数是 explicit，以下语句没有一个可通过编译：

```
result = oneHalf * 2;             //错误！（在explicit构造函数的情况下）
                                  //无法将2转换为一个Rational。
result = 2 * oneHalf;             //一样的错误，一样的问题。
```

这就很难让 Rational class 支持混合式算术运算了，不过至少上述两个句子的行为从此一致☺。

然而你的目标不仅在一致性，也要支持混合式算术运算，也就是希望有个设计能让以上语句通过编译。这把我们带回到上述两个语句，为什么即使 Rational 构造函数不是 explicit，仍然只有一个可通过编译，另一个不可以：

```
result = oneHalf * 2;       //没问题（在non-explicit构造函数的情况下）
result = 2 * oneHalf;       //错误！（甚至在non-explicit构造函数的情况下）
```

结论是，只有当参数被列于参数列（*parameter list*）内，这个参数才是隐式类型转换的合格参与者。地位相当于“被调用之成员函数所隶属的那个对象”——即 this 对象——的那个隐喻参数，绝不是隐式转换的合格参与者。这就是为什么上述第一次调用可通过编译，第二次调用则否，因为第一次调用伴随一个放在参数列内的参数，第二次调用则否。

然而你一定也会想要支持混合式算术运算。可行之道终于拨云见日：让 operator* 成为一个 non-member 函数，俾允许编译器在每一个实参身上执行隐式类型转换：

```
class Rational {
  ...                                            //不包括 operator*
};

const Rational operator*(const Rational& lhs,    //现在成了一个
                         const Rational& rhs)    //non-member 函数
{
  return Rational(lhs.numerator() * rhs.numerator( ),
                  lhs.denominator() * rhs.denominator());
}

Rational oneFourth(1, 4);
Rational result;
result = oneFourth * 2;                          //没问题
result = 2 * oneFourth;                          //万岁，通过编译了！
```

这当然是个快乐的结局，不过还有一点必须操心：operator* 是否应该成为 Rational class 的一个 friend 函数呢？

就本例而言答案是否定的，因为 operator* 可以完全藉由 Rational 的 public 接口完成任务，上面代码已表明此种做法。这导出一个重要的观察：member 函数的反面是 non-member 函数，不是 friend 函数。太多 C++ 程序员假设，如果一个“与某 class 相关”的函数不该成为一个 member（也许由于其所有实参都需要类型转换，例如先前的 Rational 的 operator* 函数），就该是个 friend。本例表明这样的理由过于牵强。无论何时如果你可以避免 friend 函数就该避免，因为就像真实世界一样，朋友带来的麻烦往往多过其价值。当然有时候 friend 有其正当性，但这个事实依然存在：不能够只因函数不该成为 member，就自动让它成为 friend。

本条款内含真理，但却不是全部的真理。当你从 Object-Oriented C++ 跨进 Template C++（见条款 1）并让 Rational 成为一个 class *template* 而非 class，又有一些需要考虑的新争议、新解法、以及一些令人惊讶的设计牵连。这些争议、解法和设计牵连形成了条款 46。

请记住

- 如果你需要为某个函数的所有参数（包括被 this 指针所指的那个隐喻参数）进行类型转换，那么这个函数必须是个 non-member。

条款 25：考虑写出一个不抛异常的 swap 函数

Consider support for a non-throwing swap.

swap 是个有趣的函数。原本它只是 STL 的一部分，而后成为异常安全性编程（exception-safe programming，见条款 29）的脊柱，以及用来处理自我赋值可能性（见条款 11）的一个常见机制。由于 swap 如此有用，适当的实现很重要。然而在非凡的重要性之外它也带来了非凡的复杂度。本条款探讨这些复杂度及因应之道。

所谓 *swap*（置换）两对象值，意思是将两对象的值彼此赋予对方。缺省情况下 *swap* 动作可由标准程序库提供的 swap 算法完成。其典型实现完全如你所预期：

```
namespace std {
   template<typename T>             //std::swap 的典型实现;
   void swap( T& a, T& b)           //置换 a 和 b 的值.
   {
      T temp(a);
      a = b;
      b = temp;
   }
}
```

只要类型 T 支持 *copying*（通过 *copy* 构造函数和 *copy assignment* 操作符完成），缺省的 swap 实现代码就会帮你置换类型为 T 的对象，你不需要为此另外再做任何工作。

这缺省的 swap 实现版本十分平淡，无法刺激你的肾上腺。它涉及三个对象的复制：a 复制到 temp，b 复制到 a，以及 temp 复制到 b。但是对某些类型而言，这些复制动作无一必要；对它们而言 swap 缺省行为等于是把高速铁路铺设在慢速小巷弄内。

其中最主要的就是“以指针指向一个对象，内含真正数据”那种类型。这种设计的常见表现形式是所谓“pimpl 手法”（pimpl 是 "pointer to implementation" 的缩写，见条款 31）。如果以这种手法设计 Widget class，看起来会像这样：

```
class WidgetImpl {                       //针对 Widget 数据而设计的 class;
public:                                  //细节不重要。
   ...
private:
   int a, b, c;                          //可能有许多数据,
   std::vector<double> v;                //意味复制时间很长。
   ...
};
```

```
class Widget {                                //这个 class 使用 pimpl 手法
public:
    Widget(const Widget& rhs);
    Widget& operator=(const Widget& rhs)      //复制Widget时，令它复制其
    {                                         // WidgetImpl对象。
        ...                                   //关于operator=的一般性实现
        *pImpl = *(rhs.pImpl);                // 细节，见条款10,11和12。
        ...
    }
    ...
private:
    WidgetImpl* pImpl;                        //指针，所指对象内含
};                                            // Widget数据。
```

一旦要置换两个 Widget 对象值，我们唯一需要做的就是置换其 pImpl 指针，但缺省的 swap 算法不知道这一点。它不只复制三个 Widgets，还复制三个 WidgetImpl 对象。非常缺乏效率！一点也不令人兴奋。

我们希望能够告诉 std::swap：当 Widgets 被置换时真正该做的是置换其内部的 pImpl 指针。确切实践这个思路的一个做法是：将 std::swap 针对 Widget 特化。下面是基本构想，但目前这个形式无法通过编译：

```
namespace std {
    template<>                                //这是std::swap针对
    void swap<Widget>( Widget& a,             // "T是Widget"的特化版本。
                       Widget& b )            //目前还不能通过编译。
    {
        swap(a.pImpl, b.pImpl);               //置换Widgets时只要置换它们的
    }                                         // pImpl指针就好。
}
```

这个函数一开始的 "template<>" 表示它是 std::swap 的一个全特化（*total template specialization*）版本，函数名称之后的 "<Widget>" 表示这一特化版本系针对“T 是 Widget”而设计。换句话说当一般性的 swap template 施行于 Widgets 身上便会启用这个版本。通常我们不能够（不被允许）改变 std 命名空间内的任何东西，但可以（被允许）为标准 templates（如 swap）制造特化版本，使它专属于我们自己的 classes（例如 Widget）。以上作为正是如此。

但是一如稍早我说，这个函数无法通过编译。因为它企图访问 a 和 b 内的 pImpl 指针，而那却是 private。我们可以将这个特化版本声明为 friend，但和以往的规矩不太

一样：我们令 Widget 声明一个名为 swap 的 public 成员函数做真正的置换工作，然后将 std::swap 特化，令它调用该成员函数：

```
class Widget {                          //与前同，唯一差别是增加 swap 函数
public:
   ...
   void swap(Widget& other)
   {
       using std::swap;                 //这个声明之所以必要，稍后解释。
       swap(pImpl, other.pImpl);        //若要置换 Widgets 就置换其 pImpl 指针。
   }
   ...
};
namespace std {
   template<>                           //修订后的 std::swap 特化版本
   void swap<Widget>( Widget& a,
                      Widget& b )
   {
       a.swap(b);                       //若要置换 Widgets，调用其
   }                                    //swap 成员函数。
}
```

这种做法不只能够通过编译，还与 STL 容器有一致性，因为所有 STL 容器也都提供有 public swap 成员函数和 std::swap 特化版本（用以调用前者）。

然而假设 Widget 和 WidgetImpl 都是 class templates 而非 classes，也许我们可以试试将 WidgetImpl 内的数据类型加以参数化：

```
template<typename T>
class WidgetImpl { ... };
template<typename T>
class Widget { ... };
```

在 Widget 内（以及 WidgetImpl 内，如果需要的话）放个 swap 成员函数就像以往一样简单，但我们却在特化 std::swap 时遇上乱流。我们想写成这样：

```
namespace std {
   template<typename T>
   void swap< Widget<T> >(Widget<T>& a,          //错误！不合法！
                          Widget<T>& b)
   { a.swap(b); }
}
```

看起来合情合理，却不合法。是这样的，我们企图偏特化（partially specialize）一个 function template（std::swap），但 C++ 只允许对 class templates 偏特化，在 function templates 身上偏特化是行不通的。这段代码不该通过编译（虽然有些编译器错误地接受了它）。

当你打算偏特化一个 function template 时，惯常做法是简单地为它添加一个重载版本，像这样：

```
namespace std {
    template<typename T>              //std::swap 的一个重载版本
    void swap(Widget<T>& a,           // (注意 "swap" 之后没有 "<...>")
              Widget<T>& b)           //稍后我会告诉你，这也不合法。
    { a.swap(b); }
}
```

一般而言，重载 function templates 没有问题，但 std 是个特殊的命名空间，其管理规则也比较特殊。客户可以全特化 std 内的 templates，但不可以添加新的 templates（或 classes 或 functions 或其他任何东西）到 std 里头。std 的内容完全由 C++ 标准委员会决定，标准委员会禁止我们膨胀那些已经声明好的东西。啊呀，所谓"禁止"可能会使你沮丧，其实跨越红线的程序几乎仍可编译和执行，但它们的行为没有明确定义。如果你希望你的软件有可预期的行为，请不要添加任何新东西到 std 里头。

那该如何是好？毕竟我们总是需要一个办法让其他人调用 swap 时能够取得我们提供的较高效的 template 特定版本。答案很简单，我们还是声明一个 non-member swap 让它调用 member swap，但不再将那个 non-member swap 声明为 std::swap 的特化版本或重载版本。为求简化起见，假设 Widget 的所有相关机能都被置于命名空间 WidgetStuff 内，整个结果看起来便像这样：

```
namespace WidgetStuff {
    ...                                     //模板化的 WidgetImpl 等等。
    template<typename T>                    //同前，内含 swap 成员函数。
    class Widget { ... };
    ...
    template<typename T>                    //non-member swap 函数；
    void swap(Widget<T>& a,                 //这里并不属于 std 命名空间。
              Widget<T>& b)
    {
        a.swap(b);
    }
}
```

现在，任何地点的任何代码如果打算置换两个 Widget 对象，因而调用 swap，C++ 的名称查找法则（name lookup rules；更具体地说是所谓 *argument-dependent lookup* 或 *Koenig lookup* 法则）会找到 WidgetStuff 内的 Widget 专属版本。那正是我们所要的。

这个做法对 classes 和 class templates 都行得通，所以似乎我们应该在任何时候都使用它。不幸的是有一个理由使你应该为 classes 特化 std::swap（很快我会描述它），所以如果你想让你的"class 专属版"swap 在尽可能多的语境下被调用，你需得同时在该 class 所在命名空间内写一个 non-member 版本以及一个 std::swap 特化版本。

顺带一提，如果没有像上面那样额外使用某个命名空间，上述每件事情仍然适用（也就是说你还是需要一个 non-member swap 用来调用 member swap）。但，何必在 global 命名空间内塞满各式各样的 class, template, function, enum, enumerant 以及 typedef 名称呢？难道你对所谓"得体与适度"失去判断力了吗？

目前为止我所写的每一样东西都和 swap 编写者有关。换位思考，从客户观点看看事情也有必要。假设你正在写一个 function template，其内需要置换两个对象值：

```
template<typename T>
void doSomething(T& obj1, T& obj2)
{
   ...
   swap(obj1, obj2);
   ...
}
```

应该调用哪个 swap？是 std 既有的那个一般化版本？还是某个可能存在的特化版本？抑或是一个可能存在的 T 专属版本而且可能栖身于某个命名空间（但当然不可以是 std）内？你希望的应该是调用 T 专属版本，并在该版本不存在的情况下调用 std 内的一般化版本。下面是你希望发生的事：

```
template<typename T>
void doSomething(T& obj1, T& obj2)
{
   using std::swap;       //令 std::swap 在此函数内可用
   ...
   swap(obj1, obj2);      //为 T 型对象调用最佳 swap 版本
   ...
}
```

一旦编译器看到对 swap 的调用，它们便查找适当的 swap 并调用之。C++ 的名称查找法则（name lookup rules）确保将找到 global 作用域或 T 所在之命名空间内的任何 T 专属的 swap。如果 T 是 Widget 并位于命名空间 WidgetStuff 内，编译器会使用“实参取决之查找规则”（argument-dependent lookup）找出 WidgetStuff 内的 swap。如果没有 T 专属之 swap 存在，编译器就使用 std 内的 swap，这得感谢 using 声明式让 std::swap 在函数内曝光。然而即便如此编译器还是比较喜欢 std::swap 的 T 专属特化版，而非一般化的那个 template，所以如果你已针对 T 将 std::swap 特化，特化版会被编译器挑中。

因此，令适当的 swap 被调用是很容易的。需要小心的是，别为这一调用添加额外修饰符，因为那会影响 C++ 挑选适当函数。假设你以这种方式调用 swap：

```
std::swap(obj1, obj2);          //这是错误的 swap 调用方式
```

这便强迫编译器只认 std 内的 swap（包括其任何 template 特化），因而不再可能调用一个定义于它处的较适当 T 专属版本。啊呀，某些迷途程序员的确以此方式修饰 swap 调用式，而那正是“你的 classes 对 std::swap 进行全特化”的重要原因：它使得类型专属之 swap 实现版本也可被这些“迷途代码”所用（这样的代码出现在某些标准程序库实现版中，如果你有兴趣不妨帮助这些代码尽可能高效运作）。

此刻，我们已经讨论过 default swap、member swaps、non-member swaps、std::swap 特化版本、以及对 swap 的调用，现在让我把整个形势做个总结。

首先，如果 swap 的缺省实现码对你的 class 或 class template 提供可接受的效率，你不需要额外做任何事。任何尝试置换（swap）那种对象的人都会取得缺省版本，而那将有良好的运作。

其次，如果 swap 缺省实现版的效率不足（那几乎总是意味你的 class 或 template 使用了某种 pimpl 手法），试着做以下事情：

1. 提供一个 public swap 成员函数，让它高效地置换你的类型的两个对象值。稍后我将解释，这个函数绝不该抛出异常。
2. 在你的 class 或 template 所在的命名空间内提供一个 non-member swap，并令它调用上述 swap 成员函数。

3. 如果你正编写一个 class（而非 class template），为你的 class 特化 `std::swap`。并令它调用你的 swap 成员函数。

最后，如果你调用 swap，请确定包含一个 using 声明式，以便让 `std::swap` 在你的函数内曝光可见，然后不加任何 namespace 修饰符，赤裸裸地调用 swap。

唯一还未明确的是我的劝告：成员版 swap 绝不可抛出异常。那是因为 swap 的一个最好的应用是帮助 classes（和 class templates）提供强烈的异常安全性（exception-safety）保障。条款 29 对此主题提供了所有细节，但此技术基于一个假设：成员版的 swap 绝不抛出异常。这一约束只施行于成员版！不可施行于非成员版，因为 swap 缺省版本是以 *copy* 构造函数和 *copy assignment* 操作符为基础，而一般情况下两者都允许抛出异常。因此当你写下一个自定版本的 swap，往往提供的不只是高效置换对象值的办法，而且不抛出异常。一般而言这两个 swap 特性是连在一起的，因为高效率的 swaps 几乎总是基于对内置类型的操作（例如 pimpl 手法的底层指针），而内置类型上的操作绝不会抛出异常。

请记住

- 当 `std::swap` 对你的类型效率不高时，提供一个 swap 成员函数，并确定这个函数不抛出异常。
- 如果你提供一个 member swap，也该提供一个 non-member swap 用来调用前者。对于 classes（而非 templates），也请特化 `std::swap`。
- 调用 swap 时应针对 `std::swap` 使用 using 声明式，然后调用 swap 并且不带任何"命名空间资格修饰"。
- 为"用户定义类型"进行 std templates 全特化是好的，但千万不要尝试在 std 内加入某些对 std 而言全新的东西。

5

实现

Implementations

大多数情况下，适当提出你的 classes（和 class templates）定义以及 functions（和 function templates）声明，是花费最多心力的两件事。一旦正确完成它们，相应的实现大多直截了当。尽管如此，还是有些东西需要小心。太快定义变量可能造成效率上的拖延；过度使用转型（casts）可能导致代码变慢又难维护，又招来微妙难解的错误；返回对象"内部数据之号码牌（handles）"可能会破坏封装并留给客户虚吊号码牌（dangling handles）；未考虑异常带来的冲击则可能导致资源泄漏和数据败坏；过度热心地 inlining 可能引起代码膨胀；过度耦合（coupling）则可能导致让人不满意的冗长建置时间（build times）。

所有这些问题都可避免。本章逐一解释各种做法。

条款 26：尽可能延后变量定义式的出现时间

Postpone variable definitions as long as possible.

只要你定义了一个变量而其类型带有一个构造函数或析构函数，那么当程序的控制流（control flow）到达这个变量定义式时，你便得承受构造成本；当这个变量离开其作用域时，你便得承受析构成本。即使这个变量最终并未被使用，仍需耗费这些成本，所以你应该尽可能避免这种情形。

或许你会认为，你不可能定义一个不使用的变量，但话不要说得太早！考虑下面这个函数，它计算通行密码的加密版本而后返回，前提是密码够长。如果密码太短，函数会丢出一个异常，类型为 `logic_error`（定义于 C++ 标准程序库，见条款 54）：

```
//这个函数过早定义变量 "encrypted"
std::string encryptPassword(const std::string& password)
{
    using namespace std;
    string encrypted;
    if (password.length() < MinimumPasswordLength) {
        throw logic_error("Password is too short");
    }
    ...                         //必要动作，俾能将一个加密后的密码
                                //置入变量encrypted内
    return encrypted;
}
```

对象 encrypted 在此函数中并非完全未被使用，但如果有个异常被丢出，它就真的没被使用。也就是说如果函数 encryptPassword 丢出异常，你仍得付出 encrypted 的构造成本和析构成本。所以最好延后 encrypted 的定义式，直到确实需要它：

```
//这个函数延后 "encrypted" 的定义，直到真正需要它
std::string encryptPassword(const std::string& password)
{
    using namespace std;
    if (password.length() < MinimumPasswordLength) {
        throw logic_error("Password is too short");
    }
    string encrypted;
    ...                         //必要动作，俾能将一个加密后的密码
                                //置入变量encrypted内
    return encrypted;
}
```

但是这段代码仍然不够秾纤合度，因为 encrypted 虽获定义却无任何实参作为初值。这意味调用的是其 *default* 构造函数。许多时候你该对对象做的第一次事就是给它个值，通常是通过一个赋值动作达成。条款 4 曾解释为什么"通过 *default* 构造函数构造出一个对象然后对它赋值"比"直接在构造时指定初值"效率差。那个分析当然也适用于此。举个例子，假设 encryptPassword 的艰难部分在以下函数中进行：

```
void encrypt(std::string& s); //在其中的适当地点对 s 加密
```

于是 encryptPassword 可实现如下，虽然还不算是最好的做法：

```
//这个函数延后 "encrypted" 的定义，直到需要它为止。
//但此函数仍然有着不该有的效率低落。
std::string encryptPassword(const std::string& password)
{
    ...                              //检查 length，如前。
    std::string encrypted;           //default-construct encrypted
    encrypted = password;            //赋值给 encrypted
    encrypt(encrypted);
    return encrypted;
}
```

更受欢迎的做法是以 password 作为 encrypted 的初值，跳过毫无意义的 *default* 构造过程：

```
//终于，这是定义并初始化 encrypted 的最佳做法
std::string encryptPassword(const std::string& password)
{
    ...                                     //检查长度。
    std::string encrypted(password);        //通过 copy 构造函数
                                            //定义并初始化。

    encrypt(encrypted);
    return encrypted;
}
```

这让我们联想起本条款所谓"尽可能延后"的真正意义。你不只应该延后变量的定义，直到非得使用该变量的前一刻为止，甚至应该尝试延后这份定义直到能够给它初值实参为止。如果这样，不仅能够避免构造（和析构）非必要对象，还可以避免无意义的 *default* 构造行为。更深一层说，以"具明显意义之初值"将变量初始化，还可以附带说明变量的目的。

"但循环怎么办？"你可能会感到疑惑。如果变量只在循环内使用，那么把它定义于循环外并在每次循环迭代时赋值给它比较好，还是该把它定义于循环内？也就是说下面左右两个一般性结构，哪一个比较好？

```
//方法 A：定义于循环外
Widget w;
for (int i = 0; i < n; ++i) {
    w = 取决于 i 的某个值;
    ...
}
```

```
//方法 B：定义于循环内

for (int i = 0; i < n; ++i) {
    Widget w(取决于 i 的某个值);
    ...
}
```

这里我把对象的类型从 string 改为 Widget，以免造成读者对于“对象执行构造、析构、或赋值动作所需的成本”有任何特殊偏见。

在 Widget 函数内部，以上两种写法的成本如下：

- 做法 A：1 个构造函数 + 1 个析构函数 + n 个赋值操作
- 做法 B：n 个构造函数 + n 个析构函数

如果 classes 的一个赋值成本低于一组构造+析构成本，做法 A 大体而言比较高效。尤其当 n 值很大的时候。否则做法 B 或许较好。此外做法 A 造成名称 w 的作用域（覆盖整个循环）比做法 B 更大，有时那对程序的可理解性和易维护性造成冲突。因此除非 (1) 你知道赋值成本比“构造+析构”成本低，(2) 你正在处理代码中效率高度敏感（performance-sensitive）的部分，否则你应该使用做法 B。

请记住

- 尽可能延后变量定义式的出现。这样做可增加程序的清晰度并改善程序效率。

条款 27：尽量少做转型动作

Minimize casting.

C++ 规则的设计目标之一是，保证“类型错误”绝不可能发生。理论上如果你的程序很“干净地”通过编译，就表示它并不企图在任何对象身上执行任何不安全、无意义、愚蠢荒谬的操作。这是一个极具价值的保证，可别草率地放弃它。

不幸的是，转型（casts）破坏了类型系统（type system）。那可能导致任何种类的麻烦，有些容易辨识，有些非常隐晦。如果你来自 C, Java 或 C# 阵营，请特别注意，因为那些语言中的转型（casting）比较必要而无法避免，也比较不危险（与 C++ 相较）。但 C++ 不是 C，也不是 Java 或 C#。在 C++ 中转型是一个你会想带着极大尊重去亲近的一个特性。

让我们首先回顾转型语法，因为通常有三种不同的形式，可写出相同的转型动作。C 风格的转型动作看起来像这样：

```
(T)expression            //将 expression 转型为 T
```

函数风格的转型动作看起来像这样：

```
T(expression)            //将 expression 转型为 T
```

两种形式并无差别，纯粹只是小括号的摆放位置不同而已。我称此二种形式为“旧式转型”（*old-style casts*）。

C++ 还提供四种新式转型（常常被称为 *new-style* 或 *C++-style casts*）：

```
const_cast<T>( expression )
dynamic_cast<T>( expression )
reinterpret_cast<T>( expression )
static_cast<T>( expression )
```

各有不同的目的：

- const_cast 通常被用来将对象的常量性转除（cast away the constness）。它也是唯一有此能力的 C++-style 转型操作符。
- dynamic_cast 主要用来执行“安全向下转型”（safe downcasting），也就是用来决定某对象是否归属继承体系中的某个类型。它是唯一无法由旧式语法执行的动作，也是唯一可能耗费重大运行成本的转型动作（稍后细谈）。
- reinterpret_cast 意图执行低级转型，实际动作（及结果）可能取决于编译器，这也就表示它不可移植。例如将一个 *pointer to* int 转型为一个 int。这一类转型在低级代码以外很少见。本书只使用一次，那是在讨论如何针对原始内存（raw memory）写出一个调试用的分配器（debugging allocator）时，见条款 50。
- static_cast 用来强迫隐式转换（implicit conversions），例如将 non-const 对象转为 const 对象（就像条款 3 所为），或将 int 转为 double 等等。它也可以用来执行上述多种转换的反向转换，例如将 void* 指针转为 typed 指针，将 *pointer-to*-base 转为 *pointer-to*-derived。但它无法将 const 转为 non-const——这个只有 const_cast 才办得到。

旧式转型仍然合法，但新式转型较受欢迎。原因是：第一，它们很容易在代码中被辨识出来（不论是人工辨识或使用工具如 grep），因而得以简化“找出类型系统在哪个地点被破坏”的过程。第二，各转型动作的目标愈窄化，编译器愈可能诊断出错误的运用。举个例子，如果你打算将常量性（constness）去掉，除非使用新式转型中的 const_cast 否则无法通过编译。

我唯一使用旧式转型的时机是，当我要调用一个 explicit 构造函数将一个对象传递给一个函数时。例如：

```
class Widget {
public:
   explicit Widget(int size);
   ...
};

void doSomeWork(const Widget& w);
doSomeWork(Widget(15));                  //以一个int加上“函数风格”的
                                         //转型动作创建一个Widget。
doSomeWork(static_cast<Widget>(15));     //以一个int加上“C++ 风格”的
                                         //转型动作创建一个Widget。
```

从某个角度来说，蓄意的“对象生成”动作感觉不怎么像“转型”，所以我很可能使用函数风格的转型动作而不使用 static_cast。但我要再说一次，当我们写下一段日后出错导致“核心倾印”（core dump）的代码时，撰写之时我们往往“觉得”通情达理，所以或许最好是忽略你的感觉，始终理智地使用新式转型。

许多程序员相信，转型其实什么都没做，只是告诉编译器把某种类型视为另一种类型。这是错误的观念。任何一个类型转换（不论是通过转型操作而进行的显式转换，或通过编译器完成的隐式转换）往往真的令编译器编译出运行期间执行的码。例如在这段程序中：

```
int x, y;
...
double d = static_cast<double>(x)/y;      //x除以y，使用浮点数除法
```

将 int x 转型为 double 几乎肯定会产生一些代码，因为在大部分计算器体系结构中，int 的底层表述不同于 double 的底层表述。这或许不会让你惊讶，但下面这个例子就有可能让你稍微睁大眼睛了：

```
class Base { ... };
class Derived: public Base { ... };
Derived d;
Base* pb = &d;                            //隐喻地将Derived* 转换为Base*
```

这里我们不过是建立一个 base class 指针指向一个 derived class 对象，但有时候上述的两个指针值并不相同。这种情况下会有个偏移量（offset）在运行期被施行于 Derived* 指针身上，用以取得正确的 Base* 指针值。

上个例子表明，单一对象（例如一个类型为 Derived 的对象）可能拥有一个以上的地址（例如“以 Base* 指向它”时的地址和“以 Derived*指向它”时的地址。C 不可能发生这种事，Java 不可能发生这种事，C# 也不可能发生这种事。但 C++ 可能！实际上一旦使用多重继承，这事几乎一直发生着。即使在单一继承中也可能发

生。虽然这还有其他意涵，但至少意味你通常应该避免做出“对象在 C++ 中如何如何布局”的假设。当然更不该以此假设为基础执行任何转型动作。例如，将对象地址转型为 char* 指针然后在它们身上进行指针算术，几乎总是会导致无定义（不明确）行为。

但请注意，我说的是有时候需要一个偏移量。对象的布局方式和它们的地址计算方式随编译器的不同而不同，那意味“由于知道对象如何布局”而设计的转型，在某一平台行得通，在其他平台并不一定行得通。这个世界有许多悲惨的程序员，他们历经千辛万苦才学到这堂课。

另一件关于转型的有趣事情是：我们很容易写出某些似是而非的代码（在其他语言中也许真是对的）。例如许多应用框架（application frameworks）都要求 derived classes 内的 virtual 函数代码的第一个动作就先调用 base class 的对应函数。假设我们有个 Window base class 和一个 SpecialWindow derived class，两者都定义了 virtual 函数 onResize。进一步假设 SpecialWindow 的 onResize 函数被要求首先调用 Window 的 onResize。下面是实现方式之一，它看起来对，但实际上错：

```
class Window {                                    //base class
public:
  virtual void onResize( ) { ... }                //base onResize 实现代码
  ...
};
class SpecialWindow: public Window {              //derived class
public:
 virtual void onResize( ) {                       //derived onResize 实现代码
  static_cast<Window>(*this).onResize();          //将*this 转型为 Window，
                                                  //然后调用其 onResize;
                                                  //这不可行！
      ... //这里进行 SpecialWindow 专属行为。
  }
  ...
};
```

我在代码中强调了转型动作（那是个新式转型，但若使用旧式转型也不能改变以下事实）。一如你所预期，这段程序将*this 转型为 Window，对函数 onResize 的调用也因此调用了 Window::onResize。但恐怕你没想到，它调用的并不是当前对象上的函数，而是稍早转型动作所建立的一个“*this 对象之 base class 成分”的暂时副本身上的 onResize！（译注：函数就是函数，成员函数只有一份，“调用起哪个对象身上的函数”有什么关系呢？关键在于成员函数都有个隐藏的 this 指针，会因此影响成员函数操作的数据。）再说一次，上述代码并非在当前对象身上调用 Window::onResize 之后又在该对象身上执行 SpecialWindow 专属动作。不，它是在“当前对象之 base class 成分”的副本上调用 Window::onResize，然后在当前对象身上执行 SpecialWindow 专属动作。如果 Window::onResize 修改了对象内容（不能说没有可能性，因为 onResize 是个 non-const 成员函数），当前对象其实没被改动，改动的是副本。然而 SpecialWindow::onResize 内如果也修改对象，当前对象真的会被改动。这使当前对象进入一种“伤残”状态：其 base class 成分的更改没有落实，而 derived class 成分的更改倒是落实了。

解决之道是拿掉转型动作，代之以你真正想说的话。你并不想哄骗编译器将 *this 视为一个 base class 对象，你只是想调用 base class 版本的 onResize 函数，令它作用于当前对象身上。所以请这么写：

```
class SpecialWindow: public Window {
public:
    virtual void onResize( ) {
        Window::onResize();     //调用 Window::onResize 作用于*this 身上
        ...
    }
    ...
};
```

这个例子也说明，如果你发现你自己打算转型，那活脱是个警告信号：你可能正将局面发展至错误的方向上。如果你用的是 dynamic_cast 更是如此。

在探究 dynamic_cast 设计意涵之前，值得注意的是，dynamic_cast 的许多实现版本执行速度相当慢。例如至少有一个很普遍的实现版本基于“class 名称之字符串比较”，如果你在四层深的单继承体系内的某个对象身上执行 dynamic_cast，刚才说的那个实现版本所提供的每一次 dynamic_cast 可能会耗用多达四次的 strcmp 调用，用以比较 class 名称。深度继承或多重继承的成本更高！某些实现版本这样做有其原因（它们必须支持动态连接）。然而我还是要强调，除了对一般转型保持机敏与猜疑，更应该在注重效率的代码中对 dynamic_casts 保持机敏与猜疑。

之所以需要 dynamic_cast，通常是因为你想在一个你认定为 derived class 对象身上执行 derived class 操作函数，但你的手上却只有一个“指向 base”的 pointer 或 reference，你只能靠它们来处理对象。有两个一般性做法可以避免这个问题。

第一，使用容器并在其中存储直接指向 derived class 对象的指针（通常是智能指针，见条款 13），如此便消除了“通过 base class 接口处理对象”的需要。假设先前的 Window/ SpecialWindow 继承体系中只有 SpecialWindows 才支持闪烁效果，试着不要这样做：

```
class Window { ... };
class SpecialWindow: public Window {
public:
   void blink();
   ...
};
typedef                                          //关于 tr1::shared_ptr
std::vector<std::tr1::shared_ptr<Window> > VPW; //见条款 13.
VPW winPtrs;
...
for (VPW::iterator iter = winPtrs.begin( );     //不希望使用
     iter != winPtrs.end();++iter) {            //dynamic_cast.
  if (SpecialWindow * psw = dynamic_cast<SpecialWindow * >(iter->get()))
     psw->blink();
}
```

应该改而这样做：

```
typedef std::vector<std::tr1::shared_ptr<SpecialWindow> > VPSW;
VPSW winPtrs;
...
for ( VPSW::iterator iter = winPtrs.begin();    //这样写比较好，
      iter != winPtrs.end();                    //不使用 dynamic_cast
      ++iter)
(*iter)->blink();
```

当然啦，这种做法使你无法在同一个容器内存储指针“指向所有可能之各种 Window 派生类”。如果真要处理多种窗口类型，你可能需要多个容器，它们都必须具备类型安全性（type-safe）。

另一种做法可让你通过 base class 接口处理“所有可能之各种 Window 派生类”，那就是在 base class 内提供 virtual 函数做你想对各个 Window 派生类做的事。举个例子，虽然只有 SpecialWindows 可以闪烁，但或许将闪烁函数声明于 base class 内并提供一份“什么也没做”的缺省实现码是有意义的：

```
class Window {
public:
   virtual void blink() { }                //缺省实现代码“什么也没做”；
     ...                                   //条款 34 告诉你为什么
};                                         // 缺省实现代码可能是个馊主意。

class SpecialWindow: public Window {
public:
   virtual void blink() { ... };           //在此 class 内，
   ...                                     //blink 做某些事。
};

typedef std::vector<std::tr1::shared_ptr<Window> > VPW;
VPW winPtrs;                               //容器，内含指针，指向
...                                        // 所有可能的 Window 类型。
for (VPW::iterator iter = winPtrs.begin( );
      iter != winPtrs.end();
      ++iter)                              //注意，这里没有
  (*iter)->blink();                        // dynamic_cast。
```

不论哪一种写法——“使用类型安全容器”或“将 virtual 函数往继承体系上方移动”——都并非放之四海皆准，但在许多情况下它们都提供一个可行的 dynamic_cast 替代方案。当它们有此功效时，你应该欣然拥抱它们。

绝对必须避免的一件事是所谓的“连串（cascading）dynamic_casts”，也就是看起来像这样的东西：

```
class Window { ... };
...                                        //derived classes 定义在这里
typedef std::vector<std::tr1::shared_ptr<Window> > VPW;
VPW winPtrs;
...
for (VPW::iterator iter = winPtrs.begin( );
     iter != winPtrs.end(); ++iter)
{
   if (SpecialWindow1 * psw1 =
        dynamic_cast<SpecialWindow1*>(iter->get())) { ... }
   else if (SpecialWindow2 * psw2 =
        dynamic_cast<SpecialWindow2*>(iter->get())) { ... }
   else if (SpecialWindow3 * psw3 =
        dynamic_cast<SpecialWindow3*>(iter->get())) { ... }
   ...
}
```

这样产生出来的代码又大又慢，而且基础不稳，因为每次 `Window` class 继承体系一有改变，所有这一类代码都必须再次检阅看看是否需要修改。例如一旦加入新的 derived class，或许上述连串判断中需要加入新的条件分支。这样的代码应该总是以某些“基于 virtual 函数调用”的东西取而代之。

优良的 C++ 代码很少使用转型，但若说要完全摆脱它们又太过不切实际。例如 p.118 从 `int` 转型为 `double` 就是转型的一个通情达理的使用，虽然它并非绝对必要（那段代码可以重新写过，声明一个类型为 `double` 的新变量并以 `x` 值初始化）。就像面对众多蹊跷可疑的构造函数一样，我们应该尽可能隔离转型动作，通常是把它隐藏在某个函数内，函数的接口会保护调用者不受函数内部任何肮脏龌龊的动作影响。

请记住

- 如果可以，尽量避免转型，特别是在注重效率的代码中避免 `dynamic_casts`。如果有个设计需要转型动作，试着发展无需转型的替代设计。
- 如果转型是必要的，试着将它隐藏于某个函数背后。客户随后可以调用该函数，而不需将转型放进他们自己的代码内。
- 宁可使用 C++-style（新式）转型，不要使用旧式转型。前者很容易辨识出来，而且也比较有着分门别类的职掌。

条款 28：避免返回 handles 指向对象内部成分

Avoid returning "handles" to object internals.

假设你的程序涉及矩形。每个矩形由其左上角和右下角表示。为了让一个 `Rectangle` 对象尽可能小，你可能会决定不把定义矩形的这些点存放在 `Rectangle` 对象内，而是放在一个辅助的 struct 内再让 `Rectangle` 去指它：

```
class Point {               //这个 class 用来表述“点”
public:
   Point(int x, int y);
   ...
   void setX(int newVal);
   void setY(int newVal);
   ...
};
```

```
struct RectData {        //这些“点”数据用来表现一个矩形
   Point ulhc;           //ulhc = "upper left-hand corner"（左上角）
   Point lrhc;           //lrhc = "lower right-hand corner"（右下角）
};
class Rectangle {
   ...
private:
   std::tr1::shared_ptr<RectData> pData;   //关于 tr1::shared_ptr,
};                                         //见条款 13
```

Rectangle 的客户必须能够计算 Rectangle 的范围，所以这个 class 提供 upperLeft 函数和 lowerRight 函数。Point 是个用户自定义类型，所以根据条款 20 给我们的忠告（它说以 *by reference* 方式传递用户自定义类型往往比以 *by value* 方式传递更高效），这些函数于是返回 references，代表底层的 Point 对象：

```
class Rectangle {
public:
   ...
   Point& upperLeft( ) const { return pData->ulhc; }
   Point& lowerRight( ) const { return pData->lrhc; }
   ...
};
```

这样的设计可通过编译，但却是错误的。实际上它是自我矛盾的。一方面 upperLeft 和 lowerRight 被声明为 const 成员函数，因为它们的目的只是为了提供客户一个得知 Rectangle 相关坐标点的方法，而不是让客户修改 Rectangle（见条款 3）。另一方面两个函数却都返回 references 指向 private 内部数据，调用者于是可通过这些 references 更改内部数据！例如：

```
Point coord1(0, 0);
Point coord2(100, 100);
const Rectangle rec(coord1, coord2);      //rec 是个 const 矩形,
                                          // 从(0,0)到(100,100)
rec.upperLeft( ).setX(50);                //现在 rec 却变成
                                          // 从(50,0)到(100,100)
```

这里请注意，upperLeft 的调用者能够使用被返回的 reference（指向 rec 内部的 Point 成员变量）来更改成员。但 rec 其实应该是不可变的（const）！

这立刻带给我们两个教训。第一，成员变量的封装性最多只等于“返回其 reference”的函数的访问级别。本例之中虽然 ulhc 和 lrhc 都被声明为 private，它们实际上却是 public，因为 public 函数 upperLeft 和 lowerRight 传出了它们的

references。第二，如果 const 成员函数传出一个 reference，后者所指数据与对象自身有关联，而它又被存储于对象之外，那么这个函数的调用者可以修改那笔数据。这正是 bitwise constness 的一个附带结果，见条款 3。

上面我们所说的每件事情都是由于“成员函数返回 references”。如果它们返回的是指针或迭代器，相同的情况还是发生，原因也相同。References、指针和迭代器统统都是所谓的 *handles*（号码牌，用来取得某个对象），而返回一个“代表对象内部数据”的 handle，随之而来的便是“降低对象封装性”的风险。同时，一如稍早所见，它也可能导致“虽然调用 const 成员函数却造成对象状态被更改”。

通常我们认为，对象的“内部”就是指它的成员变量，但其实不被公开使用的成员函数（也就是被声明为 protected 或 private 者）也是对象“内部”的一部分。因此也应该留心不要返回它们的 handles。这意味你绝对不该令成员函数返回一个指针指向“访问级别较低”的成员函数。如果你那么做，后者的实际访问级别就会提高如同前者（访问级别较高者），因为客户可以取得一个指针指向那个“访问级别较低”的函数，然后通过那个指针调用它。

然而“返回指针指向某个成员函数”的情况毕竟不多见，所以让我们把注意力收回，专注于 Rectangle class 和它的 upperLeft 以及 lowerRight 成员函数。我们在这些函数身上遭遇的两个问题可以轻松去除，只要对它们的返回类型加上 const 即可：

```
class Rectangle {
public:
    ...
    const Point& upperLeft( ) const { return pData->ulhc; }
    const Point& lowerRight( ) const { return pData->lrhc; }
    ...
};
```

有了这样的改变，客户可以读取矩形的 Points，但不能涂写它们。这意味当初声明 upperLeft 和 upperRight 为 const 不再是个谎言，因为它们不再允许客户更改对象状态。至于封装问题，我们总是愿意让客户看到 Rectangle 的外围 Points，所以这里是蓄意放松封装。更重要的是这是个有限度的放松：这些函数只让渡读取权。涂写权仍然是被禁止的。

但即使如此，upperLeft 和 lowerRight 还是返回了“代表对象内部”的 handles，有可能在其他场合带来问题。更明确地说，它可能导致 *dangling handles*（空悬的号码牌）：这种 handles 所指东西（的所属对象）不复存在。这种“不复存在的对象”最常见的来源就是函数返回值。例如某个函数返回 GUI 对象的外框(bounding box)，这个外框采用矩形形式：

```
class GUIObject { ... };
const Rectangle                              //以 by value 方式返回一个矩形
  boundingBox(const GUIObject& obj);         //条款 3 谈过为什么返回类型是 const
```

现在，客户有可能这么使用这个函数：

```
GUIObject* pgo;                              //让 pgo 指向某个 GUIObject
...
const Point* pUpperLeft =                    //取得一个指针指向外框左上点
  &(boundingBox(*pgo).upperLeft());
```

对 boundingBox 的调用获得一个新的、暂时的 Rectangle 对象。这个对象没有名称，所以我们权且称它为 *temp*。随后 upperLeft 作用于 *temp* 身上，返回一个 reference 指向 *temp* 的一个内部成分，更具体地说是指向一个用以标示 *temp* 的 Points。于是 pUpperLeft 指向那个 Point 对象。目前为止一切还好，但故事尚未结束，因为在那个语句结束之后，boundingBox 的返回值，也就是我们所说的 *temp*，将被销毁，而那间接导致 *temp* 内的 Points 析构。最终导致 pUpperLeft 指向一个不再存在的对象；也就是说一旦产出 pUpperLeft 的那个语句结束，pUpperLeft 也就变成空悬、虚吊（*dangling*）！

这就是为什么函数如果“返回一个 handle 代表对象内部成分”总是危险的原因。不论这所谓的 handle 是个指针或迭代器或 reference，也不论这个 handle 是否为 const，也不论那个返回 handle 的成员函数是否为 const。这里的唯一关键是，有个 handle 被传出去了，一旦如此你就是暴露在“handle 比其所指对象更长寿”的风险下。

这并不意味你绝对不可以让成员函数返回 handle。有时候你必须那么做。例如 operator[]就允许你“摘采”strings 和 vectors 的个别元素，而这些 operator[]s 就是返回 references 指向“容器内的数据”（见条款 3），那些数据会随着容器被销毁而销毁。尽管如此，这样的函数毕竟是例外，不是常态。

请记住

- 避免返回 handles（包括 references、指针、迭代器）指向对象内部。遵守这个条款可增加封装性，帮助 const 成员函数的行为像个 const，并将发生“虚吊号码牌”（dangling handles）的可能性降至最低。

条款 29：为“异常安全”而努力是值得的

Strive for exception-safe code.

异常安全性（Exception safety）有几分像是……呃……怀孕。但等等，在我们完成求偶之前，实在无法确实地谈论生育。

假设有个 class 用来表现夹带背景图案的 GUI 菜单单。这个 class 希望用于多线程环境，所以它有个互斥器（mutex）作为并发控制（concurrency control）之用：

```
class PrettyMenu {
public:
   ...
   void changeBackground(std::istream& imgSrc);      //改变背景图像
   ...
private:
   Mutex mutex;                                      //互斥器
   Image* bgImage;                                   //目前的背景图像
   int imageChanges;                                 //背景图像被改变的次数
};
```

下面是 PrettyMenu 的 changeBackground 函数的一个可能实现：

```
void PrettyMenu::changeBackground(std::istream& imgSrc)
{
   lock(&mutex);                          //取得互斥器（见条款 14）
   delete bgImage;                        //摆脱旧的背景图像
   ++imageChanges;                        //修改图像变更次数
   bgImage = new Image(imgSrc);           //安装新的背景图像
   unlock(&mutex);                        //释放互斥器
}
```

从“异常安全性”的观点来看，这个函数很糟。“异常安全”有两个条件，而这个函数没有满足其中任何一个条件。

当异常被抛出时，带有异常安全性的函数会：

- **不泄漏任何资源**。上述代码没有做到这一点，因为一旦 "new Image(imgSrc)" 导致异常，对 unlock 的调用就绝不会执行，于是互斥器就永远被把持住了。
- **不允许数据败坏**。如果 "new Image(imgSrc)" 抛出异常，bgImage 就是指向一个已被删除的对象，imageChanges 也已被累加，而其实并没有新的图像被成功安装起来。（但从另一个角度说，旧图像已被消除，所以你可能会争辩说图像还是“改变了”）。

解决资源泄漏的问题很容易，因为条款 13 讨论过如何以对象管理资源，而条款 14 也导入了 Lock class 作为一种“确保互斥器被及时释放”的方法：

```
void PrettyMenu::changeBackground(std::istream& imgSrc)
{
   Lock ml(&mutex);              //来自条款 14：获得互斥器并确保它稍后被释放
   delete bgImage;
   ++imageChanges;
   bgImage = new Image(imgSrc);
}
```

关于“资源管理类”（resource management classes）如 Lock 者，一个最棒的事情是，它们通常使函数更短。你看，不再需要调用 unlock 了不是吗？有个一般性规则是这么说的：较少的码就是较好的码，因为出错机会比较少，而且一旦有所改变，被误解的机会也比较少。

把资源泄漏抛诸脑后，现在我们可以专注解决数据的败坏了。此刻我们需要做个抉择，但是在我们能够抉择之前，必须先面对一些用来定义选项的术语。

异常安全函数（Exception-safe functions）提供以下三个保证之一：

- **基本承诺**：如果异常被抛出，程序内的任何事物仍然保持在有效状态下。没有任何对象或数据结构会因此而败坏，所有对象都处于一种内部前后一致的状态（例如所有的 class 约束条件都继续获得满足）。然而程序的现实状态（exact state）恐怕不可预料。举个例子，我们可以撰写 changeBackground 使得一旦有异常被抛出时，PrettyMenu 对象可以继续拥有原背景图像，或是令它拥有某个缺省背景图像，但客户无法预期哪一种情况。如果想知道，他们恐怕必须调用某个成员函数以得知当时的背景图像是什么。
- **强烈保证**：如果异常被抛出，程序状态不改变。调用这样的函数需有这样的认知：如果函数成功，就是完全成功，如果函数失败，程序会回复到“调用函数之前”的状态。

和这种提供强烈保证的函数共事，比和刚才说的那种只提供基本承诺的函数共事，容易多了，因为在调用一个提供强烈保证的函数后，程序状态只有两种可能：如预期般地到达函数成功执行后的状态，或回到函数被调用前的状态。与此成对比的是，如果调用一个只提供基本承诺的函数，而真的出现异常，程序有可能处于任何状态——只要那是个合法状态。

- **不抛掷**（nothrow）**保证**，承诺绝不抛出异常，因为它们总是能够完成它们原先承诺的功能。作用于内置类型（例如 ints，指针等等）身上的所有操作都提供 nothrow 保证。这是异常安全码中一个必不可少的关键基础材料。

  如果我们假设，函数带着“空白的异常明细”（empty exception specification）者必为 nothrow 函数，似乎合情合理，其实不尽然。举个例子，考虑以下函数：

  ```
  int doSomething() throw();     //注意“空白的异常明细”
                                 //（empty exception spec）
  ```

  这并不是说 doSomething 绝不会抛出异常，而是说如果 doSomething 抛出异常，将是严重错误，会有你意想不到的函数被调用[1]。实际上 doSomething 也许完全没有提供任何异常保证。函数的声明式（包括其异常明细——如果有的话）并不能够告诉你是否它是正确的、可移植的或高效的，也不能够告诉你它是否提供任何异常安全性保证。所有那些性质都由函数的实现决定，无关乎声明。

异常安全码（Exception-safe code）必须提供上述三种保证之一。如果它不这样做，它就不具备异常安全性。因此，我们的抉择是，该为我们所写的每一个函数提供哪一种保证？除非面对不具异常安全性的传统代码（我将在本条款末尾讨论那种情况），否则你应该只在一种情况下才不提供任何异常安全保证：你那“天才班”需求分析团队确认你的应用程序有“泄漏资源”并“在执行过程中带着败坏数据”的需要。

一般而言你应该会想提供可实施之最强烈保证。从异常安全性的观点视之，nothrow 函数很棒，但我们很难在 C part of C++ 领域中完全没有调用任何一个可能抛出异常的函数。任何使用动态内存的东西（例如所有 STL 容器）如果无法找到足

1 关于所谓“意想不到的函数”，请咨询你最常用的搜索引擎或广泛的 C++ 文件。搜寻 set_unexpected 或许会得到较好的结果；此函数用来指定那个“意想不到的函数”。

够内存以满足需求，通常便会抛出一个 bad_alloc 异常（见条款 49）。是的，可能的话请提供 nothrow 保证，但对大部分函数而言，抉择往往落在基本保证和强烈保证之间。

对 changeBackground 而言，提供强烈保证几乎不困难。首先改变 PrettyMenu 的 bgImage 成员变量的类型，从一个类型为 Image* 的内置指针改为一个“用于资源管理”的智能指针（见条款 13）。坦白说，这个好构想纯粹只是帮助我们防止资源泄漏。它对“强烈之异常安全保证”的帮助仅仅只是强化了条款 13 的论点：以对象（例如智能指针）管理资源是良好设计的根本。以下代码中我使用 tr1::shared_ptr，因为它比 auto_ptr 更直观的行为使它更受欢迎。

第二，我们重新排列 changeBackground 内的语句次序，使得在更换图像之后才累加 imageChanges。一般而言这是个好策略：不要为了表示某件事情发生而改变对象状态，除非那件事情真的发生了。

下面是结果：

```
class PrettyMenu {
    ...
    std::tr1::shared_ptr<Image> bgImage;
    ...
};
void PrettyMenu::changeBackground(std::istream& imgSrc)
{
    Lock ml(&mutex);
    bgImage.reset(new Image(imgSrc));  //以"new Image" 的执行结果
                                       //设定bgImage 内部指针
    ++imageChanges;
}
```

注意，这里不再需要手动 delete 旧图像，因为这个动作已经由智能指针内部处理掉了。此外，删除动作只发生在新图像被成功创建之后。更正确地说，tr1::shared_ptr::reset 函数只有在其参数（也就是 "new Image(imgSrc)" 的执行结果）被成功生成之后才会被调用。delete 只在 reset 函数内被使用，所以如果从未进入那个函数也就绝对不会使用 delete。也请注意，以对象（tr1::shared_ptr）管理资源（这里是动态分配而得的 Image）再次缩减了 changeBackground 的长度。

如我稍早所言，这两个改变几乎足够让 changeBackground 提供强烈的异常安全保证。美中不足的是参数 imgSrc。如果 Image 构造函数抛出异常，有可能输入流（input stream）的读取记号（read marker）已被移走，而这样的搬移对程序其余部分是一种可见的状态改变。所以 changeBackground 在解决这个问题之前只提供基本的异常安全保证。

然而，让我们把它放在一旁，佯装 changeBackground 的确提供了强烈保证（我有信心你可以想出个什么办法顺利过渡，或许你可以改变它的参数类型，从 istream 改为一个内含图像数据的文件名称）。有个一般化的设计策略很典型地会导致强烈保证，很值得熟悉它。这个策略被称为 copy and swap。原则很简单：为你打算修改的对象（原件）做出一份副本，然后在那副本身上做一切必要修改。若有任何修改动作抛出异常，原对象仍保持未改变状态。待所有改变都成功后，再将修改过的那个副本和原对象在一个不抛出异常的操作中置换（swap）。

实现上通常是将所有“隶属对象的数据”从原对象放进另一个对象内，然后赋予原对象一个指针，指向那个所谓的实现对象（implementation object，即副本）。这种手法常被称为 pimpl idiom，条款 31 详细描述了它。对 PrettyMenu 而言，典型写法如下：

```
struct PMImpl {                                //PMImpl = "PrettyMenu Impl";
    std::tr1::shared_ptr<Image> bgImage;       //稍后说明为什么它是个 struct
    int imageChanges;
};
class PrettyMenu {
    ...
private:
    Mutex mutex;
    std::tr1::shared_ptr<PMImpl> pImpl;
};
void PrettyMenu::changeBackground(std::istream& imgSrc)
{
    using std::swap;                           //见条款 25
    Lock ml(&mutex);                           //获得 mutex 的副本数据
    std::tr1::shared_ptr<PMImpl>
        pNew(new PMImpl(*pImpl));

    pNew->bgImage.reset(new Image(imgSrc));   //修改副本
    ++pNew->imageChanges;

    swap(pImpl, pNew);                         //置换（swap）数据，释放 mutex
}
```

此例之中我选择让 PMImpl 成为一个 struct 而不是一个 class，这是因为 PrettyMenu 的数据封装性已经由于"pImpl 是 private"而获得了保证。如果令 PMImpl 为一个 class，虽然一样好，有时候却不太方便（但也保持了面向对象纯度）。如果你要，也可以将 PMImpl 嵌套于 PrettyMenu 内，但打包问题（packaging，例如"独立撰写异常安全码"）是我们这里所挂虑的事。

"copy-and-swap" 策略是对对象状态做出"全有或全无"改变的一个很好办法，但一般而言它并不保证整个函数有强烈的异常安全性。为了解原因，让我们考虑 changeBackground 的一个抽象概念：someFunc。它使用 copy-and-swap 策略，但函数内还包括对另外两个函数 f1 和 f2 的调用：

```
void someFunc()
{
    ...                          //对 local 状态做一份副本
    f1();
    f2();
    ...                          //将修改后的状态置换过来
}
```

很显然，如果 f1 或 f2 的异常安全性比"强烈保证"低，就很难让 someFunc 成为"强烈异常安全"。举个例子，假设 f1 只提供基本保证，那么为了让 someFunc 提供强烈保证，我们必须写出代码获得调用 f1 之前的整个程序状态、捕捉 f1 的所有可能异常、然后恢复原状态。

如果 f1 和 f2 都是"强烈异常安全"，情况并不就此好转。毕竟如果 f1 圆满结束，程序状态在任何方面都可能有所改变，因此如果 f2 随后抛出异常，程序状态和 someFunc 被调用前并不相同，甚至当 f2 没有改变任何东西时也是如此。

问题出在"连带影响"（side effects）。如果函数只操作局部性状态（local state，例如 someFunc 只影响其"调用者对象"的状态），便相对容易地提供强烈保证。但是当函数对"非局部性数据"（non-local data）有连带影响时，提供强烈保证就困难得多。举个例子，如果调用 f1 带来的影响是某个数据库被改动了，那就很难让 someFunc 具备强烈安全性。一般而言在"数据库修改动作"送出之后，没有什么做法可以取消并恢复数据库旧观，因为数据库的其他客户可能已经看到了这一笔新数据。

这些议题想必会阻止你为函数提供强烈保证——即使你想那么做。另一个主题是效率。copy-and-swap 的关键在于“修改对象数据的副本，然后在一个不抛异常的函数中将修改后的数据和原件置换”，因此必须为每一个即将被改动的对象做出一个副本，那得耗用你可能无法（或无意愿）供应的时间和空间。是的，大家都希望提供“强烈保证”；当它可被实现时你的确应该提供它，但“强烈保证”并非在任何时刻都显得实际。

当“强烈保证”不切实际时，你就必须提供“基本保证”。现实中你或许会发现，你可以为某些函数提供强烈保证，但效率和复杂度带来的成本会使它对许多人而言摇摇欲坠。只要你曾经付出适当的心力试图提供强烈保证，万一实际不可行，使你退而求其次地只提供基本保证，任何人都不该因此责难你。对许多函数而言，“异常安全性之基本保证”是一个绝对通情达理的选择。

如果你写的函数完全不提供异常安全保证，情况又有点不同。因为他人可以合理假设你在这方面有缺失，直到你证明自己的清白。是的，你应当写出异常安全码。不过你也可能有令人信服的理由。再次考虑先前出现的那份调用函数 f1 和 f2 的 someFunc 实现代码。假设 f2 完全没有提供异常安全保证，甚至连基本保证都没有，那便意味一旦 f2 抛出异常，程序有可能在 f2 内泄漏资源。这意味 f2 可能败坏数据结构，例如带序数组（sorted arrays）可能不再处于排序状态下、从某数据结构搬移至另一数据结构的对象有可能遗失……等等。someFunc 没办法补偿那些问题。如果 someFunc 调用的函数没有提供任何异常安全保证，someFunc 自身也不可能提供任何保证。

这令我想到怀孕。一位女性若非怀孕，就是没怀孕。不可能说她“部分怀孕”。同样道理，一个软件系统要不就具备异常安全性，要不就全然否定，没有所谓的“局部异常安全系统”。如果系统内有一个（惟有一个）函数不具备异常安全性，整个系统就不具备异常安全性，因为调用那个（不具备异常安全性的）函数有可能导致资源泄漏或数据结构败坏。不幸的是许多老旧 C++ 代码并不具备异常安全性，所以今天许多系统仍然不能够说是“异常安全”的，因为它们并入了一些并非“异常安全”的代码。

没有理由让这种情况永垂不朽。当你撰写新码或修改旧码时，请仔细想想如何让它具备异常安全性。首先是“以对象管理资源”（条款 13），那可阻止资源泄漏。然后是挑选三个“异常安全保证”中的某一个实施于你所写的每一个函数身上。你应该挑选“现实可施作”条件下的最强烈等级，只有当你的函数调用了传统代码，才别无选择地将它设为“无任何保证”。将你的决定写成文档，这一来是为你的函数用户着想，二来是为将来的维护者着想。函数的“异常安全性保证”是其可见接口的一部分，所以你应该慎重选择，就像选择函数接口的其他任何部分一样。

四十年前，满载 goto 的代码被视为一种美好实践，而今我们却致力写出结构化控制流（structured control flows）。二十年前，全局数据（globally accessible data）被视为一种美好实践，而今我们却致力于数据的封装。十年前，撰写“未将异常考虑在内”的函数被视为一种美好实践，而今我们致力于写出“异常安全码”。

时间不断前进。我们与时俱进！

请记住

- 异常安全函数（Exception-safe functions）即使发生异常也不会泄漏资源或允许任何数据结构败坏。这样的函数区分为三种可能的保证：基本型、强烈型、不抛异常型。
- “强烈保证”往往能够以 copy-and-swap 实现出来，但“强烈保证”并非对所有函数都可实现或具备现实意义。
- 函数提供的“异常安全保证”通常最高只等于其所调用之各个函数的“异常安全保证”中的最弱者。

条款 30：透彻了解 inlining 的里里外外

Understand the ins and outs of inlining.

Inline 函数，多棒的点子！它们看起来像函数，动作像函数，比宏好得多（见条款 2），可以调用它们又不需蒙受函数调用所招致的额外开销。你还能要求更多吗？

你实际获得的比想到的还多，因为“免除函数调用成本”只是故事的一部分而已。编译器最优化机制通常被设计用来浓缩那些“不含函数调用”的代码，所以当你 inline 某个函数，或许编译器就因此有能力对它（函数本体）执行语境相关最优化。大部分编译器绝不会对着一个“outlined 函数调用”动作执行如此之最优化。

然而编写程序就像现实生活一样，没有白吃的午餐。inline 函数也不例外。inline 函数背后的整体观念是，将“对此函数的每一个调用”都以函数本体替换之。我想不需要统计学博士来告诉你，这样做可能增加你的目标码（object code）大小。在一台内存有限的机器上，过度热衷 inlining 会造成程序体积太大（对可用空间而言）。即使拥有虚内存，inline 造成的代码膨胀亦会导致额外的换页行为（paging），降低指令高速缓存装置的击中率（instruction cache hit rate），以及伴随这些而来的效率损失。

换个角度说，如果 inline 函数的本体很小，编译器针对“函数本体”所产出的码可能比针对“函数调用”所产出的码更小。果真如此，将函数 inlining 确实可能导致较小的目标码（object code）和较高的指令高速缓存装置击中率！

记住，inline 只是对编译器的一个申请，不是强制命令。这项申请可以隐喻提出，也可以明确提出。隐喻方式是将函数定义于 class 定义式内：

```
class Person {
public:
  ...
  int age() const { return theAge; }          //一个隐喻的 inline 申请：
  ...                                         //age 被定义于 class 定义式内。
private:
  int theAge;
};
```

这样的函数通常是成员函数，但条款 46 说 friend 函数也可被定义于 class 内，如果真是那样，它们也是被隐喻声明为 inline。

明确声明 inline 函数的做法则是在其定义式前加上关键字 inline。例如标准的 max template（来自<algorithm>）往往这样实现出来：

```
template<typename T>                                  //明确申请 inline：
inline const T& std::max(const T& a, const T& b)      //std::max 之前有
{ return a < b ? b : a; }                             //关键字"inline"
```

“max 是个 template”带出了一项观察结果：我们发现 inline 函数和 templates 两者通常都被定义于头文件内。这使得某些程序员以为 function templates 一定必须是 inline。这个结论不但无效而且可能有害，值得深入看一看。

Inline 函数通常一定被置于头文件内，因为大多数建置环境（build environments）在编译过程中进行 inlining，而为了将一个“函数调用”替换为“被调用函数的本体”，编译器必须知道那个函数长什么样子。某些建置环境可以在连接期完成 inlining，少量建置环境如基于 .NET CLI（Common Language Infrastructure；公共语言基础设施）的托管环境（managed environments）竟可在运行期完成 inlining。然而这样的环境毕竟是例外，不是通例。Inlining 在大多数 C++ 程序中是编译期行为。

Templates 通常也被置于头文件内，因为它一旦被使用，编译器为了将它具现化，需要知道它长什么样子。（这其实也不是世界一统的准则。某些建置环境可以在连接期才执行 template 具现化。只不过编译期完成具现化动作比较常见。）

Template 的具现化与 inlining 无关。如果你正在写一个 template 而你认为所有根据此 template 具现出来的函数都应该 inlined，请将此 template 声明为 `inline`；这就是上述 `std::max` 代码的作为。但如果你写的 template 没有理由要求它所具现的每一个函数都是 inlined，就应该避免将这个 template 声明为 inline（不论显式或隐式）。Inlining 需要成本，你不会想在没有事先考虑的情况下就招来那些成本吧。我已经提过 inlining 如何引发代码膨胀（这对 template 作者特别重要，见条款 44），但还存在其他成本，稍后再讨论。

现在让我们先结束“`inline` 是个申请，编译器可加以忽略”的观察。大部分编译器拒绝将太过复杂（例如带有循环或递归）的函数 inlining，而所有对 virtual 函数的调用（除非是最平淡无奇的）也都会使 inlining 落空。这不该令你惊讶，因为 `virtual` 意味“等待，直到运行期才确定调用哪个函数”，而 `inline` 意味“执行前，先将调用动作替换为被调用函数的本体”。如果编译器不知道该调用哪个函数，你就很难责备它们拒绝将函数本体 inlining。

这些叙述整合起来的意思就是：一个表面上看似 inline 的函数是否真是 inline，取决于你的建置环境，主要取决于编译器。幸运的是大多数编译器提供了一个诊断级别：如果它们无法将你要求的函数 inline 化，会给你一个警告信息（见条款 53）。

有时候虽然编译器有意愿 inlining 某个函数，还是可能为该函数生成一个函数本体。举个例子，如果程序要取某个 inline 函数的地址，编译器通常必须为此函数生成一个 outlined 函数本体。毕竟编译器哪有能力提出一个指针指向并不存在的函数呢？与此并提的是，编译器通常不对“通过函数指针而进行的调用”实施 inlining，这意味对 inline 函数的调用有可能被 inlined，也可能不被 inlined，取决于该调用的实施方式：

```
inline void f( ) {...} //假设编译器有意愿 inline“对 f 的调用”
void ( * pf )( ) = f;  //pf 指向 f
...
f( );                  //这个调用将被 inlined，因为它是一个正常调用。
pf();                  //这个调用或许不被 inlined，因为它通过函数指针达成。
```

即使你从未使用函数指针，“未被成功 inlined”的 inline 函数还是有可能缠住你，因为程序员并非唯一要求函数指针的人。有时候编译器会生成构造函数和析构函数的 outline 副本，如此一来它们就可以获得指针指向那些函数，在 array 内部元素的构造和析构过程中使用。

实际上构造函数和析构函数往往是 inlining 的糟糕候选人——虽然漫不经心的情况下你不会这么认为。考虑以下 Derived class 构造函数：

```
class Base {
public:
   ...
private:
   std::string bm1, bm2;           //base 成员 1 和 2
};
class Derived: public Base {
public:
   Derived() { }                   //Derived 构造函数是空的，哦，是吗？
   ...
private:
   std::string dm1, dm2, dm3;      //derived 成员 1-3
};
```

这个构造函数看起来是 inlining 的绝佳候选人，因为它根本不含任何代码。但是你的眼睛可能会欺骗你。

C++ 对于“对象被创建和被销毁时发生什么事”做了各式各样的保证。当你使用 new，动态创建的对象被其构造函数自动初始化；当你使用 delete，对应的析构函数会被调用。当你创建一个对象，其每一个 base class 及每一个成员变量都会被自动构造；当你销毁一个对象，反向程序的析构行为亦会自动发生。如果有个异常在对象构造期间被抛出，该对象已构造好的那一部分会被自动销毁。在这些情况中 C++ 描述了什么一定会发生，但没有说如何发生。“事情如何发生”是编译器实现者的权责，不过至少有一点很清楚，那就是它们不可能凭空发生。你的程序内一定有某些代码让那些事情发生，而那些代码——由编译器于编译期间代为产生并安插到你的程序中的代码——肯定存在于某个地方。有时候就放在你的构造函数和析构函数内，所以我们可以想象，编译器为稍早说的那个表面上看起来为空的 Derived 构造函数所产生的代码，相当于以下所列：

```
Derived::Derived()                    // "空白 Derived 构造函数"的观念性实现
{
    Base::Base();                              //初始化"Base 成分"
    try { dm1.std::string::string(); }         //试图构造 dm1。
    catch (...) {                              //如果抛出异常就
        Base::~Base();                         //销毁 base class 成分，并
        throw;                                 //传播该异常。
    }

    try { dm2.std::string::string(); }         //试图构造 dm2。
    catch(...) {                               //如果抛出异常就
        dm1.std::string::~string( );           //销毁 dm1，
        Base::~Base();                         //销毁 base class 成分，并
        throw;                                 //传播该异常。
    }

    try { dm3.std::string::string(); }         //试图构造 dm3。
    catch(...) {                               //如果抛出异常就
        dm2.std::string::~string( );           //销毁 dm2，
        dm1.std::string::~string( );           //销毁 dm1，
        Base::~Base();                         //销毁 base class 成分，并
        throw;                                 //传播该异常。
    }
}
```

这段代码并不能代表编译器真正制造出来的代码，因为真正的编译器会以更精致复杂的做法来处理异常。尽管如此，这已能准确反映 Derived 的空白构造函数必须提供的行为。不论编译器在其内所做的异常处理多么精致复杂，Derived 构造函数至少一定会陆续调用其成员变量和 base class 两者的构造函数，而那些调用（它们自身也可能被 inlined）会影响编译器是否对此空白函数 inlining。

相同理由也适用于 Base 构造函数，所以如果它被 inlined，所有替换"Base 构造函数调用"而插入的代码也都会被插入到"Derived 构造函数调用"内（因为 Derived 构造函数调用了 Base 构造函数）。如果 string 构造函数恰巧也被 inlined，Derived 构造函数将获得五份"string 构造函数代码"副本，每一份副本对应于 Derived 对象内的五个字符串（两个来自继承，三个来自自己的声明）之一。现在或许很清楚了，"是否将 Derived 构造函数 inline 化"并非是个轻松的决定。类似思考也适用于 Derived 析构函数，在那儿我们必须看到"被 Derived 构造函数初始化的所有对象"被一一销毁，无论以哪种方式进行。

程序库设计者必须评估“将函数声明为 inline”的冲击：inline 函数无法随着程序库的升级而升级。换句话说如果 `f` 是程序库内的一个 inline 函数，客户将“`f` 函数本体”编进其程序中，一旦程序库设计者决定改变 `f`，所有用到 `f` 的客户端程序都必须重新编译。这往往是大家不愿意见到的。然而如果 `f` 是 non-inline 函数，一旦它有任何修改，客户端只需重新连接就好，远比重新编译的负担少很多。如果程序库采取动态连接，升级版函数甚至可以不知不觉地被应用程序吸纳。

对程序开发而言，将上述所有考虑牢记在心很是重要，但若从纯粹实用观点出发，有一个事实比其他因素更重要：大部分调试器面对 inline 函数都束手无策。这对你应该不是太大的意外，毕竟你如何在一个并不存在的函数内设立断点（break point）呢？虽然某些建置环境勉力支持对 inlined 函数的调试，其他许多建置环境仅仅只能“在调试版程序中禁止发生 inlining”。

这使我们在决定哪些函数该被声明为 inline 而哪些函数不该时，掌握一个合乎逻辑的策略。一开始先不要将任何函数声明为 inline，或至少将 inlining 施行范围局限在那些“一定成为 inline”（见条款 46）或“十分平淡无奇”（例如 p.135 `Person::age`）的函数身上。慎重使用 inline 便是对日后使用调试器带来帮助，不过这么一来也等于把自己推向手工最优化之路。不要忘记 80-20 经验法则：平均而言一个程序往往将 80% 的执行时间花费在 20% 的代码上头。这是一个重要的法则，因为它提醒你，作为一个软件开发者，你的目标是找出这可以有效增进程序整体效率的 20% 代码，然后将它 inline 或竭尽所能地将它瘦身。但除非你选对目标，否则一切都是虚功。

请记住

- 将大多数 inlining 限制在小型、被频繁调用的函数身上。这可使日后的调试过程和二进制升级（binary upgradability）更容易，也可使潜在的代码膨胀问题最小化，使程序的速度提升机会最大化。
- 不要只因为 function templates 出现在头文件，就将它们声明为 inline。

条款 31：将文件间的编译依存关系降至最低

Minimize compilation dependencies between files.

假设你对 C++ 程序的某个 class 实现文件做了些轻微修改。注意，修改的不是 class 接口，而是实现，而且只改 private 成分。然后重新建置这个程序，并预计只花数秒就好。毕竟只有一个 class 被修改。你按下 "Build" 按钮或键入 make（或其他类似命令），然后大吃一惊，然后感到窘困，因为你意识到整个世界都被重新编译和连接了！当这种事情发生，难道你不气恼吗？

问题出在 C++ 并没有把“将接口从实现中分离”这事做得很好。Class 的定义式不只详细叙述了 class 接口，还包括十足的实现细目。例如：

```
class Person {
public:
   Person(const std::string& name, const Date& birthday,
          const Address& addr);
   std::string name() const;
   std::string birthDate() const;
   std::string address() const;
   ...
private:
   std::string theName;            //实现细目
   Date theBirthDate;              //实现细目
   Address theAddress;             //实现细目
};
```

这里的 class Person 无法通过编译——如果编译器没有取得其实现代码所用到的 classes string, Date 和 Address 的定义式。这样的定义式通常由 #include 指示符提供，所以 Person 定义文件的最上方很可能存在这样的东西：

```
#include <string>
#include "date.h"
#include "address.h"
```

不幸的是，这么一来便是在 Person 定义文件和其含入文件之间形成了一种编译依存关系（compilation dependency）。如果这些头文件中有任何一个被改变，或这些头文件所倚赖的其他头文件有任何改变，那么每一个含入 Person class 的文件就得重新编译，任何使用 Person class 的文件也必须重新编译。这样的连串编译依存关系（cascading compilation dependencies）会对许多项目造成难以形容的灾难。

你或许会奇怪，为什么 C++ 坚持将 class 的实现细目置于 class 定义式中？为什么不这样定义 Person，将实现细目分开叙述？

```
namespace std {
    class string;          //前置声明（不正确，详下）
}                          //
class Date;                //前置声明
class Address;             //前置声明
class Person {
public:
    Person(const std::string& name, const Date& birthday,
           const Address& addr);
    std::string name() const;
    std::string birthDate() const;
    std::string address() const;
    ...
};
```

如果可以那么做，Person 的客户就只需要在 Person 接口被修改过时才重新编译。

这个想法存在两个问题。第一，string 不是个 class，它是个 typedef（定义为 basic_string<char>）。因此上述针对 string 而做的前置声明并不正确；正确的前置声明比较复杂，因为涉及额外的 templates。然而那并不要紧，因为你本来就不该尝试手工声明一部分标准程序库。你应该仅仅使用适当的 #includes 完成目的。标准头文件不太可能成为编译瓶颈，特别是如果你的建置环境允许你使用预编译头文件（precompiled headers）。如果解析（parsing）标准头文件真的是个问题，你可能需要改变你的接口设计，避免使用标准程序库中“引发不受欢迎之 #includes”那一部分。

关于“前置声明每一件东西”的第二个（同时也是比较重要的）困难是，编译器必须在编译期间知道对象的大小。考虑这个：

```
int main()
{
    int x;                 //定义一个 int
    Person p( params );    //定义一个 Person
    ...
}
```

当编译器看到 x 的定义式，它知道必须分配多少内存（通常位于 stack 内）才够持有一个 int。没问题，每个编译器都知道一个 int 有多大。当编译器看到 p 的定义式，它也知道必须分配足够空间以放置一个 Person，但它如何知道一个 Person 对象有多大呢？编译器获得这项信息的唯一办法就是询问 class 定义式。然而如果 class 定义式可以合法地不列出实现细目，编译器如何知道该分配多少空间？

此问题在 Smalltalk, Jave 等语言上并不存在，因为当我们以那种语言定义对象时，编译器只分配足够空间给一个指针（用以指向该对象）使用。也就是说它们将上述代码视同这样子：

```
int main()
{
    int x;                  //定义一个 int
    Person* p;              //定义一个指针指向 Person 对象
    ...
}
```

这当然也是合法的 C++ 代码，所以你也可以自己玩玩“将对象实现细目隐藏于一个指针背后”的游戏。针对 Person 我们可以这样做：把 Person 分割为两个 classes，一个只提供接口，另一个负责实现该接口。如果负责实现的那个所谓 implementation class 取名为 PersonImpl，Person 将定义如下：

```
#include <string>          //标准程序库组件不该被前置声明。
#include <memory>          //此乃为了 tr1::shared_ptr 而含入；详后。

class PersonImpl;          //Person 实现类的前置声明。
class Date;                //Person 接口用到的 classes 的前置声明。
class Address;

class Person {
public:
    Person(const std::string& name, const Date& birthday,
           const Address& addr);
    std::string name() const;
    std::string birthDate() const;
    std::string address() const;
    ...
private:
    std::tr1::shared_ptr<PersonImpl> pImpl; //指针，指向实现物;
};                                          //std::tr1::shared_ptr 见条款 13.
```

在这里，main class（Person）只内含一个指针成员（这里使用 tr1::shared_ptr，见条款 13），指向其实现类（PersonImpl）。这般设计常被称为 pimpl idiom（pimpl

是 "pointer to implementation" 的缩写）。这种 classes 内的指针名称往往就是 `pImpl`，就像上面代码那样。

这样的设计之下，`Person` 的客户就完全与 `Dates`, `Addresses` 以及 `Persons` 的实现细目分离了。那些 classes 的任何实现修改都不需要 `Person` 客户端重新编译。此外由于客户无法看到 `Person` 的实现细目，也就不可能写出什么“取决于那些细目”的代码。这真正是“接口与实现分离”！

这个分离的关键在于以“声明的依存性”替换“定义的依存性”，那正是编译依存性最小化的本质：现实中让头文件尽可能自我满足，万一做不到，则让它与其他文件内的声明式（而非定义式）相依。其他每一件事都源自于这个简单的设计策略：

- **如果使用 object references 或 object pointers 可以完成任务，就不要使用 objects**。你可以只靠一个类型声明式就定义出指向该类型的 references 和 pointers；但如果定义某类型的 objects，就需要用到该类型的定义式。
- **如果能够，尽量以 class 声明式替换 class 定义式**。注意，当你声明一个函数而它用到某个 class 时，你并不需要该 class 的定义；纵使函数以 *by value* 方式传递该类型的参数（或返回值）亦然：

```
class Date;                            //class 声明式。
Date today();                          //没问题 — 这里并不需要
void clearAppointments(Date d);        // Date 的定义式。
```

  当然，*pass-by-value* 一般而言是个糟糕的主意（见条款 20），但如果你发现因为某种因素被迫使用它，并不能够就此为“非必要之编译依存关系”导入正当性。

  声明 `today` 函数和 `clearAppointments` 函数而无需定义 `Date`，这种能力可能会令你惊讶，但它并不是真的那么神奇。一旦任何人调用那些函数，调用之前 `Date` 定义式一定得先曝光才行。那么或许你会纳闷，何必费心声明一个没人调用的函数呢？嗯，并非没人调用，而是并非每个人都调用。假设你有一个函数库内含数百个函数声明，不太可能每个客户叫遍每一个函数。如果能够将“提供 class 定义式”（通过 `#include` 完成）的义务从“函数声明所在”之头文件移转到“内含函数调用”之客户文件，便可将“并非真正必要之类型定义”与客户端之间的编译依存性去除掉。

- **为声明式和定义式提供不同的头文件**。为了促进严守上述准则，需要两个头文件，一个用于声明式，一个用于定义式。当然，这些文件必须保持一致性，如果有个声明式被改变了，两个文件都得改变。因此程序库客户应该总是#include一个声明文件而非前置声明若干函数，程序库作者也应该提供这两个头文件。举个例子，Date 的客户如果希望声明 today 和 clearAppointments，他们不该像先前那样以手工方式前置声明 Date，而是应该 #include 适当的、内含声明式的头文件：

```
#include "datefwd.h"              //这个头文件内声明（但未定义）class Date。
Date today( );                    //同前。
void clearAppointments(Date d);
```

只含声明式的那个头文件名为 "datefwd.h"，命名方式取法 C++ 标准程序库头文件（见条款 54）的 <iosfwd>。<iosfwd>内含 iostream 各组件的声明式，其对应定义则分布在若干不同的头文件内，包括 <sstream>, <streambuf>, <fstream> 和 <iostream>。

<iosfwd> 深具启发意义的另一个原因是，它分外彰显“本条款适用于 templates 也适用于 non-templates”。虽然条款 30 说过，在许多建置环境（build environments）中 template 定义式通常被置于头文件内，但也有某些建置环境允许 template 定义式放在“非头文件”内，这么一来就可以将“只含声明式”的头文件提供给 templates。<iosfwd> 就是这样一份头文件。

C++ 也提供关键字 export，允许将 template 声明式和 template 定义式分割于不同的文件内。不幸的是支持这个关键字的编译器目前非常少，因此现实中使用这个关键字的经验也非常少。目前若要评论 export 在高效 C++ 编程中扮演什么角色，恐怕言之过早。

像 Person 这样使用 pimpl idiom 的 classes，往往被称为 Handle classes。也许你会纳闷，这样的 classes 如何真正做点事情。办法之一是将它们的所有函数转交给相应的实现类（implementation classes）并由后者完成实际工作。例如下面是 Person 两个成员函数的实现：

```
#include "Person.h"            //我们正在实现 Person class，
                               //所以必须#include 其 class 定义式。
```

```
#include "PersonImpl.h"      //我们也必须#include PersonImpl 的
                             //class 定义式，否则无法调用其成员函数；
                             //注意，PersonImpl 有着和 Person
                             //完全相同的成员函数，两者接口完全相同。
Person::Person(const std::string& name, const Date& birthday,
               const Address& addr)
  : pImpl(new PersonImpl(name, birthday, addr))
{}
std::string Person::name() const
{
  return pImpl->name( );
}
```

请注意，Person 构造函数以 new（见条款 16）调用 PersonImpl 构造函数，以及 Person::name 函数内调用 PersonImpl::name。这是重要的，让 Person 变成一个 Handle class 并不会改变它做的事，只会改变它做事的方法。

另一个制作 Handle class 的办法是，令 Person 成为一种特殊的 abstract base class（抽象基类），称为 Interface class。这种 class 的目的是详细一一描述 derived classes 的接口（见条款 34），因此它通常不带成员变量，也没有构造函数，只有一个 virtual 析构函数（见条款 7）以及一组 pure virtual 函数，用来叙述整个接口。

Interface classes 类似 Java 和 .NET 的 Interfaces，但 C++ 的 Interface classes 并不需要负担 Java 和 .NET 的 Interface 所需负担的责任。举个例子，Java 和 .NET 都不允许在 Interfaces 内实现成员变量或成员函数，但 C++ 不禁止这两样东西。C++ 这种更为巨大的弹性有其用途，因为一如条款 36 所言，“non-virtual 函数的实现”对继承体系内所有 classes 都应该相同，所以将此等函数实现为 Interface class（其中写有相应声明）的一部分也是合理的。

一个针对 Person 而写的 Interface class 或许看起来像这样：

```
class Person {
public:
   virtual ~Person();
   virtual std::string name() const = 0;
   virtual std::string birthDate() const = 0;
   virtual std::string address() const = 0;
   ...
};
```

这个 class 的客户必须以 Person 的 pointers 和 references 来撰写应用程序，因为它不可能针对“内含 pure virtual 函数”的 Person classes 具现出实体。（然而却有可能对派生自 Person 的 classes 具现出实体，详下。）就像 Handle classes 的客户一样，除非 Interface class 的接口被修改否则其客户不需重新编译。

Interface class 的客户必须有办法为这种 class 创建新对象。他们通常调用一个特殊函数，此函数扮演“真正将被具现化”的那个 derived classes 的构造函数角色。这样的函数通常称为 factory（工厂）函数（见条款 13）或 virtual 构造函数。它们返回指针（或更为可取的智能指针，见条款 18），指向动态分配所得对象，而该对象支持 Interface class 的接口。这样的函数又往往在 Interface class 内被声明为 static:

```
class Person {
public:
  ...
  static std::tr1::shared_ptr<Person> //返回一个 tr1::shared_ptr，指向
    create(const std::string& name,   //一个新的 Person，并以给定之参数
           const Date& birthday,      //初始化。条款 18 告诉你
           const Address& addr);      //为什么返回的是 tr1::shared_ptr
  ...
};
```

客户会这样使用它们：

```
std::string name;
Date dateOfBirth;
Address address;
...
//创建一个对象，支持 Person 接口
std::tr1::shared_ptr<Person> pp(Person::create(name, dateOfBirth,
                                               address));
...
std::cout << pp->name()                  //通过 Person 的接口使用这个对象
          << " was born on "
          << pp->birthDate()
          << " and now lives at "
          << pp->address( );
...                                      //当 pp 离开作用域，
                                         //对象会被自动删除，
                                         //见条款 13。
```

当然，支持 Interface class 接口的那个具象类（concrete classes）必须被定义出来，而且真正的构造函数必须被调用。一切都在 virtual 构造函数实现码所在的文件

内秘密发生。假设 Interface class Person 有个具象的 derived class RealPerson，后者提供继承而来的 virtual 函数的实现：

```
class RealPerson: public Person {
public:
   RealPerson(const std::string& name, const Date& birthday,
              const Address& addr)
     : theName(name), theBirthDate(birthday), theAddress(addr)
     {}

   virtual ~RealPerson() { }
   std::string name() const;          //这些函数的实现码并不显示于此，
   std::string birthDate() const;     //但它们很容易想象。
   std::string address() const;

private:
   std::string theName;
   Date theBirthDate;
   Address theAddress;
};
```

有了 RealPerson 之后，写出 Person::create 就真的一点也不稀奇了：

```
std::tr1::shared_ptr<Person> Person::create(const std::string& name,
                                            const Date& birthday,
                                            const Address& addr)
{
   return
     std::tr1::shared_ptr<Person>(new RealPerson(name, birthday,
                                                  addr));
}
```

一个更现实的 Person::create 实现代码会创建不同类型的 derived class 对象，取决于诸如额外参数值、读自文件或数据库的数据、环境变量等等。

RealPerson 示范实现 Interface class 的两个最常见机制之一：从 Interface class（Person）继承接口规格，然后实现出接口所覆盖的函数。Interface class 的第二个实现法涉及多重继承，那是条款 40 探索的主题。

Handle classes 和 Interface classes 解除了接口和实现之间的耦合关系，从而降低文件间的编译依存性（compilation dependencies）。如果你是犬儒学派（译注：犬儒学派希望过一种符合自然的简朴生活，摈弃一切社会习俗和人为引导的种种欲望），我知道你正等着我有义务给出的旁注。“所有这些戏法得付出多少代价？”你咕哝着。答案是计算器科学中通常需要付出的那些：它使你在运行期丧失若干速度，又让你为每个对象超额付出若干内存。

在 Handle classes 身上，成员函数必须通过 implementation pointer 取得对象数据。那会为每一次访问增加一层间接性。而每一个对象消耗的内存数量必须增加 implementation pointer 的大小。最后，implementation pointer 必须初始化（在 Handle class 构造函数内），指向一个动态分配得来的 implementation object，所以你将蒙受因动态内存分配（及其后的释放动作）而来的额外开销，以及遭遇 `bad_alloc` 异常（内存不足）的可能性。

至于 Interface classes，由于每个函数都是 virtual，所以你必须为每次函数调用付出一个间接跳跃（indirect jump）成本（见条款 7）。此外 Interface class 派生的对象必须内含一个 vptr（virtual table pointer，再次见条款 7），这个指针可能会增加存放对象所需的内存数量——实际取决于这个对象除了 Interface class 之外是否还有其他 virtual 函数来源。

最后，不论 Handle classes 或 Interface classes，一旦脱离 inline 函数都无法有太大作为。条款 30 解释过为什么函数本体为了被 inlined 必须（很典型地）置于头文件内，但 Handle classes 和 Interface classes 正是特别被设计用来隐藏实现细节如函数本体。

然而，如果只因为若干额外成本便不考虑 Handle classes 和 Interface classes，将是严重的错误。Virtual 函数不也带来成本吗？你并不会想要弃绝它们对不对？（如果是的话，那你读错书了。）你应该考虑以渐进方式使用这些技术。在程序发展过程中使用 Handle classes 和 Interface classes 以求实现码有所变化时对其客户带来最小冲击。而当它们导致速度和/或大小差异过于重大以至于 classes 之间的耦合相形之下不成为关键时，就以具象类（concrete classes）替换 Handle classes 和 Interface classes。

请记住

- 支持“编译依存性最小化”的一般构想是：相依于声明式，不要相依于定义式。基于此构想的两个手段是 Handle classes 和 Interface classes。
- 程序库头文件应该以“完全且仅有声明式”（full and declaration-only forms）的形式存在。这种做法不论是否涉及 templates 都适用。

6

继承与面向对象设计

Inheritance and Object-Oriented Design

面向对象编程（OOP）几乎已经风靡两个年代了，所以关于继承、派生、virtual 函数等等，可能你已经有了一些经验。纵使你过去只以 C 编写程序，如今肯定也无法逃脱 OOP 的笼罩。

尽管如此，C++ 的 OOP 有可能和你原本习惯的 OOP 稍有不同："继承"可以是单一继承或多重继承，每一个继承连接（link）可以是 public, protected 或 private，也可以是 virtual 或 non-virtual。然后是成员函数的各个选项：virtual？non-virtual？pure virtual？以及成员函数和其他语言特性的交互影响：缺省参数值与 virtual 函数有什么交互影响？继承如何影响 C++ 的名称查找规则？设计选项有哪些？如果 class 的行为需要修改，virtual 函数是最佳选择吗？

本章对这些题目全面宣战。此外我也解释 C++ 各种不同特性的真正意义，也就是当你使用某个特定构件你真正想要表达的意思。例如"public 继承"意味 "is-a"，如果你尝试让它带着其他意义，你会惹祸上身。同样道理，virtual 函数意味"接口必须被继承"，non-virtual 函数意味"接口和实现都必须被继承"。如果不能区分这些意义，会造成 C++ 程序员大量的苦恼。

如果你了解 C++ 各种特性的意义，你会发现，你对 OOP 的看法改变了。它不再是一项用来划分语言特性的仪典，而是可以让你通过它说出你对软件系统的想法。一旦你知道该通过它说些什么，移转至 C++ 世界也就不再是可怕的高要求了。

条款 32：确定你的 public 继承塑模出 **is-a** 关系

Make sure public inheritance models "is-a."

在《*Some Must Watch While Some Must Sleep*》（W. H. Freeman and Company, 1974）这本书中，作者 William Dement 说了一个故事，谈到他曾经试图让学生记下课程中最重要的一些教导。书上说，他告诉他的班级，一般英国学生对于发生在 1066 年的黑斯廷斯（Hastings）战役所知不多。如果有学生记得多一些，Dement 强调，无非也只是记得 1066 这个数字而已。然后 Dement 继续其课程，其中只有少数重要信息，包括“安眠药反而造成失眠症”这类有趣的事情。他一再要求学生，纵使忘了课程中的其他每一件事，也要记住这些数量不多的重要事情。Dement 在整个学期中不断耳提面命这样的话。

课程结束后，期末考的最后一道题目是：“写下你从本课程获得的一件永生不忘的事”。当 Dement 批改试卷，他目瞪口呆。几乎每一个人都写下 "1066"。

这就是为什么现在我要戒慎恐惧地对你声明，以 C++ 进行面向对象编程，最重要的一个规则是：public inheritance（公开继承）意味 "is-a"（是一种）的关系。把这个规则牢牢地烙印在你的心中吧！

如果你令 class `D`（"Derived"）以 public 形式继承 class `B`（"Base"），你便是告诉 C++ 编译器（以及你的代码读者）说，每一个类型为 `D` 的对象同时也是一个类型为 `B` 的对象，反之不成立。你的意思是 `B` 比 `D` 表现出更一般化的概念，而 `D` 比 `B` 表现出更特殊化的概念。你主张“`B` 对象可派上用场的任何地方，`D` 对象一样可以派上用场”（译注：此即所谓 Liskov Substitution Principle），因为每一个 `D` 对象都是一种（是一个）`B` 对象。反之如果你需要一个 `D` 对象，`B` 对象无法效劳，因为虽然每个 `D` 对象都是一个 `B` 对象，反之并不成立。

C++ 对于“public 继承”严格奉行上述见解。考虑以下例子：

```
class Person { ... };
class Student: public Person { ... };
```

根据生活经验我们知道，每个学生都是人，但并非每个人都是学生。这便是这个继承体系的主张。我们预期，对人可以成立的每一件事——例如每个人都有生日——对学生也都成立。但我们并不预期对学生可成立的每一件事——例如他或她注册于某所学校——对人也成立。人的概念比学生更一般化，学生是人的一种特殊形式。

于是，承上所述，在 C++ 领域中，任何函数如果期望获得一个类型为 Person（或 pointer-to-Person 或 reference-to-Person）的实参，都也愿意接受一个 Student 对象（或 pointer-to-Student 或 reference-to-Student）：

```
void eat(const Person& p);          //任何人都会吃
void study(const Student& s);       //只有学生才到校学习
Person p;                           //p 是人
Student s;                          //s 是学生
eat(p);                             //没问题，p 是人
eat(s);                             //没问题，s 是学生，而学生也是（is-a）人
study(s);                           //没问题，s 是个学生
study(p);                           //错误！p 不是个学生
```

这个论点只对 public 继承才成立。只有当 Student 以 public 形式继承 Person，C++的行为才会如我所描述。private 继承的意义与此完全不同（见条款 39），至于 protected 继承，那是一种其意义至今仍然困惑我的东西。

public 继承和 **is-a** 之间的等价关系听起来颇为简单，但有时候你的直觉可能会误导你。举个例子，企鹅（penguin）是一种鸟，这是事实。鸟可以飞，这也是事实。如果我们天真地以 C++ 描述这层关系，结果如下：

```
class Bird {
public:
   virtual void fly();              //鸟可以飞
   ...
};
class Penguin: public Bird {        //企鹅是一种鸟
   ...
};
```

突然间我们遇上了乱流，因为这个继承体系说企鹅可以飞，而我们知道那不是真的。怎么回事？

在这个例子中，我们成了不严谨语言（英语）下的牺牲品。当我们说鸟会飞的时候，我们真正的意思并不是说所有的鸟都会飞，我们要说的只是一般的鸟都有飞行能力。如果谨慎一点，我们应该承认一个事实：有数种鸟不会飞。我们来到以下

继承关系，它塑模出较佳的真实性：

```
class Bird {
   ...                                    //没有声明 fly 函数
};

class FlyingBird: public Bird {
public:
   virtual void fly();
   ...
};

class Penguin: public Bird {
   ...                                    //没有声明 fly 函数
};
```

这样的继承体系比原先的设计更能忠实反映我们真正的意思。

即便如此，此刻我们仍然未能完全处理好这些鸟事，因为对某些软件系统而言，可能不需要区分会飞的鸟和不会飞的鸟。如果你的程序忙着处理鸟喙和鸟翅，完全不在乎飞行，原先的“双 classes 继承体系”或许就相当令人满足了。这反映出一个事实，世界上并不存在一个“适用于所有软件”的完美设计。所谓最佳设计，取决于系统希望做什么事，包括现在与未来。如果你的程序对飞行一无所知，而且也不打算未来对飞行“有所知”，那么不去区分会飞的鸟和不会飞的鸟，不失为一个完美而有效的设计。实际上它可能比“对两者做出区隔”更受欢迎，因为这样的区隔在你企图塑模的世界中并不存在。

另有一种思想派别处理我所谓“所有的鸟都会飞，企鹅是鸟，但是企鹅不会飞，喔欧”的问题，就是为企鹅重新定义 fly 函数，令它产生一个运行期错误：

```
void error(const std::string& msg); //定义于另外某处
class Penguin: public Bird {
public:
   virtual void fly() { error("Attempt to make a penguin fly!"); }
   ...
};
```

很重要的是，你必须认知这里所说的某些东西可能和你所想的不同。这里并不是说“企鹅不会飞”，而是说“企鹅会飞，但尝试那么做是一种错误”。

如何描述其间的差异？从错误被侦测出来的时间点观之，“企鹅不会飞”这一限制可由编译期强制实施，但若违反“企鹅尝试飞行，是一种错误”这一条规则，只有运行期才能检测出来。

为了表现“企鹅不会飞，就这样”的限制，你不可以为 Penguin 定义 fly 函数：

```
class Bird {
  ...                                  //没有声明 fly 函数
};
class Penguin: public Bird {
  ...                                  //没有声明 fly 函数
};
```

现在，如果你试图让企鹅飞，编译器会对你的背信加以谴责：

```
Penguin p;
p.fly();                               //错误！
```

这和采取“令程序于运行期发生错误”的解法极为不同。若以那种做法，编译器不会对 p.fly 调用式发出任何抱怨。条款 18 说过：好的接口可以防止无效的代码通过编译，因此你应该宁可采取“在编译期拒绝企鹅飞行”的设计，而不是“只在运行期才能侦测它们”的设计。

或许你承认你对鸟类缺乏直觉，但基础几何学得不错。喔，是吗？那么我请问，正方形和矩形之间可能有多么复杂？

好，请回答这个简单的问题：class Square 应该以 public 形式继承 class Rectangle 吗？

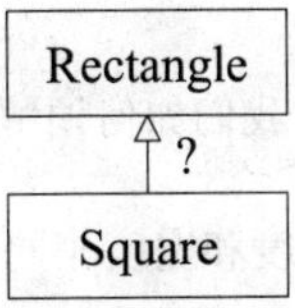

"咄！"你说，"当然应该如此！每个人都知道正方形是一种矩形，反之则不一定"，这是真理，至少学校是这么教的。但是我不认为我们还在象牙塔内。

考虑这段代码：

```
class Rectangle {
public:
   virtual void setHeight(int newHeight);
   virtual void setWidth(int newWidth);
   virtual int height( ) const;          //返回当前值
   virtual int width() const;
   ...
};

void makeBigger(Rectangle& r)            //这个函数用以增加 r 的面积
{
   int oldHeight = r.height( );
   r.setWidth(r.width() + 10);           //为 r 的宽度加 10
   assert(r.height( ) == oldHeight);     //判断 r 的高度是否未曾改变
}
```

显然，上述的 assert 结果永远为真。因为 makeBigger 只改变 r 的宽度；r 的高度从未被更改。

现在考虑这段代码，其中使用 public 继承，允许正方形被视为一种矩形：

```
class Square: public Rectangle { ... };
Square s;
...
assert(s.width() == s.height());         //这对所有正方形一定为真。
makeBigger(s);                           //由于继承，s 是一种（is-a）矩形，
                                         //所以我们可以增加其面积。
assert(s.width() == s.height());         //对所有正方形应该仍然为真。
```

这也很明显，第二个 assert 结果也应该永远为真。因为根据定义，正方形的宽度和其高度相同。

但现在我们遇上了一个问题。我们如何调解下面各个 assert 判断式：

- 调用 makeBigger 之前，s 的高度和宽度相同；
- 在 makeBigger 函数内，s 的宽度改变，但高度不变；

■ makeBigger 返回之后，s 的高度再度和其宽度相同。（注意 s 是以 *by reference* 方式传给 makeBigger，所以 makeBigger 修改的是 s 自身，不是 s 的副本。）

怎么样？

欢迎来到“public 继承”的精彩世界。你在其他领域（包括数学）学习而得的直觉，在这里恐怕无法如预期般地帮助你。本例的根本困难是，某些可施行于矩形身上的事情（例如宽度可独立于其高度被外界修改）却不可施行于正方形身上（宽度总是应该和高度一样）。但是 public 继承主张，能够施行于 base class 对象身上的每件事情，每件事情唷，也可以施行于 derived class 对象身上。在正方形和矩形例子中（另一个类似例子是条款 38 的 sets 和 lists），那样的主张无法保持，所以以 public 继承塑模它们之间的关系并不正确。编译器会让你通过，但是一如我们所见，这并不保证程序的行为正确。就像每一位程序员一定学过的（某些人也许比其他人更常学到）：代码通过编译并不表示就可以正确运作。

不要因为你发展经年的软件直觉在与面向对象观念打交道的过程中失去效用，便心慌意乱起来。那些知识还是有价值的，但现在你已经为你的“设计”军械库加上继承（inheritance）这门大炮，你也必须为你的直觉添加新的洞察力，以便引导你适当运用“继承”这一支神兵利器。当有一天有人展示一个长达数页的函数给你看，你终将回忆起“令 Penguin 继承 Bird，或是令 Square 继承 Rectangle”的概念和趣味；这样的继承有可能接近事实真象，但也有可能不。

is-a 并非是唯一存在于 classes 之间的关系。另两个常见的关系是 **has-a**（有一个）和 **is-implemented-in-terms-of**（根据某物实现出）。这些关系将在条款 38 和 39 讨论。将上述这些重要的相互关系中的任何一个误塑为 **is-a** 而造成的错误设计，在 C++ 中并不罕见，所以你应该确定你确实了解这些个“classes 相互关系”之间的差异，并知道如何在 C++ 中最好地塑造它们。

请记住

■ “public 继承”意味 **is-a**。适用于 base classes 身上的每一件事情一定也适用于 derived classes 身上，因为每一个 derived class 对象也都是一个 base class 对象。

条款 33：避免遮掩继承而来的名称

Avoid hiding inherited names.

关于“名称”，莎士比亚说过这样一句话：“名称是什么呢？”他问，“一朵玫瑰叫任何名字还是一样芬芳。”吟游诗人也写过这样的话：“偷了我的好名字的人呀……害我变得好可怜。”完全正确。这把我们引到了 C++“继承而来的名称”。

这个题材和继承其实无关，而是和作用域（scopes）有关。我们都知道在诸如这般的代码中：

```
int x;                          //global 变量
void someFunc()
{
    double x;                   //local 变量
    std::cin >> x;              //读一个新值赋予 local 变量 x
}
```

这个读取数据的语句指涉的是 local 变量 x，而不是 global 变量 x，因为内层作用域的名称会遮掩（遮蔽）外围作用域的名称。我们可以这样看本例的作用域形势：

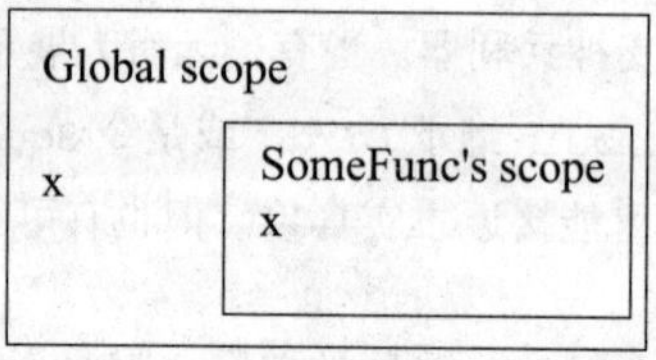

当编译器处于 someFunc 的作用域内并遭遇名称 x 时，它在 local 作用域内查找是否有什么东西带着这个名称。如果找到就不再找其他作用域。本例的 someFunc 的 x 是 double 类型而 global x 是 int 类型，但那不要紧。C++ 的名称遮掩规则（name-hiding rules）所做的唯一事情就是：遮掩名称。至于名称是否应和相同或不同的类型，并不重要。本例中一个名为 x 的 double 遮掩了一个名为 x 的 int。

现在导入继承。我们知道，当位于一个 derived class 成员函数内指涉（*refer to*）base class 内的某物（也许是个成员函数、typedef、或成员变量）时，编译器可以找出我们所指涉的东西，因为 derived classes 继承了声明于 base classes 内的所有东西。实际运作方式是，derived class 作用域被嵌套在 base class 作用域内，像这样：

```
class Base {
private:
    int x;
public:
    virtual void mf1() = 0;
    virtual void mf2();
    void mf3();
    ...
};
class Derived: public Base {
public:
    virtual void mf1();
    void mf4();
    ...
};
```

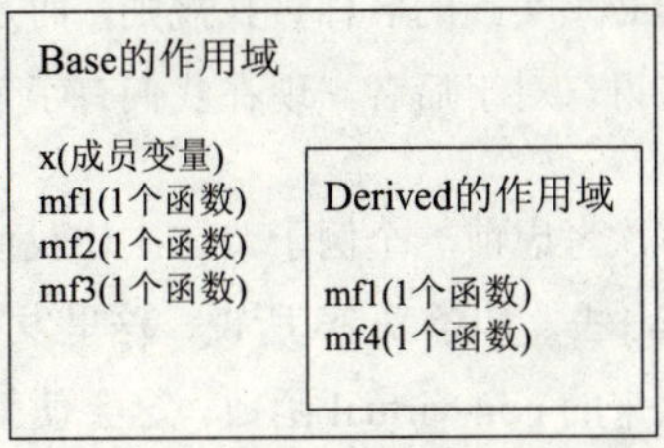

此例内含一组混合了 public 和 private 名称，以及一组成员变量和成员函数名称。这些成员函数包括 pure virtual, impure virtual 和 non-virtual 三种，这是为了强调我们谈的是名称，和其他无关。这个例子也可以加入各种名称类型，例如 enums, nested classes 和 typedefs。整个讨论中唯一重要的是这些东西的名称，至于这些东西是什么并不重要。本例使用单一继承，然而一旦了解单一继承下发生的事，很容易就可以推想 C++ 在多重继承下的行为。

假设 derived class 内的 mf4 的实现码部分像这样：

```
void Derived::mf4( )
{
    ...
    mf2();
    ...
}
```

当编译器看到这里使用名称 mf2，必须估算它指涉（*refer to*）什么东西。编译器的做法是查找各作用域，看看有没有某个名为 mf2 的声明式。首先查找 local 作用域（也就是 mf4 覆盖的作用域），在那儿没找到任何东西名为 mf2。于是查找其外围作用域，也就是 class Derived 覆盖的作用域。还是没找到任何东西名为 mf2，于是再往外围移动，本例为 base class。在那儿编译器找到一个名为 mf2 的东西了，于是停止查找。如果 Base 内还是没有 mf2，查找动作便继续下去，首先找内含 Base 的那个 namespace(s) 的作用域（如果有的话），最后往 global 作用域找去。

刚才我描述的程序虽然精确，但范围不够广。我们的目标并不是为了知道撰写编译器必须实践的名称查找规则，而是希望知道足够的信息，用以避免发生让人不快的惊讶。对于后者，现在我们有了丰富的信息。

再次考虑前一个例子，这次让我们重载 mf1 和 mf3，并且添加一个新版 mf3 到 Derived 去。如条款 36 所说，这里发生的事情是：Derived 重载了 mf3，那是一个继承而来的 non-virtual 函数。这会使整个设计立刻显得疑云重重，但为了充分认识继承体系内的“名称可视性”，我们暂时安之若素。

```
class Base {
private:
    int x;
public:
    virtual void mf1() = 0;
    virtual void mf1(int);
    virtual void mf2();
    void mf3();
    void mf3(double);
    ...
};
class Derived: public Base {
public:
    virtual void mf1();
    void mf3();
    void mf4();
    ...
};
```

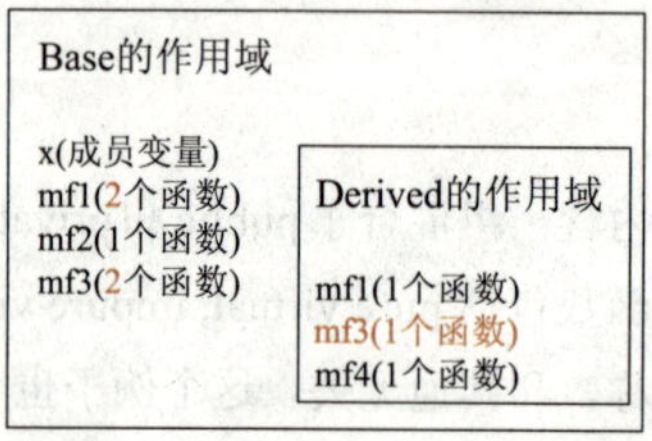

这段代码带来的行为会让每一位第一次面对它的 C++ 程序员大吃一惊。以作用域为基础的“名称遮掩规则”并没有改变，因此 base class 内所有名为 mf1 和 mf3 的函数都被 derived class 内的 mf1 和 mf3 函数遮掩掉了。从名称查找观点来看，Base::mf1 和 Base::mf3 不再被 Derived 继承！

```
Derived d;
int x;
...
d.mf1();                //没问题，调用 Derived::mf1
d.mf1(x);               //错误！因为 Derived::mf1 遮掩了 Base::mf1
d.mf2();                //没问题，调用 Base::mf2
d.mf3();                //没问题，调用 Derived::mf3
d.mf3(x);               //错误！因为 Derived::mf3 遮掩了 Base::mf3
```

如你所见，上述规则都适用，即使 base classes 和 derived classes 内的函数有不同的参数类型也适用，而且不论函数是 virtual 或 non-virtual 一体适用。这和本条款一开始展示的道理相同，当时函数 someFunc 内的 double x 遮掩了 global 作用域内的 int x，如今 Derived 内的函数 mf3 遮掩了一个名为 mf3 但类型不同的 Base 函数。

这些行为背后的基本理由是为了防止你在程序库或应用框架（application framework）内建立新的 derived class 时附带地从疏远的 base classes 继承重载函数。不幸的是你通常会想继承重载函数。实际上如果你正在使用 public 继承而又不继承那些重载函数，就是违反 base 和 derived classes 之间的 **is-a** 关系，而条款 32 说过 **is-a** 是 public 继承的基石。因此你几乎总会想要推翻（override）C++ 对“继承而来的名称”的缺省遮掩行为。

你可以使用 using 声明式达成目标：

```
class Base {
private:
  int x;
public:
  virtual void mf1() = 0;
  virtual void mf1(int);
  virtual void mf2();
  void mf3();
  void mf3(double);
  ...
};
```

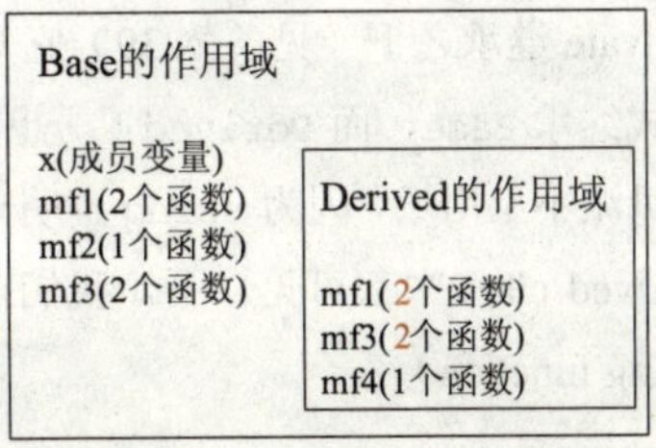


```
class Derived: public Base {
public:
   using Base::mf1;      //让 Base class 内名为 mf1 和 mf3 的所有东西
   using Base::mf3;      //在 Derived 作用域内都可见（并且 public）
   virtual void mf1();
   void mf3();
   void mf4();
   ...
};
```

现在，继承机制将一如往昔地运作：

```
Derived d;
int x;
...
d.mf1();        //仍然没问题，仍然调用 Derived::mf1
d.mf1(x);       //现在没问题了，调用 Base::mf1
d.mf2();        //仍然没问题，仍然调用 Base::mf2
d.mf3();        //没问题，调用 Derived::mf3
d.mf3(x);       //现在没问题了，调用 Base::mf3
```

这意味如果你继承 base class 并加上重载函数，而你又希望重新定义或覆写（推翻）其中一部分，那么你必须为那些原本会被遮掩的每个名称引入一个 using 声明式，否则某些你希望继承的名称会被遮掩。

有时候你并不想继承 base classes 的所有函数，这是可以理解的。在 public 继承下，这绝对不可能发生，因为它违反了 public 继承所暗示的“base 和 derived classes 之间的 **is-a** 关系”。（这也就是为什么上述 using 声明式被放在 derived class 的 public 区域的原因：base class 内的 public 名称在 publicly derived class 内也应该是 public。）然而在 private 继承之下（见条款 39）它却可能是有意义的。例如假设 Derived 以 private 形式继承 Base，而 Derived 唯一想继承的 mf1 是那个无参数版本。using 声明式在这里派不上用场，因为 using 声明式会令继承而来的某给定名称之所有同名函数在 derived class 中都可见。不，我们需要不同的技术，即一个简单的转交函数（forwarding function）：

```
class Base {
public:
   virtual void mf1() = 0;
   virtual void mf1(int);
   ...                       //与前同
};
class Derived: private Base {
public:
   virtual void mf1()   //转交函数（forwarding function）；
   { Base::mf1( ); }    //暗自成为 inline（见条款 30）
   ...
};
...
Derived d;
int x;
d.mf1();                     //很好，调用的是 Derived::mf1
d.mf1(x);                    //错误！Base::mf1()被遮掩了
```

inline 转交函数（forwarding function）的另一个用途是为那些不支持 using 声明式（注：这并非正确行为）的老旧编译器另辟一条新路，将继承而得的名称汇入 derived class 作用域内。

这就是继承和名称遮掩的完整故事。但是当继承结合 templates，我们又将面对“继承名称被遮掩”的一个全然不同的形式。关于“以角括号定界”的所有东西，详见条款 43。

请记住

- derived classes 内的名称会遮掩 base classes 内的名称。在 public 继承下从来没有人希望如此。
- 为了让被遮掩的名称再见天日，可使用 using 声明式或转交函数（forwarding functions）。

条款 34：区分接口继承和实现继承

Differentiate between inheritance of interface and inheritance of implementation.

表面上直截了当的 public 继承概念，经过更严密的检查之后，发现它由两部分组成：函数接口（function interfaces）继承和函数实现（function implementations）继承。这两种继承的差异，很像本书导读所讨论的函数声明与函数定义之间的差异。

身为 class 设计者，有时候你会希望 derived classes 只继承成员函数的接口（也就是声明）；有时候你又会希望 derived classes 同时继承函数的接口和实现，但又希望能够覆写（*override*）它们所继承的实现；又有时候你希望 derived classes 同时继承函数的接口和实现，并且不允许覆写任何东西。

为了更好地感觉上述选择之间的差异，让我们考虑一个展现绘图程序中各种几何形状的 class 继承体系：

```
class Shape {
public:
    virtual void draw( ) const = 0;
    virtual void error(const std::string& msg);
    int objectID( ) const;
    ...
};

class Rectangle: public Shape { ... };
class Ellipse: public Shape { ... };
```

Shape 是个抽象 class；它的 pure virtual 函数 draw 使它成为一个抽象 class。所以客户不能够创建 Shape class 的实体，只能创建其 derived classes 的实体。尽管如此，Shape 还是强烈影响了所有以 public 形式继承它的 derived classes，因为：

- 成员函数的接口总是会被继承。一如条款 32 所说，public 继承意味 **is-a**（是一种），所以对 base class 为真的任何事情一定也对其 derived classes 为真。因此如果某个函数可施行于某 class 身上，一定也可施行于其 derived classes 身上。

Shape class 声明了三个函数。第一个是 draw，于某个隐喻的视屏中画出当前对象。第二个是 error，准备让那些“需要报导某个错误”的成员函数调用。第三个是 objectID，返回当前对象的一个独一无二的整数识别码。每个函数的声明方式都不相同：draw 是个 pure virtual 函数；error 是个简朴的（非纯）impure virtual 函数；objectID 是个 non-virtual 函数。这些不同的声明带来什么样的暗示呢？

首先考虑 pure virtual 函数 draw：

```
class Shape {
public:
   virtual void draw( ) const = 0;
   ...
};
```

pure virtual 函数有两个最突出的特性：它们必须被任何“继承了它们”的具象 class 重新声明，而且它们在抽象 class 中通常没有定义。把这两个性质摆在一起，你就会明白：

- 声明一个 pure virtual 函数的目的是为了让 derived classes 只继承函数接口。

这对 Shape::draw 函数是再合理不过的事了，因为所有 Shape 对象都应该是可绘出的，这是合理的要求。但 Shape class 无法为此函数提供合理的缺省实现，毕竟椭圆形绘法迥异于矩形绘法。Shape::draw 的声明式乃是对具象 derived classes 设计者说，“你必须提供一个 draw 函数，但我不干涉你怎么实现它。”

令人意外的是，我们竟然可以为 pure virtual 函数提供定义。也就是说你可以为 Shape::draw 供应一份实现代码，C++ 并不会发出怨言，但调用它的唯一途径是“调用时明确指出其 class 名称”：

```
Shape* ps = new Shape;              //错误！Shape 是抽象的
Shape* ps1 = new Rectangle;         //没问题
ps1->draw( );                       //调用 Rectangle::draw
Shape* ps2 = new Ellipse;           //没问题
ps2->draw();                        //调用 Ellipse::draw
ps1->Shape::draw( );                //调用 Shape::draw
ps2->Shape::draw( );                //调用 Shape::draw
```

除了能够帮助你在鸡尾酒派对上留给大师级程序员一个深刻的印象，一般而言这项性质用途有限。但是一如稍后你将看到，它可以实现一种机制，为简朴的（非纯）impure virtual 函数提供更平常更安全的缺省实现。

简朴的 impure virtual 函数背后的故事和 pure virtual 函数有点不同。一如往常，derived classes 继承其函数接口，但 impure virtual 函数会提供一份实现代码，derived classes 可能覆写（*override*）它。稍加思索，你就会明白：

- 声明简朴的（非纯）impure virtual 函数的目的，是让 derived classes 继承该函数的接口和缺省实现。

  考虑 Shape::error 这个例子：

```
class Shape {
public:
  virtual void error(const std::string& msg);
  ...
};
```

其接口表示，每个 class 都必须支持一个“当遇上错误时可调用”的函数，但每个 class 可自由处理错误。如果某个 class 不想针对错误做出任何特殊行为，它可以退回到 Shape class 提供的缺省错误处理行为。也就是说 Shape::error 的声明式告诉 derived classes 的设计者，“你必须支持一个 error 函数，但如果你不想自己写一个，可以使用 Shape class 提供的缺省版本”。

但是，允许 impure virtual 函数同时指定函数声明和函数缺省行为，却有可能造成危险。欲探讨原因，让我们考虑 XYZ 航空公司设计的飞机继承体系。该公司只有 A 型和 B 型两种飞机，两者都以相同方式飞行。因此 XYZ 设计出这样的继承体系：

```
class Airport { ... };                    //用以表现机场
class Airplane {
public:
  virtual void fly(const Airport& destination);
  ...
};
void Airplane::fly(const Airport& destination)
{
  缺省代码，将飞机飞至指定的目的地
}
class ModelA: public Airplane { ... };
class ModelB: public Airplane { ... };
```

为了表示所有飞机都一定能飞，并阐明“不同型飞机原则上需要不同的 fly 实现”，Airplane::fly 被声明为 virtual。然而为了避免在 ModelA 和 ModelB 中撰写相同代码，缺省飞行行为由 Airplane::fly 提供，它同时被 ModelA 和 ModelB 继承。

这是个典型的面向对象设计。两个 classes 共享一份相同性质（也就是它们实现 fly 的方式），所以共同性质被搬到 base class 中，然后被这两个 classes 继承。这个设计突显出共同性质，避免代码重复，并提升未来的强化能力，减缓长期维护所需的成本。所有这些都是面向对象技术如此受到欢迎的原因。XYZ 航空公司应该感到骄傲。

现在，假设 XYZ 盈余大增，决定购买一种新式 C 型飞机。C 型和 A 型以及 B 型有某些不同。更明确地说，它的飞行方式不同。

XYZ 公司的程序员在继承体系中针对 C 型飞机添加了一个 class，但由于他们急着让新飞机上线服务，竟忘了重新定义其 fly 函数：

```
class ModelC: public Airplane {
  ...                                  //未声明 fly 函数
};
```

然后代码中有一些诸如此类的动作：

```
Airport PDX(...);                      //PDX 是我家附近的机场
Airplane* pa = new ModelC;
...
pa->fly(PDX);                          //调用 Airplane::fly
```

这将酿成大灾难；这个程序试图以 ModelA 或 ModelB 的飞行方式来飞 ModelC。这不是一个可以公开鼓舞旅游信心的行为。

问题不在 Airplane::fly 有缺省行为，而在于 ModelC 在未明白说出“我要”的情况下就继承了该缺省行为。幸运的是我们可以轻易做到“提供缺省实现给 derived classes，但除非它们明白要求否则免谈”。此间技俩在于切断“virtual 函数接口”和其“缺省实现”之间的连接。下面是一种做法：

```
class Airplane {
public:
virtual void fly(const Airport& destination) = 0;
  ...
protected:
  void defaultFly(const Airport& destination);
};
void Airplane::defaultFly(const Airport& destination)
{
  缺省行为，将飞机飞至指定的目的地。
}
```

请注意，Airplane::fly 已被改为一个 pure virtual 函数，只提供飞行接口。其缺省行为也出现在 Airplane class 中，但此次系以独立函数 defaultFly 的姿态出现。若想使用缺省实现（例如 ModelA 和 ModelB），可以在其 fly 函数中对 defaultFly 做一个 inline 调用（但请注意条款 30 所言，inline 函数和 virtual 函数之间的交互关系）：

```
class ModelA: public Airplane {
public:
   virtual void fly(const Airport& destination)
   { defaultFly(destination); }
   ...
};
class ModelB: public Airplane {
public:
   virtual void fly(const Airport& destination)
   { defaultFly(destination); }
   ...
};
```

现在 ModelC class 不可能意外继承不正确的 fly 实现代码了，因为 Airplane 中的 pure virtual 函数迫使 ModelC 必须提供自己的 fly 版本：

```
class ModelC: public Airplane {
public:
  virtual void fly(const Airport& destination);
  ...
};
void ModelC::fly(const Airport& destination)
{
  将C型飞机飞至指定的目的地
}
```

这个方案并非安全无虞，程序员还是可能因为剪贴（copy-and-paste）代码而招来麻烦，但它的确比原先的设计值得倚赖。至于 Airplane::defaultFly，请注意它现在成了 protected，因为它是 Airplane 及其 derived classes 的实现细目。乘客应该只在意飞机能不能飞，不在意它们怎么飞。

Airplane::defaultFly 是个 non-virtual 函数，这一点也很重要。因为没有任何一个 derived class 应该重新定义此函数（见条款 36）。如果 defaultFly 是 virtual 函数，就会出现一个循环问题：万一某些 derived class 忘记重新定义 defaultFly，会怎样？

有些人反对以不同的函数分别提供接口和缺省实现，像上述的 fly 和 defaultFly 那样。他们关心因过度雷同的函数名称而引起的 class 命名空间污染问题。但是他们也同意，接口和缺省实现应该分开。这个表面上看起来的矛盾该如何解决？唔，我们可以利用“pure virtual 函数必须在 derived classes 中重新声明，但它们也可以拥有自己的实现”这一事实。下面便是 Airplane 继承体系如何给 pure virtual 函数一份定义：

```
class Airplane {
public:
  virtual void fly(const Airport& destination) = 0;
  ...
};
```

```
void Airplane::fly(const Airport& destination)  //pure virtual 函数实现
{
  缺省行为，将飞机飞至指定的目的地
}
class ModelA: public Airplane {
public:
  virtual void fly(const Airport& destination)
  { Airplane::fly(destination); }
  ...
};
class ModelB: public Airplane {
public:
  virtual void fly(const Airport& destination)
  { Airplane::fly(destination); }
  ...
};
class ModelC: public Airplane {
public:
  virtual void fly(const Airport& destination);
  ...
};
void ModelC::fly(const Airport& destination)
{
  将C型飞机飞至指定的目的地
}
```

这几乎和前一个设计一模一样，只不过 pure virtual 函数 Airplane::fly 替换了独立函数 Airplane::defaultFly。本质上，现在的 fly 被分割为两个基本要素：其声明部分表现的是接口（那是 derived classes 必须使用的），其定义部分则表现出缺省行为（那是 derived classes 可能使用的，但只有在它们明确提出申请时才是）。如果合并 fly 和 defaultFly，就丧失了"让两个函数享有不同保护级别"的机会：习惯上被设为 protected 的函数（defaultFly）如今成了 public（因为它在 fly 之中）。

最后，让我们看看 Shape 的 non-virtual 函数 objectID：

```
class Shape {
public:
  int objectID( ) const;
  ...
};
```

如果成员函数是个 non-virtual 函数，意味是它并不打算在 derived classes 中有不同的行为。实际上一个 non-virtual 成员函数所表现的不变性（*invariant*）凌驾其特异性（*specialization*），因为它表示不论 derived class 变得多么特异化，它的行为都不可以改变。就其自身而言：

- 声明 non-virtual 函数的目的是为了令 derived classes 继承函数的接口及一份强制性实现。

你可以把 `Shape::objectID` 的声明想做是："每个 `Shape` 对象都有一个用来产生对象识别码的函数；此识别码总是采用相同计算方法，该方法由 `Shape::objectID` 的定义式决定，任何 derived class 都不应该尝试改变其行为"。由于 non-virtual 函数代表的意义是不变性（*invariant*）凌驾特异性（*specialization*），所以它绝不该在 derived class 中被重新定义。这也是条款 36 所讨论的一个重点。

pure virtual 函数、simple (impure) virtual 函数、non-virtual 函数之间的差异，使你得以精确指定你想要 derived classes 继承的东西：只继承接口，或是继承接口和一份缺省实现，或是继承接口和一份强制实现。由于这些不同类型的声明意味根本意义并不相同的事情，当你声明你的成员函数时，必须谨慎选择。如果你确实履行，应该能够避免经验不足的 class 设计者最常犯的两个错误。

第一个错误是将所有函数声明为 non-virtual。这使得 derived classes 没有余裕空间进行特化工作。non-virtual 析构函数尤其会带来问题（见条款 7）。当然啦，设计一个并不想成为 base class 的 class 是绝对合理的，既然这样，将其所有成员函数都声明为 non-virtual 也很适当。但这种声明如果不是忽略了 virtual 和 non-virtual 函数之间的差异，就是过度担心 virtual 函数的效率成本。实际上任何 class 如果打算被用来当做一个 base class，都会拥有若干 virtual 函数（再次见条款 7）。

如果你关心 virtual 函数的成本，请容许我介绍所谓的 80-20 法则（也可见条款 30）。这个法则说，一个典型的程序有 80% 的执行时间花费在 20% 的代码身上。此一法则十分重要，因为它意味，平均而言你的函数调用中可以有 80% 是 virtual 而不冲击程序的大体效率。所以当你担心是否有能力负担 virtual 函数的成本之前，请先将心力放在那举足轻重的 20% 代码上头，它才是真正的关键。

另一个常见错误是将所有成员函数声明为 virtual。有时候这样做是正确的，例如条款 31 的 Interface classes。然而这也可能是 class 设计者缺乏坚定立场的前兆。某些函数就是不该在 derived class 中被重新定义，果真如此你应该将那些函数声明为 non-virtual。没有人有权利妄称你的 class 适用于任何人任何事任何物而他们只需花点时间重新定义你的函数就可以享受一切。如果你的不变性（*invariant*）凌驾特异性（*specialization*），别害怕说出来。

请记住

- 接口继承和实现继承不同。在 public 继承之下，derived classes 总是继承 base class 的接口。
- pure virtual 函数只具体指定接口继承。
- 简朴的（非纯）impure virtual 函数具体指定接口继承及缺省实现继承。
- non-virtual 函数具体指定接口继承以及强制性实现继承。

条款 35：考虑 virtual 函数以外的其他选择

Consider alternatives to virtual functions.

假设你正在写一个视频游戏软件，你打算为游戏内的人物设计一个继承体系。你的游戏属于暴力砍杀类型，剧中人物被伤害或因其他因素而降低健康状态的情况并不罕见。你因此决定提供一个成员函数 healthValue，它会返回一个整数，表示人物的健康程度。由于不同的人物可能以不同的方式计算他们的健康指数，将 healthValue 声明为 virtual 似乎是再明白不过的做法：

```
class GameCharacter {
public:
  virtual int healthValue() const;    //返回人物的健康指数;
                                       //derived classes 可重新定义它。
  ...
};
```

healthValue 并未被声明为 pure virtual，这暗示我们将会有个计算健康指数的缺省算法（见条款 34）。

这的确是再明白不过的设计，但是从某个角度说却反而成了它的弱点。由于这个设计如此明显，你可能因此没有认真考虑其他替代方案。为了帮助你跳脱面向对象设计路上的常轨，让我们考虑其他一些解法。

藉由 Non-Virtual Interface 手法实现 *Template Method* 模式

我们将从一个有趣的思想流派开始，这个流派主张 virtual 函数应该几乎总是 private。这个流派的拥护者建议，较好的设计是保留 healthValue 为 public 成员函数，但让它成为 non-virtual，并调用一个 private virtual 函数（例如 doHealthValue）进行实际工作：

```
class GameCharacter {
public:
   int healthValue() const                   //derived classes 不重新定义它，
   {                                         //见条款 36。
       ...                                   //做一些事前工作，详下。
       int retVal = doHealthValue();         //做真正的工作。
       ...                                   //做一些事后工作，详下。
       return retVal;
   }
   ...
private:
   virtual int doHealthValue() const         //derived classes 可重新定义它。
   {
       ...                                   //缺省算法，计算健康指数。
   }
};
```

在这段（以及本条款其余的）代码中，我直接在 class 定义式内呈现成员函数本体。一如条款 30 所言，那也就让它们全都暗自成了 inline。但其实我以这种方式呈现代码只是为了让你比较容易阅读。我所描述的设计与 inlining 其实没有关联，所以请不要认为成员函数在这里被定义于 classes 内有特殊用意。不，它没有。

这一基本设计，也就是"令客户通过 public non-virtual 成员函数间接调用 private virtual 函数"，称为 *non-virtual interface*（NVI）手法。它是所谓 ***Template Method*** 设计模式（与 C++ templates 并无关联）的一个独特表现形式。我把这个 non-virtual 函数（healthValue）称为 virtual 函数的外覆器（*wrapper*）。

NVI 手法的一个优点隐身在上述代码注释“做一些事前工作”和“做一些事后工作”之中。那些注释用来告诉你当时的代码保证在“virtual 函数进行真正工作之前和之后”被调用。这意味外覆器（wrapper）确保得以在一个 virtual 函数被调用之前设定好适当场景，并在调用结束之后清理场景。“事前工作”可以包括锁定互斥器（locking a mutex）、制造运转日志记录项（log entry）、验证 class 约束条件、验证函数先决条件等等。“事后工作”可以包括互斥器解除锁定（unlocking a mutex）、验证函数的事后条件、再次验证 class 约束条件等等。如果你让客户直接调用 virtual 函数，就没有任何好办法可以做这些事。

有件事实或许会妨碍你跃跃欲试的心：NVI 手法涉及在 derived classes 内重新定义 private virtual 函数。啊，重新定义若干个 derived classes 并不调用的函数！这里并不存在矛盾。“重新定义 virtual 函数”表示某些事“如何”被完成，“调用 virtual 函数”则表示它“何时”被完成。这些事情都是各自独立互不相干的。NVI 手法允许 derived classes 重新定义 virtual 函数，从而赋予它们“如何实现机能”的控制能力，但 base class 保留诉说“函数何时被调用”的权利。一开始这些听起来似乎诡异，但 C++ 的这种“derived classes 可重新定义继承而来的 private virtual 函数”的规则完全合情合理。

在 NVI 手法下其实没有必要让 virtual 函数一定得是 private。某些 class 继承体系要求 derived class 在 virtual 函数的实现内必须调用其 base class 的对应兄弟（例如 p.120 的程序），而为了让这样的调用合法，virtual 函数必须是 protected，不能是 private。有时候 virtual 函数甚至一定得是 public（例如具备多态性质的 base classes 的析构函数 — 见条款 7），这么一来就不能实施 NVI 手法了。

藉由 Function Pointers 实现 *Strategy* 模式

NVI 手法对 public virtual 函数而言是一个有趣的替代方案，但从某种设计角度观之，它只比窗饰花样更强一些而已。毕竟我们还是使用 virtual 函数来计算每个人物的健康指数。另一个更戏剧性的设计主张“人物健康指数的计算与人物类型无关”，这样的计算完全不需要“人物”这个成分。例如我们可能会要求每个人物的构造函数接受一个指针，指向一个健康计算函数，而我们可以调用该函数进行实际计算：

```
class GameCharacter;                //前置声明（forward declaration）
//以下函数是计算健康指数的缺省算法。
int defaultHealthCalc(const GameCharacter& gc);
class GameCharacter {
public:
    typedef int (*HealthCalcFunc)(const GameCharacter&);
    explicit GameCharacter(HealthCalcFunc hcf = defaultHealthCalc)
      : healthFunc(hcf)
    {}
    int healthValue() const
    { return healthFunc(*this); }
    ...
private:
    HealthCalcFunc healthFunc;
};
```

这个做法是常见的 ***Strategy*** 设计模式的简单应用。拿它和“植基于 GameCharacter 继承体系内之 virtual 函数”的做法比较，它提供了某些有趣弹性：

- 同一人物类型之不同实体可以有不同的健康计算函数。例如：

```
class EvilBadGuy: public GameCharacter {
public:
    explicit EvilBadGuy(HealthCalcFunc hcf = defaultHealthCalc)
      : GameCharacter(hcf)
    { ... }
    ...
};
int loseHealthQuickly(const GameCharacter&);    //健康指数计算函数 1
int loseHealthSlowly(const GameCharacter&);     //健康指数计算函数 2

EvilBadGuy ebg1(loseHealthQuickly);             //相同类型的人物搭配
EvilBadGuy ebg2(loseHealthSlowly);              // 不同的健康计算方式
```

- 某已知人物之健康指数计算函数可在运行期变更。例如 GameCharacter 可提供一个成员函数 setHealthCalculator，用来替换当前的健康指数计算函数。

换句话说，“健康指数计算函数不再是 GameCharacter 继承体系内的成员函数”这一事实意味，这些计算函数并未特别访问“即将被计算健康指数”的那个对象的内部成分。例如 defaultHealthCalc 并未访问 EvilBadGuy 的 non-public 成分。

如果人物的健康可纯粹根据该人物 public 接口得来的信息加以计算，这就没有问题，但如果需要 non-public 信息进行精确计算，就有问题了。实际上任何时候当你将 class 内的某个机能（也许取道自某个成员函数）替换为 class 外部的某个等价机能（也许取道自某个 non-member non-friend 函数或另一个 class 的 non-friend 成员函数），这都是潜在争议点。这个争议将持续至本条款其余篇幅，因为我们即将考虑的所有替代设计也都涉及使用 GameCharacter 继承体系外的函数。

一般而言，唯一能够解决"需要以 non-member 函数访问 class 的 non-public 成分"的办法就是：弱化 class 的封装。例如 class 可声明那个 non-member 函数为 friends，或是为其实现的某一部分提供 public 访问函数（其他部分则宁可隐藏起来）。运用函数指针替换 virtual 函数，其优点（像是"每个对象可各自拥有自己的健康计算函数"和"可在运行期改变计算函数"）是否足以弥补缺点（例如可能必须降低 GameCharacter 封装性），是你必须根据每个设计情况的不同而抉择的。

藉由 tr1::function 完成 ***Strategy*** 模式

一旦习惯了 templates 以及它们对隐式接口（见条款 41）的使用，基于函数指针的做法看起来便过分苛刻而死板了。为什么要求"健康指数之计算"必须是个函数，而不能是某种"像函数的东西"（例如函数对象）呢？如果一定得是函数，为什么不能够是个成员函数？为什么一定得返回 int 而不是任何可被转换为 int 的类型呢？

如果我们不再使用函数指针（如前例的 healthFunc），而是改用一个类型为 tr1::function 的对象，这些约束就全都挥发不见了。就像条款 54 所说，这样的对象可持有（保存）任何可调用物（*callable entity*，也就是函数指针、函数对象、或成员函数指针），只要其签名式兼容于需求端。以下将刚才的设计改为使用 tr1::function：

```
class GameCharacter;                                    //如前
int defaultHealthCalc(const GameCharacter& gc);         //如前
class GameCharacter {
public:
    //HealthCalcFunc 可以是任何"可调用物"（callable entity），可被调用并接受
    //任何兼容于 GameCharacter 之物，返回任何兼容于 int 的东西。详下。
    typedef std::tr1::function<int (const GameCharacter&)> HealthCalcFunc;
```

```
    explicit GameCharacter(HealthCalcFunc hcf = defaultHealthCalc)
      : healthFunc(hcf )
    {}
    int healthValue() const
    { return healthFunc( * this); }
    ...
private:
    HealthCalcFunc healthFunc;
};
```

如你所见，HealthCalcFunc 是个 typedef，用来表现 tr1::function 的某个具现体，意味该具现体的行为像一般的函数指针。现在我们靠近一点瞧瞧 HealthCalcFunc 是个什么样的 typedef：

```
std::tr1::function<int (const GameCharacter&)>
```

这里我把 tr1::function 具现体（instantiation）的目标签名式（target signature）以不同颜色强调出来。那个签名代表的函数是“接受一个 reference 指向 const GameCharacter，并返回 int”。这个 tr1::function 类型（也就是我们所定义的 HealthCalcFunc 类型）产生的对象可以持有（保存）任何与此签名式兼容的可调用物（callable entity）。所谓兼容，意思是这个可调用物的参数可被隐式转换为 const GameCharacter&，而其返回类型可被隐式转换为 int。

和前一个设计（其 GameCharacter 持有的是函数指针）比较，这个设计几乎相同。唯一不同的是如今 GameCharacter 持有一个 tr1::function 对象，相当于一个指向函数的泛化指针。这个改变如此细小，我总说它没有什么外显影响，除非客户在“指定健康计算函数”这件事上需要更惊人的弹性：

```
short calcHealth(const GameCharacter&);          //健康计算函数;
                                                 //注意其返回类型为 non-int
struct HealthCalculator {                        //为计算健康而设计的函数对象
    int operator()(const GameCharacter&) const
    { ... }
};
class GameLevel {
public:
    float health(const GameCharacter&) const;       //成员函数，用以计算健康;
    ...                                             //注意其 non-int 返回类型
};
class EvilBadGuy: public GameCharacter {            //同前
    ...
};
```

```
class EyeCandyCharacter: public GameCharacter {     //另一个人物类型；
   ...                                               //假设其构造函数与
};                                                   //EvilBadGuy 同

EvilBadGuy ebg1(calcHealth);                         //人物1，使用某个
                                                     // 函数计算健康指数

EyeCandyCharacter ecc1(HealthCalculator());          //人物2，使用某个
                                                     // 函数对象计算健康指数
GameLevel currentLevel;
...
EvilBadGuy ebg2(                                     //人物3，使用某个
  std::tr1::bind(&GameLevel::health,                 // 成员函数计算健康指数
                 currentLevel,
                 _1)                                 //详见以下
);
```

就我个人而言，当我发现 tr1::function 允许我们做的事时，非常吃惊。它让我浑身震颤。如果你没有这样的感觉，也许是你早已曾经惊叹 tr1::bind 所发生的事情。请允许我稍加解释。

首先我要表明，为计算 ebg2 的健康指数，应该使用 GameLevel class 的成员函数 health。好，GameLevel::health 宣称它自己接受一个参数（那是个 reference 指向 GameCharacter），但它实际上接受两个参数，因为它也获得一个隐式参数 GameLevel，也就是 this 所指的那个。然而 GameCharacters 的健康计算函数只接受单一参数：GameCharacter（这个对象将被计算出健康指数）。如果我们使用 GameLevel::health 作为 ebg2 的健康计算函数，我们必须以某种方式转换它，使它不再接受两个参数（一个 GameCharacter 和一个 GameLevel），转而接受单一参数（一个 GameCharacter）。在这个例子中我们必然会想要使用 currentLevel 作为"ebg2 的健康计算函数所需的那个 GameLevel 对象"，于是我们将 currentLevel 绑定为 GameLevel 对象，让它在"每次 GameLevel::health 被调用以计算 ebg2 的健康"时被使用。那正是 tr1::bind 的作为：它指出 ebg2 的健康计算函数应该总是以 currentLevel 作为 GameLevel 对象。

我跳过了一大堆细节，像是为什么 "_1" 意味"当为 ebg2 调用 GameLevel::health 时系以 currentLevel 作为 GameLevel 对象"。这样的细节不难阐述，但它们会分散我要说的根本重点：若以 tr1::function 替换函数指针，吾人将因此允许客户在计算人物健康指数时使用任何兼容的可调用物（*callable entity*）。如果这还不酷，什么是酷？

古典的 ***Strategy*** 模式

如果你对设计模式（design patterns）比对 C++ 的酷劲更有兴趣，我告诉你，传统(典型)的 ***Strategy*** 做法会将健康计算函数做成一个分离的继承体系中的 virtual 成员函数。设计结果看起来像这样：

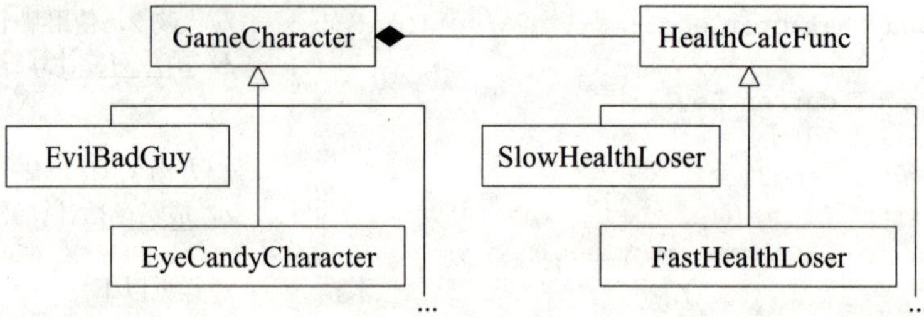

如果你并未精通 UML 符号，别担心，这图只是告诉你 GameCharacter 是某个继承体系的根类，体系中的 EvilBadGuy 和 EyeCandyCharacter 都是 derived classes；HealthCalcFunc 是另一个继承体系的根类，体系中的 SlowHealthLoser 和 FastHealthLoser 都是 derived classes，每一个 GameCharacter 对象都内含一个指针，指向一个来自 HealthCalcFunc 继承体系的对象。

下面是对应的代码骨干：

```
class GameCharacter;            //前置声明（forward declaration）
class HealthCalcFunc {
public:
    ...
    virtual int calc(const GameCharacter& gc) const
    { ... }
    ...
};
HealthCalcFunc defaultHealthCalc;
class GameCharacter {
public:
    explicit GameCharacter(HealthCalcFunc* phcf = &defaultHealthCalc)
      : pHealthCalc(phcf )
    {}
    int healthValue() const
    { return pHealthCalc->calc(*this); }
    ...
private:
    HealthCalcFunc* pHealthCalc;
};
```

这个解法的吸引力在于，熟悉标准 ***Strategy*** 模式的人很容易辨认它，而且它还提供"将一个既有的健康算法纳入使用"的可能性——只要为 `HealthCalcFunc` 继承体系添加一个 derived class 即可。

摘要

本条款的根本忠告是，当你为解决问题而寻找某个设计方法时，不妨考虑 virtual 函数的替代方案。下面快速重点复习我们验证过的几个替代方案：

- 使用 non-virtual interface（NVI）手法，那是 ***Template Method*** 设计模式的一种特殊形式。它以 public non-virtual 成员函数包裹较低访问性（private 或 protected）的 virtual 函数。
- 将 virtual 函数替换为"函数指针成员变量"，这是 ***Strategy*** 设计模式的一种分解表现形式。
- 以 `tr1::function` 成员变量替换 virtual 函数，因而允许使用任何可调用物（callable entity）搭配一个兼容于需求的签名式。这也是 ***Strategy*** 设计模式的某种形式。
- 将继承体系内的 virtual 函数替换为另一个继承体系内的 virtual 函数。这是 ***Strategy*** 设计模式的传统实现手法。

以上并未彻底而详尽地列出 virtual 函数的所有替换方案，但应该足够让你知道的确有不少替换方案。此外，它们各有其相对的优点和缺点，你应该把它们全部列入考虑。

为避免陷入面向对象设计路上因常规而形成的凹洞中，偶而我们需要对着车轮猛推一把。这个世界还有其他许多道路，值得我们花时间加以研究。

请记住

- virtual 函数的替代方案包括 NVI 手法及 ***Strategy*** 设计模式的多种形式。NVI 手法自身是一个特殊形式的 ***Template Method*** 设计模式。
- 将机能从成员函数移到 class 外部函数，带来的一个缺点是，非成员函数无法访问 class 的 non-public 成员。
- `tr1::function` 对象的行为就像一般函数指针。这样的对象可接纳"与给定之目标签名式（target signature）兼容"的所有可调用物（callable entities）。

条款 36：绝不重新定义继承而来的 non-virtual 函数

Never redefine an inherited non-virtual function.

假设我告诉你，class D 系由 class B 以 public 形式派生而来，class B 定义有一个 public 成员函数 mf。由于 mf 的参数和返回值都不重要，所以我假设两者皆为 void。换句话说我的意思是：

```
class B {
public:
  void mf();
  ...
};

class D: public B { ... };
```

虽然我们对 B, D 和 mf 一无所知，但面对一个类型为 D 的对象 x：

```
D x;                  //x 是一个类型为 D 的对象
```

如果以下行为：

```
B* pB = &x;           //获得一个指针指向 x
pB->mf();             //经由该指针调用 mf
```

异于以下行为：

```
D* pD = &x;           //获得一个指针指向 x
pD->mf();             //经由该指针调用 mf
```

你可能会相当惊讶。毕竟两者都通过对象 x 调用成员函数 mf。由于两者所调用的函数都相同，凭借的对象也相同，所以行为也应该相同，是吗？

是的，理应如此，但事实可能不是如此。更明确地说，如果 mf 是个 non-virtual 函数而 D 定义有自己的 mf 版本，那就不是如此：

```
class D: public B {
public:
   void mf();               //遮掩（hides）了 B::mf；见条款 33
   ...
};
pB->mf();                   //调用 B::mf
pD->mf();                   //调用 D::mf
```

造成此一两面行为的原因是，non-virtual 函数如 B::mf 和 D::mf 都是静态绑定（statically bound，见条款 37）。这意思是，由于 pB 被声明为一个 pointer-to-B，通过 pB 调用的 non-virtual 函数永远是 B 所定义的版本，即使 pB 指向一个类型为“B 派生之 class”的对象，一如本例。

但另一方面，virtual 函数却是动态绑定（dynamically bound，见条款 37），所以它们不受这个问题之苦。如果 mf 是个 virtual 函数，不论是通过 pB 或 pD 调用 mf，都会导致调用 D::mf，因为 pB 和 pD 真正指的都是一个类型为 D 的对象。

如果你正在编写 class D 并重新定义继承自 class B 的 non-virtual 函数 mf，D 对象很可能展现出精神分裂的不一致行径。更明确地说，当 mf 被调用，任何一个 D 对象都可能表现出 B 或 D 的行为；决定因素不在对象自身，而在于“指向该对象之指针”当初的声明类型。References 也会展现和指针一样难以理解的行径。

但那只是实务面上的讨论。我知道你真正想要的是理论层面的理由（关于“绝不重新定义继承而来的 non-virtual 函数”这回事）。我很乐意为你服务。

条款 32 已经说过，所谓 public 继承意味 **is-a**（是一种）的关系。条款 34 则描述为什么在 class 内声明一个 non-virtual 函数会为该 class 建立起一个不变性（invariant），凌驾其特异性（specialization）。如果你将这两个观点施行于两个 classes B 和 D 以及 non-virtual 成员函数 B::mf 身上，那么：

- 适用于 B 对象的每一件事，也适用于 D 对象，因为每个 D 对象都是一个 B 对象；
- B 的 derived classes 一定会继承 mf 的接口和实现，因为 mf 是 B 的一个 non-virtual 函数。

现在，如果 D 重新定义 mf，你的设计便出现矛盾。如果 D 真有必要实现出与 B 不同的 mf，并且如果每一个 B 对象——不管多么特化——真的必须使用 B 所提供的 mf 实现码，那么“每个 D 都是一个 B”就不为真。既然如此 D 就不该以 public 形式继承 B。另一方面，如果 D 真的必须以 public 方式继承 B，并且如果 D 真有需要实现出与 B 不同的 mf，那么 mf 就无法为 B 反映出“不变性凌驾特异性”的性质。既然这样 mf 应该声明为 virtual 函数。最后，如果每个 D 真的是一个 B，并且如果 mf 真的为 B 反映出“不变性凌驾特异性”的性质，那么 D 便不需要重新定义 mf，而且它也不应该尝试这样做。

不论哪一个观点，结论都相同：任何情况下都不该重新定义一个继承而来的 non-virtual 函数。

如果此条款使你感到枯燥乏味，或许是因为你已经读过条款 7，该条款解释为什么多态性（polymorphic）base classes 内的析构函数应该是 virtual。如果你违反那个准则（也就是说如果你在 polymorphic base class 内声明一个 non-virtual 析构函数），你也就违反了本条款，因为 derived classes 绝对不该重新定义一个继承而来的 non-virtual 函数（此处指的是 base class 析构函数）。即使没有声明析构函数，此亦为真，因为条款 5 说，析构函数是“如果你没有为自己声明一个，编译器会为你生成一个”的数种成员函数之一。就本质而言，条款 7 只不过是本条款的一个特殊案例，尽管它也足够重要到单独成为一个条款。

请记住

- 绝对不要重新定义继承而来的 non-virtual 函数。

条款 37：绝不重新定义继承而来的缺省参数值

Never redefine a function's inherited default parameter value.

让我们一开始就将讨论简化。你只能继承两种函数：virtual 和 non-virtual 函数。然而重新定义一个继承而来的 non-virtual 函数永远是错误的（见条款 36），所以我们可以安全地将本条款的讨论局限于“继承一个带有缺省参数值的 virtual 函数”。

这种情况下，本条款成立的理由就非常直接而明确了：virtual 函数系动态绑定（dynamically bound），而缺省参数值却是静态绑定（statically bound）。

那是什么意思？你说你那负荷过重的脑袋早已忘记静态绑定和动态绑定之间的差异？（为了正式记录在案，容我再说一次，静态绑定又名前期绑定，*early binding*；动态绑定又名后期绑定，*late binding*。）现在让我们来一趟复习之旅吧！

对象的所谓静态类型（static type），就是它在程序中被声明时所采用的类型。考虑以下的 class 继承体系：

```
//一个用以描述几何形状的 class
class Shape {
public:
    enum ShapeColor { Red, Green, Blue };
    //所有形状都必须提供一个函数，用来绘出自己
    virtual void draw(ShapeColor color = Red) const = 0;
    ...
};
```

```
class Rectangle: public Shape {
public:
    //注意，赋予不同的缺省参数值。这真糟糕！
    virtual void draw(ShapeColor color = Green) const;
    ...
};
class Circle: public Shape {
public:
    virtual void draw(ShapeColor color) const;
    //译注：请注意，以上这么写则当客户以对象调用此函数，一定要指定参数值。
    //      因为静态绑定下这个函数并不从其 base 继承缺省参数值。
    //      但若以指针（或 reference）调用此函数，可以不指定参数值，
    //      因为动态绑定下这个函数会从其 base 继承缺省参数值。
    ...
};
```

这个继承体系图示如下：

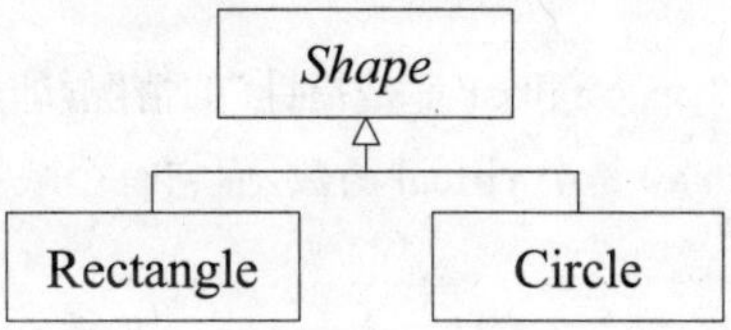

现在考虑这些指针：

```
Shape* ps;                          //静态类型为 Shape*
Shape* pc = new Circle;             //静态类型为 Shape*
Shape* pr = new Rectangle;          //静态类型为 Shape*
```

本例中 ps, pc 和 pr 都被声明为 pointer-to-Shape 类型，所以它们都以它为静态类型。注意，不论它们真正指向什么，它们的静态类型都是 Shape*。

对象的所谓动态类型（dynamic type）则是指“目前所指对象的类型”。也就是说，动态类型可以表现出一个对象将会有什么行为。以上例而言，pc 的动态类型是 Circle*，pr 的动态类型是 Rectangle*。ps 没有动态类型，因为它尚未指向任何对象。

动态类型一如其名称所示，可在程序执行过程中改变（通常是经由赋值动作）：

```
ps = pc;                    //ps 的动态类型如今是 Circle*
ps = pr;                    //ps 的动态类型如今是 Rectangle*
```

Virtual 函数系动态绑定而来，意思是调用一个 virtual 函数时，究竟调用哪一份函数实现代码，取决于发出调用的那个对象的动态类型：

```
pc->draw(Shape::Red);                //调用 Circle::draw(Shape::Red)
pr->draw(Shape::Red);                //调用 Rectangle::draw(Shape::Red)
```

我知道这些都是老调重弹；是的，你当然已经了解 virtual 函数。但是当你考虑带有缺省参数值的 virtual 函数，花样来了，因为就如我稍早所说，virtual 函数是动态绑定，而缺省参数值却是静态绑定。意思是你可能会在“调用一个定义于 derived class 内的 virtual 函数”的同时，却使用 base class 为它所指定的缺省参数值：

```
pr->draw( );                         //调用 Rectangle::draw(Shape::Red)!
```

此例之中，pr 的动态类型是 Rectangle*，所以调用的是 Rectangle 的 virtual 函数，一如你所预期。Rectangle::draw 函数的缺省参数值应该是 GREEN，但由于 pr 的静态类型是 Shape*，所以此一调用的缺省参数值来自 Shape class 而非 Rectangle class！结局是这个函数调用有着奇怪并且几乎绝对没人预料得到的组合，由 Shape class 和 Rectangle class 的 draw 声明式各出一半力。

以上事实不只局限于“ps, pc 和 pr 都是指针”的情况；即使把指针换成 references 问题仍然存在。重点在于 draw 是个 virtual 函数，而它有个缺省参数值在 derived class 中被重新定义了。

为什么 C++ 坚持以这种乖张的方式来运作呢？答案在于运行期效率。如果缺省参数值是动态绑定，编译器就必须有某种办法在运行期为 virtual 函数决定适当的参数缺省值。这比目前实行的“在编译期决定”的机制更慢而且更复杂。为了程序的执行速度和编译器实现上的简易度，C++ 做了这样的取舍，其结果就是你如今所享受的执行效率。但如果你没有注意本条款所揭示的忠告，很容易发生混淆。

这一切都很好，但如果你试着遵守这条规则，并且同时提供缺省参数值给 base 和 derived classes 的用户，又会发生什么事呢？

```
class Shape {
public:
   enum ShapeColor { Red, Green, Blue };
   virtual void draw(ShapeColor color = Red) const = 0;
   ...
};
```

```
class Rectangle: public Shape {
public:
    virtual void draw(ShapeColor color = Red) const;
    ...
};
```

喔欧，代码重复。更糟的是，代码重复又带着相依性（with dependencies）：如果 Shape 内的缺省参数值改变了，所有“重复给定缺省参数值”的那些 derived classes 也必须改变，否则它们最终会导致“重复定义一个继承而来的缺省参数值”。怎么办？

当你想令 virtual 函数表现出你所想要的行为但却遭遇麻烦，聪明的做法是考虑替代设计。条款 35 列了不少 virtual 函数的替代设计，其中之一是 NVI（*non-virtual interface*）手法：令 base class 内的一个 public non-virtual 函数调用 private virtual 函数，后者可被 derived classes 重新定义。这里我们可以让 non-virtual 函数指定缺省参数，而 private virtual 函数负责真正的工作：

```
class Shape {
public:
    enum ShapeColor { Red, Green, Blue };
    void draw(ShapeColor color = Red) const        //如今它是 non-virtual
    {
        doDraw(color);                              //调用一个 virtual
    }
    ...
private:
    virtual void doDraw(ShapeColor color) const = 0;  //真正的工作
};                                                    //在此处完成
class Rectangle: public Shape {
public:
    ...
private:
    virtual void doDraw(ShapeColor color) const;      //注意，不须指定
    ...                                               //缺省参数值。
};
```

由于 non-virtual 函数应该绝对不被 derived classes 覆写（见条款 36），这个设计很清楚地使得 draw 函数的 color 缺省参数值总是为 Red。

请记住

- 绝对不要重新定义一个继承而来的缺省参数值，因为缺省参数值都是静态绑定，而 virtual 函数——你唯一应该覆写的东西——却是动态绑定。

条款 38：通过复合塑模出 has-a 或"根据某物实现出"

Model "has-a" or "is-implemented-in-terms-of" through composition.

复合（composition）是类型之间的一种关系，当某种类型的对象内含它种类型的对象，便是这种关系。例如：

```
class Address { ... };                     //某人的住址
class PhoneNumber { ... };
class Person {
public:
  ...
private:
  std::string name;                        //合成成分物（composed object）
  Address address;                         //同上
  PhoneNumber voiceNumber;                 //同上
  PhoneNumber faxNumber;                   //同上
};
```

本例之中 Person 对象由 string, Address, PhoneNumber 构成。在程序员之间复合（composition）这个术语有许多同义词，包括 *layering*（分层），*containment*（内含），*aggregation*（聚合）和 *embedding*（内嵌）。

条款 32 曾说，"public 继承"带有 **is-a**（是一种）的意义。复合也有它自己的意义。实际上它有两个意义。复合意味 **has-a**（有一个）或 is-implemented-in-terms-of（根据某物实现出）。那是因为你正打算在你的软件中处理两个不同的领域（domains）。程序中的对象其实相当于你所塑造的世界中的某些事物，例如人、汽车、一张张视频画面等等。这样的对象属于应用域（*application domain*）部分。其他对象则纯粹是实现细节上的人工制品，像是缓冲区（buffers）、互斥器（mutexes）、查找树（search trees）等等。这些对象相当于你的软件的实现域（*implementation domain*）。当复合发生于应用域内的对象之间，表现出 **has-a** 的关系；当它发生于实现域内则是表现 is-implemented-in-terms-of 的关系。

上述的 Person class 示范 **has-a** 关系。Person 有一个名称，一个地址，以及语音和传真两笔电话号码。你不会说"人是一个名称"或"人是一个地址"，你会说"人有一个名称"和"人有一个地址"。大多数人接受此一区别毫无困难，所以很少人会对 **is-a** 和 **has-a** 感到困惑。

比较麻烦的是区分 **is-a**（是一种）和 is-implemented-in-terms-of（根据某物实现出）这两种对象关系。假设你需要一个 template，希望制造出一组 classes 用来表现由不重复对象组成的 sets。由于复用（reuse）是件美妙无比的事情，你的第一个直觉是采用标准程序库提供的 set template。是的，如果他人所写的 template 合乎需求，我们何必另写一个呢？

不幸的是 set 的实现往往招致"每个元素耗用三个指针"的额外开销。因为 sets 通常以平衡查找树（balanced search trees）实现而成，使它们在查找、安插、移除元素时保证拥有对数时间（logarithmic-time）效率。当速度比空间重要，这是个通情达理的设计，但如果你的程序却是空间比速度重要呢？那么标准程序库的 set 提供给你的是个错误决定下的取舍。似乎你终究还得写个自己的 template。

但是容我再说一次，复用（reuse）是件美好的事。如果你是一位数据结构专家，你就会知道，实现 sets 的方法太多了，其中一种便是在底层采用 linked lists。而你又刚好知道，标准程序库有一个 list template，于是你决定复用它。

更明确地说，你决定让你那个萌芽中的 Set template 继承 std::list。也就是让 Set<T>继承 list<T>。毕竟在你的实现理念中 Set 对象其实是个 list 对象。你于是声明 Set template 如下：

```
template<typename T>                          //将 list 应用于 Set。错误做法。
class Set: public std::list<T> { ... };
```

每件事看起来都很好，但实际上有些东西完全错误。一如条款 32 所说，如果 D 是一种 B，对 B 为真的每一件事情对 D 也都应该为真。但 list 可以内含重复元素，如果数值 3051 被安插到 list<int>两次，那个 list 将内含两笔 3051。Set 不可以内含重复元素，如果数值 3051 被安插到 Set<int>两次，这个 set 只内含一笔 3051。因此"Set 是一种 list"并不为真，因为对 list 对象为真的某些事情对 Set 对象并不为真。

由于这两个 classes 之间并非 **is-a** 的关系，所以 public 继承不适合用来塑模它们。正确的做法是，你应当了解，Set 对象可根据一个 list 对象实现出来：

```
template<class T>                        //将 list 应用于 Set。正确做法。
class Set {
public:
    bool member(const T& item) const;
    void insert(const T& item);
    void remove(const T& item);
    std::size_t size() const;
private:
    std::list<T> rep;                         //用来表述 Set 的数据
};
```

Set 成员函数可大量倚赖 list 及标准程序库其他部分提供的机能来完成，所以其实现很直观也很简单，只要你熟悉以 STL 编写程序：

```
template<typename T>
bool Set<T>::member(const T& item) const
{
  return std::find(rep.begin(), rep.end(), item) != rep.end( );
}
template<typename T>
void Set<T>::insert(const T& item)
{
  if (!member(item)) rep.push_back(item);
}
template<typename T>
void Set<T>::remove(const T& item)
{
 typename std::list<T>::iterator it =          //见条款 42 对
   std::find(rep.begin(), rep.end(), item);    //"typename"的讨论
 if (it != rep.end()) rep.erase(it);
}
template<typename T>
std::size_t Set<T>::size( ) const
{
  return rep.size( );
}
```

这些函数如此简单，因此都适合成为 inlining 候选人。但请记住，在做出任何与 inlining 有关的决定之前，应该先看看条款 30。

也许有人主张，如果 Set 接口遵循 STL 容器的协议，就更符合条款 18 对设计接口的警告："让它容易被正确使用，不易被误用"。但是这儿如果要遵循那些协议，需得为 Set 添加许多东西，那将模糊了它和 list 之间的关系。由于 Set 和 list 之间的关系是本条款的重点，所以我们以教学清澈度交换 STL 兼容性。此外，Set 接口也不该造成"对 Set 而言无可置辩的权利"黯然失色，那个权利是指它和 list 间的关系。这关系并非 **is-a**（虽然最初似乎是），而是 is-implemented-in-terms-of。

请记住

- 复合（composition）的意义和 public 继承完全不同。
- 在应用域（application domain），复合意味 **has-a**（有一个）。在实现域（implementation domain），复合意味 is-implemented-in-terms-of（根据某物实现出）。

条款 39：明智而审慎地使用 private 继承

Use private inheritance judiciously.

条款 32 曾经论证过 C++ 如何将 public 继承视为 **is-a** 关系。在那个例子中我们有个继承体系，其中 class `Student` 以 public 形式继承 class `Person`，于是编译器在必要时刻（为了让函数调用成功）将 `Students` 暗自转换为 `Persons`。现在我再重复该例的一部分，并以 private 继承替换 public 继承：

```
class Person { ... };
class Student: private Person { ... };    //这次改用 private 继承
void eat(const Person& p);                //任何人都会吃
void study(const Student& s);             //只有学生才在校学习

Person p;                                 //p 是人
Student s;                                //s 是学生

eat(p);                                   //没问题，p 是人，会吃。
eat(s);                                   //错误！吓，难道学生不是人?!
```

显然 private 继承并不意味 **is-a** 关系。那么它意味什么？

“哇喔！”你说，“在我们探讨其意义之前，可否先搞清楚其行为。到底 private 继承的行为如何呢？”唔，统御 private 继承的首要规则你刚才已经见过了：如果 classes 之间的继承关系是 private，编译器不会自动将一个 derived class 对象（例如 `Student`）转换为一个 base class 对象（例如 `Person`）。这和 public 继承的情况不同。这也就是为什么通过 `s` 调用 `eat` 会失败的原因。第二条规则是，由 private base class 继承而来的所有成员，在 derived class 中都会变成 private 属性，纵使它们在 base class 中原本是 protected 或 public 属性。

够了，现在让我们开始讨论其意义。Private 继承意味 implemented-in-terms-of（根据某物实现出）。如果你让 class `D` 以 private 形式继承 class `B`，你的用意是为了采用 class `B` 内已经备妥的某些特性，不是因为 `B` 对象和 `D` 对象存在有任何观念上的关系。private 继承纯粹只是一种实现技术（这就是为什么继承自一个 private base class 的每样东西在你的 class 内都是 private：因为它们都只是实现枝节而已）。借用条款 34 提出的术语，private 继承意味只有实现部分被继承，接口部分应略去。如果 `D` 以 private 形式继承 `B`，意思是 `D` 对象根据 `B` 对象实现而得，再没有其他意涵了。Private 继承在软件“设计”层面上没有意义，其意义只及于软件实现层面。

Private 继承意味 is-implemented-in-terms-of（根据某物实现出），这个事实有点令人不安，因为条款 38 才刚指出复合（composition）的意义也是这样。你如何在两者之间取舍？答案很简单：尽可能使用复合，必要时才使用 private 继承。何时才是必要？主要是当 protected 成员和/或 virtual 函数牵扯进来的时候。其实还有一种激进情况，那是当空间方面的利害关系足以踢翻 private 继承的支柱时。稍后我们再来操这个心，毕竟它只是一种激进情况。

假设我们的程序涉及 Widgets，而我们决定应该较好地了解如何使用 Widgets。例如我们不只想要知道 Widget 成员函数多么频繁地被调用，也想知道经过一段时间后调用比例如何变化。要知道，带有多个执行阶段（execution phases）的程序，可能在不同阶段拥有不同的行为轮廓（behavioral profiles）。例如编译器在解析（parsing）阶段所用的函数，大大不同于在最优化（optimization）和代码生成（code generation）阶段所使用的函数。

我们决定修改 Widget class，让它记录每个成员函数的被调用次数。运行期间我们将周期性地审查那份信息，也许再加上每个 Widget 的值，以及我们需要评估的任何其他数据。为完成这项工作，我们需要设定某种定时器，使我们知道收集统计数据的时候是否到了。

我们宁可复用既有代码，尽量少写新代码，所以在自己的工具百宝箱中翻箱倒柜，并且很开心地发现了这个 class：

```
class Timer {
public:
   explicit Timer(int tickFrequency);
   virtual void onTick() const;         //定时器每滴答一次，
   ...                                  //此函数就被自动调用一次。
};
```

这就是我们找到的东西。一个 Timer 对象，可调整为以我们需要的任何频率滴答前进，每次滴答就调用某个 virtual 函数。我们可以重新定义那个 virtual 函数，让后者取出 Widget 的当时状态。完美！

为了让 Widget 重新定义 Timer 内的 virtual 函数，Widget 必须继承自 Timer。但 public 继承在此例并不适当，因为 Widget 并不是个 Timer。是呀，Widget 客户总不该能够对着一个 Widget 调用 onTick 吧，因为观念上那并不是 Widget 接口的一部分。如果允许那样的调用动作，很容易造成客户不正确地使用 Widget 接口，那会违反条款 18 的忠告："让接口容易被正确使用，不易被误用"。在这里，public 继承不是个好策略。

我们必须以 private 形式继承 Timer：

```
class Widget: private Timer {
private:
  virtual void onTick() const;        //查看 Widget 的数据…等等。
  ...
};
```

藉由 private 继承，Timer 的 public onTick 函数在 Widget 内变成 private，而我们重新声明（定义）时仍然把它留在那儿。再说一次，把 onTick 放进 public 接口内会误导客户端以为他们可以调用它，那就违反了条款 18。

这是个好设计，但不值几文钱，因为 private 继承并非绝对必要。如果我们决定以复合(composition)取而代之，是可以的。只要在 Widget 内声明一个嵌套式 private class，后者以 public 形式继承 Timer 并重新定义 onTick，然后放一个这种类型的对象于 Widget 内。下面是这种解法的草样：

```
class Widget {
private:
  class WidgetTimer: public Timer {
  public:
      virtual void onTick() const;
      ...
  };
  WidgetTimer timer;
  ...
};
```

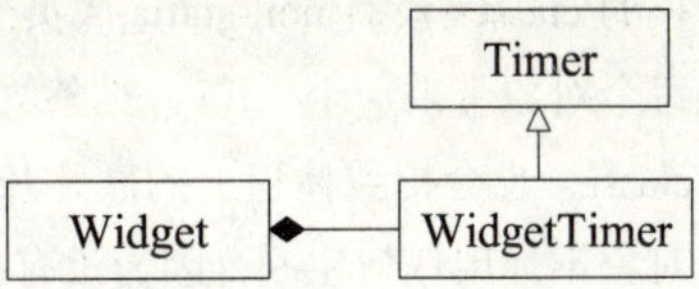

这个设计比只使用 private 继承要复杂一些些，因为它同时涉及 public 继承和复合，并导入一个新 class（WidgetTimer）。坦白说我展示它主要是为了提醒你，解决一个设计问题的方法不只一种，而训练自己思考多种做法是值得的（看看条款 35）。尽管如此，我可以想出两个理由，为什么你可能愿意（或说应该）选择这样的 public 继承加复合，而不是选择原先的 private 继承设计。

首先，你或许会想设计 Widget 使它得以拥有 derived classes，但同时你可能会想阻止 derived classes 重新定义 onTick。如果 Widget 继承自 Timer，上面的想法就不可能实现，即使是 private 继承也不可能。（还记得吗，条款 35 曾说 derived classes 可以重新定义 virtual 函数，即使它们不得调用它。）但如果 WidgetTimer 是 Widget

内部的一个 private 成员并继承 Timer，Widget 的 derived classes 将无法取用 WidgetTimer，因此无法继承它或重新定义它的 virtual 函数。如果你曾经以 Java 或 C# 编程并怀念“阻止 derived classes 重新定义 virtual 函数”的能力（也就是 Java 的 final 和 C# 的 sealed），现在你知道怎么在 C++ 中模拟它了。

第二，你或许会想要将 Widget 的编译依存性降至最低。如果 Widget 继承 Timer，当 Widget 被编译时 Timer 的定义必须可见，所以定义 Widget 的那个文件恐怕必须#include Timer.h。但如果 WidgetTimer 移出 Widget 之外而 Widget 内含指针指向一个 WidgetTimer，Widget 可以只带着一个简单的 WidgetTimer 声明式，不再需要#include 任何与 Timer 有关的东西。对大型系统而言，如此的解耦（decouplings）可能是重要的措施。关于编译依存性的最小化，详见条款 31。

稍早我曾谈到，private 继承主要用于“当一个意欲成为 derived class 者想访问一个意欲成为 base class 者的 protected 成分，或为了重新定义一或多个 virtual 函数”。但这时候两个 classes 之间的概念关系其实是 **is-implemented-in-terms-of**（根据某物实现出）而非 **is-a**。然而我也说过，有一种激进情况涉及空间最优化，可能会促使你选择“private 继承”而不是“继承加复合”。

这个激进情况真是有够激进，只适用于你所处理的 class 不带任何数据时。这样的 classes 没有 non-static 成员变量，没有 virtual 函数（因为这种函数的存在会为每个对象带来一个 vptr，见条款 7），也没有 virtual base classes（因为这样的 base classes 也会招致体积上的额外开销，见条款 40）。于是这种所谓的 *empty classes* 对象不使用任何空间，因为没有任何隶属对象的数据需要存储。然而由于技术上的理由，C++ 裁定凡是独立（非附属）对象都必须有非零大小，所以如果你这样做：

```
class Empty { };                //没有数据，所以其对象应该不使用任何内存

class HoldsAnInt {              //应该只需要一个 int 空间
private:
  int x;
  Empty e;                      //应该不需要任何内存
};
```

你会发现 sizeof(HoldsAnInt) > sizeof(int)；喔欧，一个 Empty 成员变量竟然要求内存。在大多数编译器中 sizeof(Empty) 获得 1，因为面对“大小为零之独

立（非附属）对象”，通常 C++ 官方勒令默默安插一个 char 到空对象内。然而齐位需求（alignment，见条款 50）可能造成编译器为类似 HoldsAnInt 这样的 class 加上一些衬垫（padding），所以有可能 HoldsAnInt 对象不只获得一个 char 大小，也许实际上被放大到足够又存放一个 int。在我试过的所有编译器中，的确有这种情况发生。

但或许你注意到了，我很小心地说“独立（非附属）”对象的大小一定不为零。也就是说，这个约束不适用于 derived class 对象内的 base class 成分，因为它们并非独立（非附属）。如果你继承 Empty，而不是内含一个那种类型的对象：

```
class HoldsAnInt: private Empty {
private:
    int x;
};
```

几乎可以确定 sizeof(HoldsAnInt)==sizeof(int)。这是所谓的 EBO（*empty base optimization*；空白基类最优化），我试过的所有编译器都有这样的结果。如果你是一个程序库开发人员，而你的客户非常在意空间，那么值得注意 EBO。另外还值得知道的是，EBO 一般只在单一继承（而非多重继承）下才可行，统治 C++对象布局的那些规则通常表示 EBO 无法被施行于“拥有多个 base”的 derived classes 身上。

现实中的 "empty" classes 并不真的是 empty。虽然它们从未拥有 non-static 成员变量，却往往内含 typedefs, enums, static 成员变量，或 non-virtual 函数。STL 就有许多技术用途的 empty classes，其中内含有用的成员（通常是 typedefs），包括 base classes unary_function 和 binary_function，这些是“用户自定义之函数对象”通常会继承的 classes。感谢 EBO 的广泛实践，使这样的继承很少增加 derived classes 的大小。

尽管如此，让我们回到根本。大多数 classes 并非 empty，所以 EBO 很少成为 private 继承的正当理由。更进一步说，大多数继承相当于 **is-a**，这是指 public 继承，不是 private 继承。复合和 private 继承都意味 is-implemented-in-terms-of，但复合比较容易理解，所以无论什么时候，只要可以，你还是应该选择复合。

当你面对“并不存在 **is-a** 关系”的两个 classes，其中一个需要访问另一个的 protected 成员，或需要重新定义其一或多个 virtual 函数，private 继承极有可能成为正统设计策略。即便如此你也已经看到，一个混合了 public 继承和复合的设计，往往能够释出你要的行为，尽管这样的设计有较大的复杂度。“明智而审慎地使用

private 继承”意味，在考虑过所有其他方案之后，如果仍然认为 private 继承是“表现程序内两个 classes 之间的关系”的最佳办法，这才用它。

请记住

- Private 继承意味 is-implemented-in-terms of（根据某物实现出）。它通常比复合（composition）的级别低。但是当 derived class 需要访问 protected base class 的成员，或需要重新定义继承而来的 virtual 函数时，这么设计是合理的。
- 和复合（composition）不同，private 继承可以造成 empty base 最优化。这对致力于“对象尺寸最小化”的程序库开发者而言，可能很重要。

条款 40：明智而审慎地使用多重继承

Use multiple inheritance judiciously.

一旦涉及多重继承（multiple inheritance；**MI**），C++ 社群便分为两个基本阵营。其中之一认为如果单一继承（single inheritance；**SI**）是好的，多重继承一定更好。另一派阵营则主张，单一继承是好的，但多重继承不值得拥有（或使用）。本条款的主要目的是带领大家了解多重继承的两个观点。

最先需要认清的一件事是，当 MI 进入设计景框，程序有可能从一个以上的 base classes 继承相同名称（如函数、typedef 等等）。那会导致较多的歧义（ambiguity）机会。例如：

```
class BorrowableItem {                  //图书馆允许你借某些东西
public:
   void checkOut( );                    //离开时进行检查
   ...
};
class ElectronicGadget {
private:
   bool checkOut( ) const;              //执行自我检测，返回是否测试成功
   ...
};
class MP3Player:                        //注意这里的多重继承
   public BorrowableItem,               //（某些图书馆愿意借出 MP3 播放器）
   public ElectronicGadget
{ ... };                                //这里，class 的定义不是我们的关心重点
MP3Player mp;
mp.checkOut( );                         //歧义！调用的是哪个 checkOut？
```

注意此例之中对 checkOut 的调用是歧义（模棱两可）的，即使两个函数之中只有一个可取用（BorrowableItem 内的 checkOut 是 public，ElectronicGadget 内的却是 private）。这与 C++ 用来解析（resolving）重载函数调用的规则相符：在看到是否有个函数可取用之前，C++ 首先确认这个函数对此调用之言是最佳匹配。找出最佳匹配函数后才检验其可取用性。本例的两个 checkOuts 有相同的匹配程度（译注：因此才造成歧义），没有所谓最佳匹配。因此 ElectronicGadget::checkOut 的可取用性也就从未被编译器审查。

为了解决这个歧义，你必须明白指出你要调用哪一个 base class 内的函数：

```
mp.BorrowableItem::checkOut( );          //哎呀，原来是这个 checkOut...
```

你当然也可以尝试明确调用 ElectronicGadget::checkOut，但然后你会获得一个“尝试调用 private 成员函数”的错误。

多重继承的意思是继承一个以上的 base classes，但这些 base classes 并不常在继承体系中又有更高级的 base classes，因为那会导致要命的“钻石型多重继承”：

```
class File { ... };
class InputFile: public File { ... };
class OutputFile: public File { ... };
class IOFile: public InputFile,
              public OutputFile
{ ... };
```

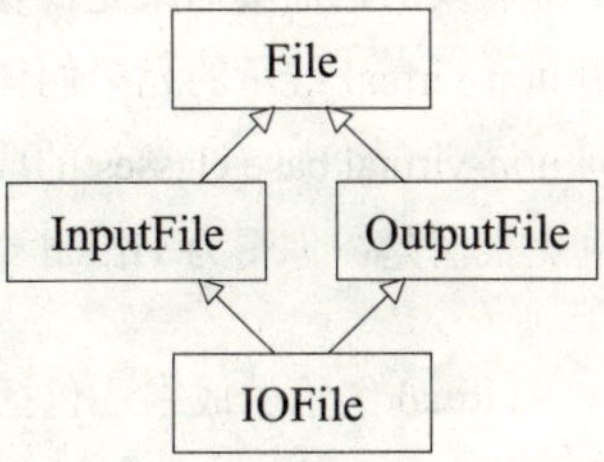

任何时候如果你有一个继承体系而其中某个 base class 和某个 derived class 之间有一条以上的相通路线（就像上述的 File 和 IOFile 之间有两条路径，分别穿越 InputFile 和 OutputFile），你就必须面对这样一个问题：是否打算让 base class 内的成员变量经由每一条路径被复制？假设 File class 有个成员变量 fileName，那么 IOFile 内该有多少笔这个名称的数据呢？从某个角度说，IOFile 从其每一个 base class 继承一份，所以其对象内应该有两份 fileName 成员变量。但从另一个角度说，简单的逻辑告诉我们，IOFile 对象只该有一个文件名称，所以它继承自两个 base classes 而来的 fileName 不该重复。

C++ 在这场辩论中并没有倾斜立场；两个方案它都支持——虽然其缺省做法是执行复制（也就是上一段所说的第一个做法）。如果那不是你要的，你必须令那个带有此数据的 class（也就是 File）成为一个 *virtual base class*。为了这样做，你必须令所有直接继承自它的 classes 采用“virtual 继承”：

```
class File { ... };
class InputFile: virtual public File { ... };
class OutputFile: virtual public File { ... };
class IOFile: public InputFile,
              public OutputFile
{ ... };
```

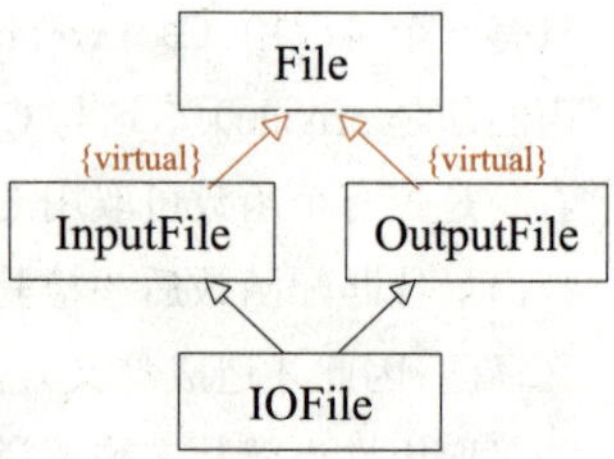

C++ 标准程序库内含一个多重继承体系，其结构就如右图那样，只不过其 classes 其实是 class templates，名称分别是 basic_ios, basic_istream, basic_ostream 和 basic_iostream，而非这里的 File, InputFile, OutputFile 和 IOFile。

从正确行为的观点看，public 继承应该总是 virtual。如果这是唯一一个观点，规则很简单：任何时候当你使用 public 继承，请改用 virtual public 继承。但是，啊呀，正确性并不是唯一观点。为避免继承得来的成员变量重复，编译器必须提供若干幕后戏法，而其后果是：使用 virtual 继承的那些 classes 所产生的对象往往比使用 non-virtual 继承的兄弟们体积大，访问 virtual base classes 的成员变量时，也比访问 non-virtual base classes 的成员变量速度慢。种种细节因编译器不同而异，但基本重点很清楚：你得为 virtual 继承付出代价。

virtual 继承的成本还包括其他方面。支配“virtual base classes 初始化”的规则比起 non-virtual bases 的情况远为复杂且不直观。virtual base 的初始化责任是由继承体系中的最低层（*most derived*）class 负责，这暗示 (1) classes 若派生自 virtual bases 而需要初始化，必须认知其 virtual bases——不论那些 bases 距离多远，(2) 当一个新的 derived class 加入继承体系中，它必须承担其 virtual bases（不论直接或间接）的初始化责任。

我对 virtual base classes（亦相当于对 virtual 继承）的忠告很简单。第一，非必要不使用 virtual bases。平常请使用 non-virtual 继承。第二，如果你必须使用 virtual base classes，尽可能避免在其中放置数据。这么一来你就不需担心这些 classes 身上的初始化（和赋值）所带来的诡异事情了。Java 和 .NET 的 Interfaces 值得注意，它在许多方面兼容于 C++ 的 virtual base classes，而且也不允许含有任何数据。

现在让我们看看下面这个用来塑模“人”的 C++ Interface class（见条款 31）：

```
class IPerson {
public:
   virtual ~IPerson();
   virtual std::string name() const = 0;
   virtual std::string birthDate() const = 0;
};
```

IPerson 的客户必须以 Iperson 的 pointers 和 references 来编写程序，因为抽象 classes 无法被实体化创建对象。为了创建一些可被当做 IPerson 来使用的对象，IPerson 的客户使用 factory functions（工厂函数，见条款 31）将“派生自 IPerson 的具象 classes”实体化：

```
//factory function（工厂函数），根据一个独一无二的数据库 ID 创建一个 Person 对象。
//条款 18 告诉你为什么返回类型不是原始指针。
std::tr1::shared_ptr<IPerson> makePerson(DatabaseID personIdentifier);

//这个函数从使用者手上取得一个数据库 ID
DatabaseID askUserForDatabaseID();

DatabaseID id(askUserForDatabaseID());
std::tr1::shared_ptr<IPerson> pp(makePerson(id));
                                          //创建一个对象支持 Iperson 接口。
...                                       //藉由 Iperson 成员函数处理*pp。
```

但是 makePerson 如何创建对象并返回一个指针指向它呢？无疑地一定有某些派生自 IPerson 的具象 class，在其中 makePerson 可以创建对象。

假设这个 class 名为 CPerson。就像具象 class 一样，CPerson 必须提供“继承自 IPerson”的 pure virtual 函数的实现代码。我们可以从无到有写出这些东西，但更好的是利用既有组件，后者做了大部分或所有必要事情。例如，假设有个既有的数据库相关 class，名为 PersonInfo，提供 CPerson 所需要的实质东西：

```
class PersonInfo {
public:
   explicit PersonInfo(DatabaseID pid);
   virtual ~PersonInfo();
   virtual const char* theName() const;
   virtual const char* theBirthDate( ) const;
   ...
private:
   virtual const char* valueDelimOpen() const;      //详下
   virtual const char* valueDelimClose() const;
   ...
};
```

你可以说这是个旧式 class，因为其成员函数返回 `const char*` 而不是 `string` 对象。尽管如此，如果鞋子合脚，干嘛不穿它？这个 class 的成员函数的名称已经暗示我们其结果有可能很令人满意。

你会发现，PersonInfo 被设计用来协助以各种格式打印数据库字段，每个字段值的起始点和结束点以特殊字符串为界。缺省的头尾界限符号是方括号（中括号），所以（例如）字段值 "Ring-tailed Lemur" 将被格式化为：

```
[Ring-tailed Lemur]
```

但由于方括号并非放之四海人人喜爱的界限符号，所以两个 virtual 函数 valueDelimOpen 和 valueDelimClose 允许 derived classes 设定它们自己的头尾界限符号。PersonInfo 成员函数将调用这些 virtual 函数，把适当的界限符号添加到它们的返回值上。以 PersonInfo::theName 为例，代码看起来像这样：

```
const char* PersonInfo::valueDelimOpen() const
{
   return "[";                       //缺省的起始符号
}
const char* PersonInfo::valueDelimClose() const
{
   return "]";                       //缺省的结尾符号
}
const char* PersonInfo::theName() const
{
   //保留缓冲区给返回值使用；由于缓冲区是 static，因此会被自动初始化为“全部是 0”
   static char value[Max_Formatted_Field_Value_Length];
   //写入起始符号
   std::strcpy(value, valueDelimOpen());
   现在，将 value 内的字符串添附到这个对象的 name 成员变量中
   （小心，避免缓冲区超限）
   //写入结尾符号
   std::strcat(value, valueDelimClose());
   return value;
}
```

或许有人质疑 PersonInfo::theName 的老旧设计（特别是它竟然使用固定大小的 static 缓冲区，那将充斥超限问题和线程问题，见条款 21），但是不妨暂时把这样的疑问放两旁，把以下焦点摆中间：theName 调用 valueDelimOpen 产生字符串起始符号，然后产生 name 值，然后调用 valueDelimClose。由于 valueDelimOpen

和 valueDelimClose 都是 virtual 函数，theName 返回的结果不仅取决于 PersonInfo 也取决于从 PersonInfo 派生下去的 classes。

身为 CPerson 实现者，这是个好消息，因为仔细阅读 IPerson 文档后，你发现 name 和 birthDate 两函数必须返回未经装饰（不带起始符号和结尾符号）的值。也就是说如果有人名为 Homer，调用其 name 函数理应获得 "Homer" 而不是 "[Homer]"。

CPerson 和 PersonInfo 的关系是，PersonInfo 刚好有若干函数可帮助 CPerson 比较容易实现出来。就这样。它们的关系因此是 is-implemented-in-terms-of（根据某物实现出），而我们知道这种关系可以两种技术实现：复合（见条款 38）和 private 继承（见条款 39）。条款 39 指出复合通常是较受欢迎的做法，但如果需要重新定义 virtual 函数，那么继承是必要的。本例之中 CPerson 需要重新定义 valueDelimOpen 和 valueDelimClose，所以单纯的复合无法应付。最直接的解法就是令 CPerson 以 private 形式继承 PersonInfo，虽然条款 39 也说过，只要多加一点工作，CPerson 也可以结合“复合 + 继承”技术以求有效重新定义 PersonInfo 的 virtual 函数。此处我将使用 private 继承。

但 CPerson 也必须实现 IPerson 接口，那需得以 public 继承才能完成。这导致多重继承的一个通情达理的应用：将“public 继承自某接口”和“private 继承自某实现”结合在一起：

```
class IPerson {                                //这个 class 指出需实现的接口
public:
  virtual ~IPerson();
  virtual std::string name() const = 0;
  virtual std::string birthDate() const = 0;
};
class DatabaseID { ... };                      //稍后被使用；细节不重要。
class PersonInfo {                             //这个 class 有若干有用函数，
public:                                        //可用以实现 IPerson 接口。
  explicit PersonInfo(DatabaseID pid);
  virtual ~PersonInfo();
  virtual const char* theName() const;
  virtual const char* theBirthDate( ) const;
  virtual const char* valueDelimOpen() const;
  virtual const char* valueDelimClose() const;
  ...
};
```

```
class CPerson: public IPerson, private PersonInfo  { //注意，多重继承
public:
    explicit CPerson(DatabaseID pid): PersonInfo(pid) { }
    virtual std::string name() const          //实现必要的 IPerson 成员函数
    { return PersonInfo::theName(); }

    virtual std::string birthDate() const     //实现必要的 IPerson 成员函数
    { return PersonInfo::theBirthDate(); }

private:                                                        //重新定义
    const char* valueDelimOpen() const { return ""; }           //继承而来的
    const char* valueDelimClose() const { return ""; }          // virtual
                                                                //"界限函数"
};
```

在 UML 图中这个设计看起来像这样：

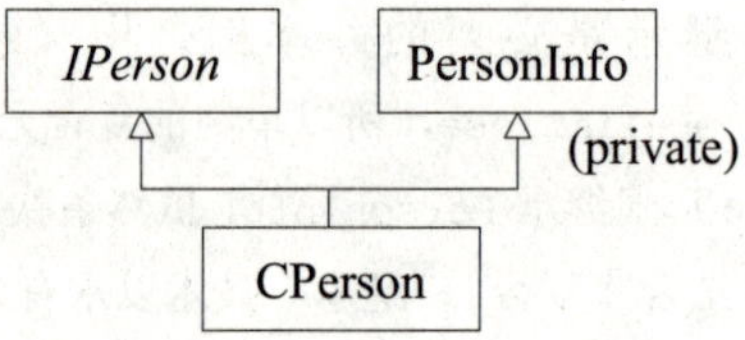

这个例子告诉我们，多重继承也有它的合理用途。

故事结束前，请容我说，多重继承只是面向对象工具箱里的一个工具而已。和单一继承比较，它通常比较复杂，使用上也比较难以理解，所以如果你有个单一继承的设计方案，而它大约等价于一个多重继承设计方案，那么单一继承设计方案几乎一定比较受欢迎。如果你唯一能够提出的设计方案涉及多重继承，你应该更努力想一想——几乎可以说一定会有某些方案让单一继承行得通。然而多重继承有时候的确是完成任务之最简洁、最易维护、最合理的做法，果真如此就别害怕使用它。只要确定，你的确是在明智而审慎的情况下使用它。

请记住

- 多重继承比单一继承复杂。它可能导致新的歧义性，以及对 virtual 继承的需要。
- virtual 继承会增加大小、速度、初始化（及赋值）复杂度等等成本。如果 virtual base classes 不带任何数据，将是最具实用价值的情况。
- 多重继承的确有正当用途。其中一个情节涉及“public 继承某个 Interface class”和“private 继承某个协助实现的 class”的两相组合。

7

模板与泛型编程

Templates and Generic Programming

C++ templates 的最初发展动机很直接：让我们得以建立“类型安全”（type-safe）的容器如 vector，list 和 map。然而当愈多人用上 templates，他们发现 templates 有能力完成愈多可能的变化。容器当然很好，但泛型编程（generic programming）——写出的代码和其所处理的对象类型彼此独立——更好。STL 算法如 for_each，find 和 merge 就是这一类编程的成果。最终人们发现，C++ template 机制自身是一部完整的图灵机（Turing-complete）：它可以被用来计算任何可计算的值。于是导出了模板元编程（template metaprogramming），创造出“在 C++ 编译器内执行并于编译完成时停止执行”的程序。近来这些日子，容器反倒只成为 C++ template 馅饼上的一小部分。然而尽管 template 的应用如此宽广，有一组核心观念一直支撑着所有基于 template 的编程。那些观念便是本章焦点。

本章无法使你变成一个专家级的 template 程序员，但可以使你成为一个比较好的 template 程序员。本章也会给你必要信息，使你能够扩展你的 template 编程，到达你所渴望的境界。

条款 41：了解隐式接口和编译期多态

Understand implicit interfaces and compile-time polymorphism.

面向对象编程世界总是以显式接口（*explicit* interfaces）和运行期多态（*runtime* polymorphism）解决问题。举个例子，给定这样（无甚意义）的 class：

```
class Widget {
public:
   Widget();
   virtual ~Widget();
```

```
    virtual std::size_t size( ) const;
    virtual void normalize();
    void swap(Widget& other);                    //见条款25
    ...
};
```

和这样（也是无甚意义）的函数：

```
void doProcessing(Widget& w)
{
    if (w.size() > 10 && w != someNastyWidget) {
        Widget temp(w);
        temp.normalize();
        temp.swap(w);
    }
}
```

我们可以这样说 doProcessing 内的 w：

- 由于 w 的类型被声明为 Widget，所以 w 必须支持 Widget 接口。我们可以在源码中找出这个接口（例如在 Widget 的.h 文件中），看看它是什么样子，所以我称此为一个显式接口（*explicit interface*），也就是它在源码中明确可见。
- 由于 Widget 的某些成员函数是 virtual，w 对那些函数的调用将表现出运行期多态（*runtime polymorphism*），也就是说将于运行期根据 w 的动态类型（见条款 37）决定究竟调用哪一个函数。

Templates 及泛型编程的世界，与面向对象有根本上的不同。在此世界中显式接口和运行期多态仍然存在，但重要性降低。反倒是隐式接口（*implicit interfaces*）和编译期多态（*compile-time polymorphism*）移到前头了。若想知道那是什么，看看当我们将 doProcessing 从函数转变成函数模板（function template）时发生什么事：

```
template<typename T>
void doProcessing(T& w)
{
    if (w.size() > 10 && w != someNastyWidget) {
        T temp(w);
        temp.normalize();
        temp.swap(w);
    }
}
```

现在我们怎么说 doProcessing 内的 w 呢？

- w 必须支持哪一种接口，系由 template 中执行于 w 身上的操作来决定。本例看来 w 的类型 T 好像必须支持 size, normalize 和 swap 成员函数、*copy* 构造函数（用以建立 temp）、不等比较（*inequality* comparison，用来比较 someNasty-Widget）。我们很快会看到这并非完全正确，但对目前而言足够真实。重要的是，这一组表达式（对此 template 而言必须有效编译）便是 T 必须支持的一组隐式接口（*implicit interface*）。

- 凡涉及 w 的任何函数调用，例如 operator>和 operator!=，有可能造成 template 具现化（instantiated），使这些调用得以成功。这样的具现行为发生在编译期。"以不同的 template 参数具现化 function templates" 会导致调用不同的函数，这便是所谓的编译期多态（*compile-time polymorphism*）。

纵使你从未用过 templates，应该不陌生"运行期多态"和"编译期多态"之间的差异，因为它类似于"哪一个重载函数该被调用"（发生在编译期）和"哪一个 virtual 函数该被绑定"（发生在运行期）之间的差异。显式接口和隐式接口的差异就比较新颖，需要更多更贴近的说明和解释。

通常显式接口由函数的签名式（也就是函数名称、参数类型、返回类型）构成。例如 Widget class：

```
class Widget {
public:
    Widget();
    virtual ~Widget();
    virtual std::size_t size( ) const;
    virtual void normalize();
    void swap(Widget& other);
};
```

其 public 接口由一个构造函数、一个析构函数、函数 size, normalize, swap 及其参数类型、返回类型、常量性（constnesses）构成。当然也包括编译器产生的 *copy* 构造函数和 *copy assignment* 操作符（见条款 5）。另外也可以包括 typedefs，以及如果你大胆违反条款 22（令成员变量为 private）而出现的 public 成员变量。

隐式接口就完全不同了。它并不基于函数签名式，而是由有效表达式（valid *expressions*）组成。再次看看 doProcessing template 一开始的条件：

```
template<typename T>
void doProcessing( T& w)
{
   if (w.size() > 10 && w != someNastyWidget) {
   ...
```

T（w的类型）的隐式接口看来好像有这些约束：

- 它必须提供一个名为 size 的成员函数，该函数返回一个整数值。
- 它必须支持一个 operator!= 函数，用来比较两个 T 对象。这里我们假设 someNastyWidget 的类型为 T。

真要感谢操作符重载（operator overloading）带来的可能性，这两个约束都不需要满足。是的，T 必须支持 size 成员函数，然而这个函数也可能从 base class 继承而得。这个成员函数不需返回一个整数值，甚至不需返回一个数值类型。就此而言，它甚至不需要返回一个定义有 operator>的类型！它唯一需要做的是返回一个类型为 X 的对象，而 X 对象加上一个 int（10 的类型）必须能够调用一个 operator>。这个 operator> 不需要非得取得一个类型为 X 的参数不可，因为它也可以取得类型 Y 的参数，只要存在一个隐式转换能够将类型 X 的对象转换为类型 Y 的对象！

同样道理，T 并不需要支持 operator!=，因为以下这样也是可以的：operator!= 接受一个类型为 X 的对象和一个类型为 Y 的对象，T 可被转换为 X 而 someNastyWidget 的类型可被转换为 Y，这样就可以有效调用 operator!=。

（偷偷告诉你，以上分析并未考虑这样的可能性：operator&& 被重载，从一个连接词改变为或许完全不同的某种东西，从而改变上述表达式的意义。）

当人们第一次以此种方式思考隐式接口，大多数的他们会感到头疼。但真的不需要阿司匹林来镇痛。隐式接口仅仅是由一组有效表达式构成，表达式自身可能看起来很复杂，但它们要求的约束条件一般而言相当直接又明确。例如以下条件式：

```
if (w.size() > 10 && w != someNastyWidget) ...
```

关于函数 size, oper-ator>, operator&&或 operator!= 身上的约束条件，我们很难就此说得太多，但整体确认表达式约束条件却很容易。if 语句的条件式必须是个布尔表达式，所以无论涉及什么实际类型，无论"w.size() > 10 && w != someNastyWidget"导致什么，它都必须与 bool 兼容。这是 template doProcessing 加诸于其类型参数（type parameter）T 的隐式接口的一部分。doProcessing 要求的其他隐式接口：*copy* 构造函数、normalize 和 swap 也都必须对 T 型对象有效。

加诸于 template 参数身上的隐式接口，就像加诸于 class 对象身上的显式接口一样真实，而且两者都在编译期完成检查。就像你无法以一种“与 class 提供之显式接口矛盾”的方式来使用对象（代码将通不过编译），你也无法在 template 中使用“不支持 template 所要求之隐式接口”的对象（代码一样通不过编译）。

请记住

- classes 和 templates 都支持接口（interfaces）和多态（polymorphism）。
- 对 classes 而言接口是显式的(explicit)，以函数签名为中心。多态则是通过 virtual 函数发生于运行期。
- 对 template 参数而言，接口是隐式的（implicit），奠基于有效表达式。多态则是通过 template 具现化和函数重载解析（function overloading resolution）发生于编译期。

条款 42：了解 typename 的双重意义

Understand the two meanings of typename.

提一个问题：以下 template 声明式中，class 和 typename 有什么不同？

```
template<class T> class Widget;          //使用 "class"
template<typename T> class Widget;       //使用 "typename"
```

答案：没有不同。当我们声明 template 类型参数，class 和 typename 的意义完全相同。某些程序员始终比较喜欢 class，因为可以少打几个字。其他人（包括我）比较喜欢 typename，因为它暗示参数并非一定得是个 class 类型。少数开发人员在接受任何类型时使用 typename，而在只接受用户自定义类型时保留旧式的 class。然而从 C++ 的角度来看，声明 template 参数时，不论使用关键字 class 或 typename，意义完全相同。

然而 C++ 并不总是把 class 和 typename 视为等价。有时候你一定得使用 typename。为了解其时机，我们必须先谈谈你可以在 template 内指涉（*refer to*）的两种名称。

假设我们有个 template function，接受一个 STL 兼容容器为参数，容器内持有的对象可被赋值为 ints。进一步假设这个函数仅仅只是打印其第二元素值。这是一个无聊的函数，以无聊的方式实现，而且如稍后所言，它甚至不能通过编译。但请暂时漠视那些事，下面是实践这个愚蠢想法的一种方式：

```
template<typename C>
void print2nd(const C& container)               //打印容器内的第二元素
{                                               //注意这不是有效的C++代码
  if (container.size() >= 2) {
    C::const_iterator iter(container.begin());//取得第一元素的迭代器
    ++iter;                                     //将 iter 移往第二元素
    int value = *iter;                          //将该元素复制到某个 int.
    std::cout << value;                         //打印那个 int.
  }
}
```

我在代码中特别强调两个 local 变量 iter 和 value。iter 的类型是 C::const_iterator，实际是什么必须取决于 template 参数 C。template 内出现的名称如果相依于某个 template 参数，称之为从属名称（*dependent names*）。如果从属名称在 class 内呈嵌套状，我们称它为嵌套从属名称（*nested dependent name*）。C::const_iterator 就是这样一个名称。实际上它还是个嵌套从属类型名称（*nested dependent type name*），也就是个嵌套从属名称并且指涉某类型。

print2nd 内的另一个 local 变量 value，其类型是 int。int 是一个并不倚赖任何 template 参数的名称。这样的名称是谓非从属名称（*non-dependent names*）。我不知道为什么不叫做独立名称（independent names）。如果你和我一样认为术语 "non-dependent" 令人憎恶，你我之间起了共鸣。但毕竟 "non-dependent" 已被定为这一类名称的术语，所以请和我一样，眨眨眼睛然后顺从它吧。

嵌套从属名称有可能导致解析（parsing）困难。举个例子，假设我们令 print2nd 更愚蠢些，这样起头：

```
template<typename C>
void print2nd(const C& container)
{
  C::const_iterator* x;
  ...
}
```

看起来好像我们声明 x 为一个 local 变量，它是个指针，指向一个 C::const_iterator。但它之所以被那么认为，只因为我们“已经知道” C::const_iterator 是个类型。如果 C::const_iterator 不是个类型呢？如果 C 有个 static 成员变量而碰巧被命名为 const_iterator，或如果 x 碰巧是个 global

变量名称呢？那样的话上述代码就不再是声明一个 local 变量，而是一个相乘动作：C::const_iterator 乘以 x。当然啦，这听起来有点疯狂，但却是可能的，而撰写 C++ 解析器的人必须操心所有可能的输入，甚至是这么疯狂的输入。

在我们知道 C 是什么之前，没有任何办法可以知道 C::const_iterator 是否为一个类型。而当编译器开始解析 template print2nd 时，尚未确知 C 是什么东西。C++ 有个规则可以解析（*resolve*）此一歧义状态：如果解析器在 template 中遭遇一个嵌套从属名称，它便假设这名称不是个类型，除非你告诉它是。所以缺省情况下嵌套从属名称不是类型。此规则有个例外，稍后我会提到。

把这些记在心上，现在再次看看 print2nd 起始处：

```
template<typename C>
void print2nd(const C& container)
{
  if (container.size() >= 2) {
     C::const_iterator iter(container.begin());      //这个名称被
                                                     //假设为非类型
     ...
```

现在应该很清楚为什么这不是有效的 C++ 代码了吧。iter 声明式只有在 C::const_iterator 是个类型时才合理，但我们并没有告诉 C++ 说它是，于是 C++ 假设它不是。若要矫正这个形势，我们必须告诉 C++ 说 C::const_iterator 是个类型。只要紧临它之前放置关键字 typename 即可：

```
template<typename C>                              //这是合法的C++代码
void print2nd(const C& container)
{
    if (container.size() >= 2) {
        typename C::const_iterator iter(container.begin());
        ...
    }
}
```

一般性规则很简单：任何时候当你想要在 template 中指涉一个嵌套从属类型名称，就必须在紧临它的前一个位置放上关键字 typename。（再提醒一次，很快我会谈到一个例外。）

typename 只被用来验明嵌套从属类型名称；其他名称不该有它存在。例如下面这个 function template，接受一个容器和一个“指向该容器”的迭代器：

```
template<typename C>                        //允许使用 "typename"（或"class"）
void f(const C& container,                  //不允许使用 "typename"
       typename C::iterator iter);          //一定要使用 "typename"
```

上述的 C 并不是嵌套从属类型名称（它并非嵌套于任何“取决于 template 参数”的东西内），所以声明 container 时并不需要以 typename 为前导，但 C::iterator 是个嵌套从属类型名称，所以必须以 typename 为前导。

“typename 必须作为嵌套从属类型名称的前缀词”这一规则的例外是，typename 不可以出现在 base classes list 内的嵌套从属类型名称之前，也不可在 member initialization list（成员初值列）中作为 base class 修饰符。例如：

```
template<typename T>
class Derived: public Base<T>::Nested {      //base class list 中
public:                                       //不允许 "typename".
    explicit Derived(int x)
    : Base<T>::Nested(x)                      //mem. init. list 中
    {                                         //不允许 "typename".
        typename Base<T>::Nested temp;        //嵌套从属类型名称，
        ...                          //既不在 base class list 中也不在 mem. init. list 中，
    }                                //作为一个 base class 修饰符需加上 typename.
    ...
};
```

这样的不一致性真令人恼恨，但一旦你有了一些经验，勉勉强强还能接受它。

让我们看看最后一个 typename 例子，那是你将在真实程序中看到的代表性例子。假设我们正在撰写一个 function template，它接受一个迭代器，而我们打算为该迭代器指涉的对象做一份 local 复件（副本）temp。我们可以这么写：

```
template<typename IterT>
void workWithIterator(IterT iter)
{
    typename std::iterator_traits<IterT>::value_type temp(*iter);
    ...
}
```

别让 std::iterator_traits<IterT>::value_type 惊吓了你，那只不过是标准 traits class（见条款 47）的一种运用，相当于说“类型为 IterT 之对象所指之物的类型”。这个语句声明一个 local 变量（temp），使用 IterT 对象所指物的相同类型，并将 temp 初始化为 iter 所指物。如果 IterT 是 vector<int>::iterator，temp 的类型就是 int。如果 IterT 是 list<string>::iterator，temp 的类型就是 string。由于 std::iterator_traits<IterT>::value_type 是个嵌套从属类型名称（value_type 被嵌套于 iterator_traits<IterT> 之内而 IterT 是个 template 参数），所以我们必须在它之前放置 typename。

如果你认为 std::iterator_traits<IterT>::value_type 读起来不畅快，想象一下打那么长的字又是什么光景。如果你像大多数程序员一样，认为多打几次这些字实在很恐怖，那么你应该会想建立一个 typedef。对于 traits 成员名称如 value_type（再次请看条款 47 提供的 traits 信息），普遍的习惯是设定 typedef 名称用以代表某个 traits 成员名称，于是常常可以看到类似这样的 local typedef：

```
template<typename IterT>
void workWithIterator(IterT iter)
{
    typedef typename std::iterator_traits<IterT>::value_type value_type;
    value_type temp(*iter);
    ...
}
```

许多程序员最初认为把 "typedef typename" 并列颇不合谐，但它实在是指涉“嵌套从属类型名称”的一个合理附带结果。你很快会习惯它，毕竟你有强烈的动机——你希望多打几次 typename std::iterator_traits<IterT>::value_type 吗？

作为结语，我应该提到，typename 相关规则在不同的编译器上有不同的实践。某些编译器接受的代码原本该有 typename 却遗漏了；原本不该有 typename 却出现了；还有少数编译器（通常是较旧版本）根本就拒绝 typename。这意味 typename 和“嵌套从属类型名称”之间的互动，也许会在移植性方面带给你某种温和的头疼。

请记住

- 声明 template 参数时，前缀关键字 class 和 typename 可互换。
- 请使用关键字 typename 标识嵌套从属类型名称；但不得在 base class lists（基类列）或 member initialization list（成员初值列）内以它作为 base class 修饰符。

条款 43：学习处理模板化基类内的名称

Know how to access names in templatized base classes.

假设我们需要撰写一个程序，它能够传送信息到若干不同的公司去。信息要不译成密码，要不就是未经加工的文字。如果编译期间我们有足够信息来决定哪一个信息传至哪一家公司，就可以采用基于 template 的解法：

```
class CompanyA {
public:
  ...
  void sendCleartext(const std::string& msg);
  void sendEncrypted(const std::string& msg);
  ...
};
class CompanyB {
public:
  ...
  void sendCleartext(const std::string& msg);
  void sendEncrypted(const std::string& msg);
  ...
};
...                              //针对其他公司设计的 classes.
class MsgInfo { ... };           //这个 class 用来保存信息，以备将来产生信息
template<typename Company>
class MsgSender {
public:
  ...                            //构造函数、析构函数等等。
  void sendClear(const MsgInfo& info)
  {
      std::string msg;
      在这儿，根据 info 产生信息;
      Company c;
      c.sendCleartext(msg);
  }
  void sendSecret(const MsgInfo& info)    //类似 sendClear，唯一不同是
  { ... }                                 //这里调用 c.sendEncrypted
};
```

这个做法行得通。但假设我们有时候想要在每次送出信息时志记（log）某些信息。derived class 可轻易加上这样的生产力，那似乎是个合情合理的解法：

```
template<typename Company>
class LoggingMsgSender: public MsgSender<Company> {
public:
  ...                                     //构造函数、析构函数 等等.
  void sendClearMsg(const MsgInfo& info)
  {
    将"传送前"的信息写至 log;
    sendClear(info);          //调用 base class 函数；这段码无法通过编译。
    将"传送后"的信息写至 log;
  }
  ...
};
```

注意这个 derived class 的信息传送函数有一个不同的名称（sendClearMsg），与其 base class 内的名称（sendClear）不同。那是个好设计，因为它避免遮掩“继承而得的名称”（见条款 33），也避免重新定义一个继承而得的 non-virtual 函数（见条款 36）。但上述代码无法通过编译，至少对严守规律的编译器而言。这样的编译器会抱怨 sendClear 不存在。我们的眼睛可以看到 sendClear 的确在 base class 内，编译器却看不到它们。为什么？

问题在于，当编译器遭遇 class template LoggingMsgSender 定义式时，并不知道它继承什么样的 class。当然它继承的是 MsgSender<Company>，但其中的 Company 是个 template 参数，不到后来（当 LoggingMsgSender 被具现化）无法确切知道它是什么。而如果不知道 Company 是什么，就无法知道 class MsgSender<Company>看起来像什么——更明确地说是没办法知道它是否有个 sendClear 函数。

为了让问题更具体化，假设我们有个 class CompanyZ 坚持使用加密通讯：

```
class CompanyZ {                        //这个 class 不提供
public:                                 //sendCleartext 函数
    ...
    void sendEncrypted(const std::string& msg);
    ...
};
```

一般性的 MsgSender template 对 CompanyZ 并不合适，因为那个 template 提供了一个 sendClear 函数（其中针对其类型参数 Company 调用了 sendCleartext 函数），而这对 CompanyZ 对象并不合理。欲矫正这个问题，我们可以针对 CompanyZ 产生一个 MsgSender 特化版：

```
template<>                              //一个全特化的
class MsgSender<CompanyZ> {             //MsgSender；它和一般 template 相同，
public:                                 //差别只在于它删掉了 sendClear。
    ...
    void sendSecret(const MsgInfo& info)
    { ... }
};
```

注意 class 定义式最前头的 "template<>" 语法象征这既不是 template 也不是标准 class，而是个特化版的 MsgSender template，在 template 实参是 CompanyZ 时被使用。这是所谓的模板全特化（*total template specialization*）：template MsgSender 针对类型 CompanyZ 特化了，而且其特化是全面性的，也就是说一旦类型参数被定义为 CompanyZ，再没有其他 template 参数可供变化。

现在，MsgSender 针对 CompanyZ 进行了全特化，让我们再次考虑 derived class LoggingMsgSender:

```
template<typename Company>
class LoggingMsgSender: public MsgSender<Company> {
public:
    ...
    void sendClearMsg(const MsgInfo& info)
    {
      将“传送前”的信息写至 log;
      sendClear(info);          //如果 Company == CompanyZ，这个函数不存在。
      将“传送后”的信息写至 log;
    }
    ...
};
```

正如注释所言，当 base class 被指定为 MsgSender<CompanyZ> 时这段代码不合法，因为那个 class 并未提供 sendClear 函数！那就是为什么 C++ 拒绝这个调用的原因：它知道 base class templates 有可能被特化，而那个特化版本可能不提供和一般性 template 相同的接口。因此它往往拒绝在 templatized base classes（模板化基类，本例的 MsgSender<Company>）内寻找继承而来的名称（本例的 SendClear）。就某种意义而言，当我们从 Object Oriented C++ 跨进 Template C++（见条款 1），继承就不像以前那般畅行无阻了。

为了重头来过，我们必须有某种办法令 C++“不进入 templatized base classes 观察”的行为失效。有三个办法，第一是在 base class 函数调用动作之前加上 "this->":

```
template<typename Company>
class LoggingMsgSender: public MsgSender<Company> {
public:
    ...
    void sendClearMsg(const MsgInfo& info)
    {
      将“传送前”的信息写至 log;
      this->sendClear(info);       //成立，假设 sendClear 将被继承。
      将“传送后”的信息写至 log;
    }
    ...
};
```

第二是使用 using 声明式。如果你已读过条款 33，这个解法应该会令你感到熟悉。条款 33 描述 using 声明式如何将"被掩盖的 base class 名称"带入一个 derived class 作用域内。我们可以这样写下 sendClearMsg：

```
template<typename Company>
class LoggingMsgSender: public MsgSender<Company> {
public:
    using MsgSender<Company>::sendClear;    //告诉编译器，请它假设
    ...                                      //sendClear 位于 base class 内。
    void sendClearMsg(const MsgInfo& info)
    {
        ...
        sendClear(info);              //OK，假设 sendClear 将被继承下来。
        ...
    }
    ...
};
```

（虽然 using 声明式在这里或在条款 33 都可有效运作，但两处解决的问题其实不相同。这里的情况并不是 base class 名称被 derived class 名称遮掩，而是编译器不进入 base class 作用域内查找，于是我们通过 using 告诉它，请它那么做。）

第三个做法是，明白指出被调用的函数位于 base class 内：

```
template<typename Company>
class LoggingMsgSender: public MsgSender<Company> {
public:
    ...
    void sendClearMsg(const MsgInfo& info)
    {
        ...
        MsgSender<Company>::sendClear(info);    //OK，假设 sendClear
        ...                                      //将被继承下来。
    }
    ...
};
```

但这往往是最不让人满意的一个解法，因为如果被调用的是 virtual 函数，上述的明确资格修饰（explicit qualification）会关闭"virtual 绑定行为"。

从名称可视点（visibility point）的角度出发，上述每一个解法做的事情都相同：对编译器承诺"base class template 的任何特化版本都将支持其一般（泛化）版本所提供的接口"。这样一个承诺是编译器在解析（parse）像 LoggingMsgSender 这样的 derived class template 时需要的。但如果这个承诺最终未被实践出来，往后的编

译最终还是会还给事实一个公道。举个例子，如果稍后的源码内含这个：

```
LoggingMsgSender<CompanyZ> zMsgSender;
MsgInfo msgData;
...                                      //在 msgData 内放置信息。
zMsgSender.sendClearMsg(msgData);        //错误！无法通过编译。
```

其中对 sendClearMsg 的调用动作将无法通过编译，因为在那个点上，编译器知道 base class 是个 template 特化版本 MsgSender<CompanyZ>，而且它们知道那个 class 不提供 sendClear 函数，而后者却是 sendClearMsg 尝试调用的函数。

根本而言，本条款探讨的是，面对“指涉 base class members”之无效 references，编译器的诊断时间可能发生在早期（当解析 derived class template 的定义式时），也可能发生在晚期（当那些 templates 被特定之 template 实参具现化时）。C++ 的政策是宁愿较早诊断，这就是为什么“当 base classes 从 templates 中被具现化时”它假设它对那些 base classes 的内容毫无所悉的缘故。

请记住

- 可在 derived class templates 内通过 "this->" 指涉 base class templates 内的成员名称，或藉由一个明白写出的“base class 资格修饰符”完成。

条款 44：将与参数无关的代码抽离 templates

Factor parameter-independent code out of templates.

Templates 是节省时间和避免代码重复的一个奇方妙法。不再需要键入 20 个类似的 classes 而每一个带有 15 个成员函数，你只需键入一个 class template，留给编译器去具现化那 20 个你需要的相关 classes 和 300 个函数。（class templates 的成员函数只有在被使用时才被暗中具现化，所以只有在这 300 个函数的每一个都被使用，你才会获得这 300 个函数。）Function templates 有类似的诉求。替换写许多函数，你只需要写一个 function template，然后让编译器做剩余的事情。技术是不是很崇高伟大，呵呵。

是的，唔……有时候啦。如果你不小心，使用 templates 可能会导致代码膨胀（*code bloat*）：其二进制码带着重复（或几乎重复）的代码、数据，或两者。其结果有可能源码看起来合身而整齐，但目标码（object code）却不是那么回事。肥胖不结实很难被视为时尚，所以你需要知道如何避免这样的二进制浮夸。

你的主要工具有个气势恢宏的名称：共性与变性分析（*commonality and variability analysis*），但其概念十分平民化。纵使你从未写过一个 template，你始终做着这样的分析。

当你编写某个函数，而你明白其中某些部分的实现码和另一个函数的实现码实质相同，你会很单纯地重复这些码吗？当然不。你会抽出两个函数的共同部分，把它们放进第三个函数中，然后令原先两个函数调用这个新函数。也就是说，你分析了两个函数，找出共同的部分和变化的部分，把共同部分搬到一个新函数去，保留变化的部分在原函数中不动。同样道理，如果你正在编写某个 class，而你明白其中某些部分和另一个 class 的某些部分相同，你也不会重复这共同的部分。取而代之的是你会把共同部分搬移到新 class 去，然后使用继承或复合（见条款 32,38,39），令原先的 classes 取用这共同特性。而原 classes 的互异部分（变异部分）仍然留在原位置不动。

编写 templates 时，也是做相同的分析，以相同的方式避免重复，但其中有个窍门。在 non-template 代码中，重复十分明确：你可以"看"到两个函数或两个 classes 之间有所重复。然而在 template 代码中，重复是隐晦的：毕竟只存在一份 template 源码，所以你必须训练自己去感受当 template 被具现化多次时可能发生的重复。

举个例子，假设你想为固定尺寸的正方矩阵编写一个 template。该矩阵的性质之一是支持逆矩阵运算（matrix inversion）。

```
template<typename T,          //template 支持 n x n 矩阵，元素是
     std::size_t n>           //类型为 T 的 objects；见以下
class SquareMatrix {          //关于 size_t 参数的信息
public:
   ...
   void invert( );            //求逆矩阵
};
```

这个 template 接受一个类型参数 T，除此之外还接受一个类型为 size_t 的参数，那是个非类型参数（*non-type parameter*）。这种参数和类型参数比起来较不常见，但它们完全合法，而且就像本例一样，相当自然。

现在，考虑这些代码：

```
SquareMatrix<double,5> sm1;
...
sm1.invert( );                //调用 SquareMatrix<double,5>::invert
SquareMatrix<double,10> sm2;
...
sm2.invert( );                //调用 SquareMatrix<double,10>::invert
```

这会具现化两份 invert。这些函数并非完完全全相同，因为其中一个操作的是 5*5 矩阵而另一个操作的是 10*10 矩阵，但除了常量 5 和 10，两个函数的其他部分完全相同。这是 template 引出代码膨胀的一个典型例子。

如果你看到两个函数完全相同，只除了一个使用 5 而另一个使用 10，你会怎么做？你的本能会为它们建立一个带数值参数的函数，然后以 5 和 10 来调用这个带参数的函数，而不重复代码。你的本能很好，下面是对 SquareMatrix 的第一次修改：

```
template<typename T>                         //与尺寸无关的 base class，
class SquareMatrixBase {                     //用于正方矩阵
protected:
    ...
    void invert(std::size_t matrixSize);     //以给定的尺寸求逆矩阵
    ...
};
template<typename T, std::size_t n>
class SquareMatrix: private SquareMatrixBase<T> {
private:
    using SquareMatrixBase<T>::invert;       //避免遮掩 base 版的
                                             //invert；见条款 33
public:
    ...
    void invert( ) { this->invert(n); }      //制造一个 inline 调用，调用
};                                           //base class 版的 invert。稍后
                                             //说明为什么这儿出现 this->
```

就如你所看到，带参数的 invert 位于 base class SquareMatrixBase 中。和 SquareMatrix 一样，SquareMatrixBase 也是个 template，不同的是它只对“矩阵元素对象的类型”参数化，不对矩阵的尺寸参数化。因此对于某给定之元素对象类型，所有矩阵共享同一个（也是唯一一个）SquareMatrixBase class。它们也将因此共享这唯一一个 class 内的 invert。

SquareMatrixBase::invert 只是企图成为“避免 derived classes 代码重复”的一种方法，所以它以 protected 替换 public。调用它而造成的额外成本应该是 0，因为 derived classes 的 inverts 调用 base class 版本时用的是 inline 调用（这里的 inline 是隐晦的，见条款 30）。这些函数使用 "this->" 记号，因为若不这样做，便如条款 43 所说，模板化基类（templatized base classes，例如 SquareMatrixBase<T>）内的函数名称会被 derived classes 掩盖。也请注意 SquareMatrix 和 SquareMatrixBase 之间的继承关系是 private。这反应一个事实：

这里的 base class 只是为了帮助 derived classes 实现，不是为了表现 SquareMatrix 和 SquareMatrixBase 之间的 **is-a** 关系（关于 private 继承，见条款 39）。

目前为止一切都好，但还有一些棘手的题目没有解决。SquareMatrixBase::invert 如何知道该操作什么数据？虽然它从参数中知道矩阵尺寸，但它如何知道哪个特定矩阵的数据在哪儿？想必只有 derived class 知道。Derived class 如何联络其 base class 做逆运算动作？一个可能的做法是为 SquareMatrixBase::invert 添加另一个参数，也许是个指针，指向一块用来放置矩阵数据的内存起始点。那行得通，但十之八九 invert 不是唯一一个可写为“形式与尺寸无关并可移至 SquareMatrixBase 内”的 SquareMatrix 函数。如果有若干这样的函数，我们唯一要做的就是找出保存矩阵元素值的那块内存。我们可以对所有这样的函数添加一个额外参数，却得一次又一次地告诉 SquareMatrixBase 相同的信息，这样似乎不好。

另一个办法是令 SquareMatrixBase 贮存一个指针，指向矩阵数值所在的内存。而只要它存储了那些东西，也就可能存储矩阵尺寸。成果看起来像这样：

```
template<typename T>
class SquareMatrixBase {
protected:
    SquareMatrixBase(std::size_t n, T* pMem)     //存储矩阵大小和一个
    : size(n), pData(pMem) { }                   //指针，指向矩阵数值。
    void setDataPtr(T* ptr) { pData = ptr; }     //重新赋值给 pData。
    ...
    private:
    std::size_t size;                            //矩阵的大小。
    T* pData;                                    //指针，指向矩阵内容。
};
```

这允许 derived classes 决定内存分配方式。某些实现版本也许会决定将矩阵数据存储在 SquareMatrix 对象内部：

```
template<typename T, std::size_t n>
class SquareMatrix: private SquareMatrixBase<T> {
public:
    SquareMatrix( )                            //送出矩阵大小和
     : SquareMatrixBase<T>(n, data) { }        //数据指针给 base class。
     ...
private:
    T data[n*n];
};
```

这种类型的对象不需要动态分配内存，但对象自身可能非常大。另一种做法是把每一个矩阵的数据放进 heap（也就是通过 new 来分配内存）：

```
template<typename T, std::size_t n>
class SquareMatrix: private SquareMatrixBase<T> {
public:
   SquareMatrix( )                              //将 base class 的数据指针设为 null,
    : SquareMatrixBase<T>(n, 0),                //为矩阵内容分配内存,
   pData(new T[n*n])                            //将指向该内存的指针存储起来,
   { this->setDataPtr(pData.get()); }           //然后将它的一个副本交给 base class
   ...
private:
   boost::scoped_array<T> pData;                //关于 boost::scoped_array,
};                                              //见条款 13。
```

不论数据存储于何处，从膨胀的角度检讨之，关键是现在许多——说不定是所有——SquareMatrix 成员函数可以单纯地以 inline 方式调用 base class 版本，后者由“持有同型元素”（不论矩阵大小）之所有矩阵共享。在此同时，不同大小的 SquareMatrix 对象有着不同的类型，所以即使（例如 SquareMatrix<double,5>和 SquareMatrix<double,10>）对象使用相同的 SquareMatrixBase<double> 成员函数，我们也没机会传递一个 SquareMatrix<double,5> 对象到一个期望获得 SquareMatrix<double,10> 的函数去。很棒，对吗？

是的，很棒，但必须付出代价。硬是绑着矩阵尺寸的那个 invert 版本，有可能生成比共享版本（其中尺寸乃以函数参数传递或存储在对象内）更佳的代码。例如在尺寸专属版中，尺寸是个编译期常量，因此可以藉由常量的广传达到最优化，包括把它们折进被生成指令中成为直接操作数。这在“与尺寸无关”的版本中是无法办到的。

从另一个角度看，不同大小的矩阵只拥有单一版本的 invert，可减少执行文件大小，也就因此降低程序的 working set（译注：见下说明）大小，并强化指令高速缓存区内的引用集中化（locality of reference）。这些都可能使程序执行得更快速，超越“尺寸专属版”invert 的最优化效果。哪一个影响占主要地位？欲知答案，唯一的办法是两者都尝试并观察你的平台的行为以及面对代表性数据组时的行为。

> 译注：所谓 working set 是指对一个在“虚内存环境”下执行的进程（process）而言，其所使用的那一组内存页（pages）。

另一个效能评比所关心的主题是对象大小。如果你不介意，可将前述“与矩阵大小无关的函数版本”搬至 base class 内，这会增加每一个对象的大小。例如在我

刚才展示的例子中，每一个 SquareMatrix 对象都有一个指针指向 SquareMatrixBase class 内的数据。虽然每个 derived class 已经有一种取得数据的办法，这会对每一个 SquareMatrix 对象增加至少一个指针那么大。当然也可以修改设计，拿掉这些指针，但是再一次，这其中需要若干取舍。例如令 base class 贮存一个 protected 指针指向矩阵数据，会导致丧失封装性，如条款 22 所言。也可能导致资源管理上的混乱和复杂；是的，如果 base class 存储一个指针指向矩阵数据，那些数据空间也许是动态分配获得，也许存储于 derived class 对象内（如稍早所见），如何判断这个指针该不该被删除呢？这样的问题有其答案，但你愈是尝试精密的做法，事情变得愈是复杂。从某个角度看，一点点代码重复反倒看起来有点幸运了。

这个条款只讨论由 non-type template parameters（非类型模板参数）带来的膨胀，其实 type parameters（类型参数）也会导致膨胀。例如在许多平台上 int 和 long 有相同的二进制表述，所以像 vector<int> 和 vector<long> 的成员函数有可能完全相同——这正是膨胀的最佳定义。某些连接器（linkers）会合并完全相同的函数实现码，但有些不会，后者意味某些 templates 被具现化为 int 和 long 两个版本，并因此造成代码膨胀（在某些环境下）。类似情况，在大多数平台上，所有指针类型都有相同的二进制表述，因此凡 templates 持有指针者（例如 list<int*>, list<const int*>, list<SquareMatrix<long,3>*> 等等）往往应该对每一个成员函数使用唯一一份底层实现。这很具代表性地意味，如果你实现某些成员函数而它们操作强型指针（*strongly typed pointers*，即 T*），你应该令它们调用另一个操作无类型指针（*untyped pointers*，即 void*）的函数，由后者完成实际工作。某些 C++ 标准程序库实现版本的确为 vector, deque 和 list 等 templates 做了这件事。如果你关心你的 templates 可能出现代码膨胀，也许你会想让你的 templates 也做相同的事情。

请记住

- Templates 生成多个 classes 和多个函数，所以任何 template 代码都不该与某个造成膨胀的 template 参数产生相依关系。
- 因非类型模板参数（non-type template parameters）而造成的代码膨胀，往往可消除，做法是以函数参数或 class 成员变量替换 template 参数。
- 因类型参数（type parameters）而造成的代码膨胀，往往可降低，做法是让带有完全相同二进制表述（binary representations）的具现类型（instantiation types）共享实现码。

条款 45：运用成员函数模板接受所有兼容类型

Use member function templates to accept "all compatible types."

所谓智能指针（*Smart pointers*）是“行为像指针”的对象，并提供指针没有的机能。例如条款 13 曾经提及 std::auto_ptr 和 tr1::shared_ptr 如何能够被用来在正确时机自动删除 heap-based 资源。STL 容器的迭代器几乎总是智能指针；无疑地你不会奢望使用 "++" 将一个内置指针从 linked list 的某个节点移到另一个节点，但这在 list::iterators 身上办得到。

真实指针做得很好的一件事是，支持隐式转换（implicit conversions）。Derived class 指针可以隐式转换为 base class 指针，“指向 non-const 对象”的指针可以转换为“指向 const 对象”……等等。下面是可能发生于三层继承体系的一些转换：

```
class Top { ... };
class Middle: public Top { ... };
class Bottom: public Middle { ... };
Top* pt1 = new Middle;                 //将 Middle* 转换为 Top*
Top* pt2 = new Bottom;                 //将 Bottom* 转换为 Top*
const Top* pct2 = pt1;                 //将 Top* 转换为 const Top*
```

但如果想在用户自定的智能指针中模拟上述转换，稍稍有点麻烦。我们希望以下代码通过编译：

```
template<typename T>
class SmartPtr {
   public:                              //智能指针通常
   explicit SmartPtr(T* realPtr);      //以内置（原始）指针完成初始化
   ...
};

SmartPtr<Top> pt1 =                     //将 SmartPtr<Middle> 转换为
   SmartPtr<Middle>(new Middle);        // SmartPtr<Top>
SmartPtr<Top> pt2 =                     //将 SmartPtr<Bottom> 转换为
   SmartPtr<Bottom>(new Bottom);        // SmartPtr<Top>
SmartPtr<const Top> pct2 = pt1;         //将 SmartPtr<Top> 转换为
                                        // SmartPtr<const Top>
```

但是，同一个 template 的不同具现体（instantiations）之间并不存在什么与生俱来的固有关系（译注：这里意指如果以带有 base-derived 关系的 B, D 两类型分别具现化某个 template，产生出来的两个具现体并不带有 base-derived 关系），所以编译器视 SmartPtr<Middle> 和 SmartPtr<Top> 为完全不同的 classes，它们之间的关系并不比……唔……并不比 vector<float> 和 Widget 更密切，呵呵。为了获得我们希望获得的 SmartPtr classes 之间的转换能力，我们必须将它们明确地编写出来。

Templates 和泛型编程（Generic Programming）

在上述智能指针实例中，每一个语句创建了一个新式智能指针对象，所以现在我们应该关注如何编写智能指针的构造函数，使其行为能够满足我们的转型需要。一个很具关键的观察结果是：我们永远无法写出我们需要的所有构造函数。在上述继承体系中，我们根据一个 SmartPtr<Middle> 或一个 SmartPtr<Bottom> 构造出一个 SmartPtr<Top>，但如果这个继承体系未来有所扩充，SmartPtr<Top> 对象又必须能够根据其他智能指针构造自己。假设日后添加了：

```
class BelowBottom: public Bottom { ... };
```

我们因此必须令 SmartPtr<BelowBottom> 对象得以生成 SmartPtr<Top> 对象，但我们当然不希望一再修改 SmartPtr template 以满足此类需求。

就原理而言，此例中我们需要的构造函数数量没有止尽，因为一个 template 可被无限量具现化，以致生成无限量函数。因此，似乎我们需要的不是为 SmartPtr 写一个构造函数，而是为它写一个构造模板。这样的模板（templates）是所谓 *member function templates*（常简称为 *member templates*），其作用是为 class 生成函数：

```
template<typename T>
class SmartPtr {
public:
  template<typename U>                       //member template,
  SmartPtr(const SmartPtr<U>& other);        //为了生成 copy 构造函数
  ...
};
```

以上代码的意思是，对任何类型 T 和任何类型 U，这里可以根据 SmartPtr<U>生成一个 SmartPtr<T> ——因为 SmartPtr<T> 有个构造函数接受一个 SmartPtr<U> 参数。这一类构造函数根据对象 u 创建对象 t（例如根据 SmartPtr<U> 创建一个 SmartPtr<T>），而 u 和 v 的类型是同一个 template 的不同具现体，有时我们称之为泛化（*generalized*）*copy* 构造函数。

上面的泛化 *copy* 构造函数并未被声明为 explicit。那是蓄意的，因为原始指针类型之间的转换（例如从 derived class 指针转为 base class 指针）是隐式转换，无需明白写出转型动作（cast），所以让智能指针仿效这种行径也属合理。在模板化构造函数（templatized constructor）中略去 explicit 就是为了这个目的。

完成声明之后，这个为 SmartPtr 而写的“泛化 *copy* 构造函数”提供的东西比我们需要的更多。是的，我们希望根据一个 SmartPtr<Bottom> 创建一个 SmartPtr<Top>，却不希望根据一个 SmartPtr<Top>创建一个 SmartPtr<Bottom>，因为那对 public 继承而言（见条款 32）是矛盾的。我们也不希望根据一个

SmartPtr<double>创建一个 SmartPtr<int>，因为现实中并没有“将 int*转换为 double*”的对应隐式转换行为。是的，我们必须从某方面对这一 member template 所创建的成员函数群进行拣选或筛除。

假设 SmartPtr 遵循 auto_ptr 和 tr1::shared_ptr 所提供的榜样，也提供一个 get 成员函数，返回智能指针对象（见条款 15）所持有的那个原始指针的副本，那么我们可以在“构造模板”实现代码中约束转换行为，使它符合我们的期望：

```
template<typename T>
class SmartPtr {
public:
  template<typename U>
  SmartPtr(const SmartPtr<U>& other)  //以 other 的 heldPtr
    : heldPtr(other.get()) { ... }    // 初始化 this 的 heldPtr
  T* get() const { return heldPtr; }
    ...
private:
  T* heldPtr;                   //这个 SmartPtr 持有的内置（原始）指针
};
```

我使用成员初值列（member initialization list）来初始化 SmartPtr<T> 之内类型为 T* 的成员变量，并以类型为 U* 的指针（由 SmartPtr<U> 持有）作为初值。这个行为只有当“存在某个隐式转换可将一个 U*指针转为一个 T*指针”时才能通过编译，而那正是我们想要的。最终效益是 SmartPtr<T> 现在有了一个泛化 *copy* 构造函数，这个构造函数只在其所获得的实参隶属适当（兼容）类型时才通过编译。

member function templates（成员函数模板）的效用不限于构造函数，它们常扮演的另一个角色是支持赋值操作。例如 TR1 的 shared_ptr（见条款 13）支持所有“来自兼容之内置指针、tr1::shared_ptrs、auto_ptrs 和 tr1::weak_ptrs（见条款 54）”的构造行为，以及所有来自上述各物（tr1::weak_ptrs 除外）的赋值操作。下面是 TR1 规范中关于 tr1::shared_ptr 的一份摘录，其中强烈倾向声明 template 参数时采用关键字 class 而不采用 typename（条款 42 曾说过，两者的意义在此语境下完全相同）。

```
template<class T>
class shared_ptr {
public:
  template<class Y>                                    //构造，来自任何兼容的
    explicit shared_ptr(Y* p);                         //内置指针、
  template<class Y>
    shared_ptr(shared_ptr<Y> const& r);                //或 shared_ptr、
  template<class Y>
    explicit shared_ptr(weak_ptr<Y> const& r);         //或 weak_ptr、
  template<class Y>
    explicit shared_ptr(auto_ptr<Y>& r);               //或 auto_ptr.
```

```
  template<class Y>                                    //赋值，来自任何兼容的
    shared_ptr& operator=(shared_ptr<Y> const& r);     //shared_ptr、
  template<class Y>                                    //或auto_ptr.
    shared_ptr& operator=(auto_ptr<Y>& r);
  ...
};
```

上述所有构造函数都是 explicit，惟有“泛化 *copy* 构造函数”除外。那意味从某个 shared_ptr 类型隐式转换至另一个 shared_ptr 类型是被允许的，但从某个内置指针或从其他智能指针类型进行隐式转换则不被认可（如果是显式转换如 *cast* 强制转型动作倒是可以）。另一个趣味点是传递给 tr1::shared_ptr 构造函数和 *assignment* 操作符的 auto_ptrs 并未被声明为 const，与之形成对比的则是 tr1::shared_ptrs 和 tr1::weak_ptrs 都以 const 传递。这是因为条款 13 说过，当你复制一个 auto_ptrs，它们其实被改动了。

member function templates（成员函数模板）是个奇妙的东西，但它们并不改变语言基本规则。条款 5 说过，编译器可能为我们产生四个成员函数，其中两个是 *copy* 构造函数和 *copy assignment* 操作符。现在，tr1::shared_ptr 声明了一个泛化 *copy* 构造函数，而显然一旦类型 T 和 Y 相同，泛化 *copy* 构造函数会被具现化为“正常的” *copy* 构造函数。那么究竟编译器会暗自为 tr1::shared_ptr 生成一个 *copy* 构造函数呢？或当某个 tr1::shared_ptr 对象根据另一个同型的 tr1::shared_ptr 对象展开构造行为时，编译器会将“泛化 *copy* 构造函数模板”具现化呢？

一如我所说，member templates 并不改变语言规则，而语言规则说，如果程序需要一个 *copy* 构造函数，你却没有声明它，编译器会为你暗自生成一个。在 class 内声明泛化 *copy* 构造函数（是个 member template）并不会阻止编译器生成它们自己的 *copy* 构造函数（一个 non-template），所以如果你想要控制 *copy* 构造的方方面面，你必须同时声明泛化 *copy* 构造函数和“正常的” *copy* 构造函数。相同规则也适用于赋值（*assignment*）操作。下面是 tr1::shared_ptr 的一份定义摘要，例证上述所言：

```
template<class T>
class shared_ptr {
public:
  shared_ptr(shared_ptr const& r);                     //copy构造函数.

  template<class Y>                                    //泛化copy构造函数.
  shared_ptr(shared_ptr<Y> const& r);

  shared_ptr& operator=(shared_ptr const& r);          //copy assignment.

  template<class Y>                                    //泛化copy assignment.
    shared_ptr& operator=(shared_ptr<Y> const& r);
  ...
};
```

请记住

- 请使用 member function templates（成员函数模板）生成"可接受所有兼容类型"的函数。
- 如果你声明 member templates 用于"泛化 *copy* 构造"或"泛化 *assignment* 操作"，你还是需要声明正常的 *copy* 构造函数和 *copy assignment* 操作符。

条款 46：需要类型转换时请为模板定义非成员函数

Define non-member functions inside templates when type conversions are desired.

条款 24 讨论过为什么惟有 non-member 函数才有能力"在所有实参身上实施隐式类型转换"，该条款并以 Rational class 的 operator* 函数为例。我强烈建议你继续看下去之前先让自己熟稔那个例子，因为本条款首先以一个看似无害的改动扩充条款 24 的讨论；本条款将 Rational 和 operator* 模板化了：

```
template<typename T>
 class Rational {
 public:
    Rational(const T& numerator = 0,          //条款 20 告诉你为什么参数以
             const T& denominator = 1);        // passed by reference 方式传递。
    const T numerator() const;                 //条款 28 告诉你为什么返回值
    const T denominator() const;               // 以 passed by value 方式传递。
    ...                                        //条款 3 告诉你为什么它们是 const.
 };
 template<typename T>
 const Rational<T> operator* (const Rational<T>& lhs,
                              const Rational<T>& rhs)
 { ... }
```

就像条款 24 一样，我们希望支持混合式（mixed-mode）算术运算，所以我们希望以下代码顺利通过编译。我们也预期它会，因为它正是条款 24 所列的同一份代码，唯一不同的是 Rational 和 operator* 如今都成了 templates：

```
Rational<int> oneHalf(1, 2);          //这个例子来自条款 24,
                                      //唯一不同是 Rational 改为 template。
Rational<int> result = oneHalf * 2;   //错误！无法通过编译。
```

上述失败给我们的启示是，模板化的 Rational 内的某些东西似乎和其 non-template 版本不同。事实的确如此。在条款 24 内，编译器知道我们尝试调用什么函数（就是接受两个 Rationals 参数的那个 operator*啦），但这里编译器不知道我们想要调用哪个函数。取而代之的是，它们试图想出什么函数被名为 operator*

的 template 具现化（产生）出来。它们知道它们应该可以具现化某个"名为 operator* 并接受两个 Rational<T>参数"的函数，但为完成这一具现化行动，必须先算出 T 是什么。问题是它们没有这个能耐。

为了推导 T，它们看了看 operator* 调用动作中的实参类型。本例中那些类型分别是 Rational<int>（oneHalf 的类型）和 int（2 的类型）。每个参数分开考虑。

以 oneHalf 进行推导，过程并不困难。operator* 的第一参数被声明为 Rational <T>，而传递给 operator* 的第一实参（oneHalf）的类型是 Rational<int>，所以 T 一定是 int。其他参数的推导则没有这么顺利。operator* 的第二参数被声明为 Rational<T>，但传递给 operator* 的第二实参（2）类型是 int。编译器如何根据这个推算出 T？你或许会期盼编译器使用 Rational<int> 的 non-explicit 构造函数将 2 转换为 Rational<int>，进而将 T 推导为 int，但它们不那么做，因为在 template 实参推导过程中从不将隐式类型转换函数纳入考虑。绝不！这样的转换在函数调用过程中的确被使用，但在能够调用一个函数之前，首先必须知道那个函数存在。而为了知道它，必须先为相关的 function template 推导出参数类型（然后才可将适当的函数具现化出来）。然而 template 实参推导过程中并不考虑采纳"通过构造函数而发生的"隐式类型转换。条款 24 不涉及 templates，所以 template 实参推导不成为讨论议题。现在我们却是处在 template part of C++（见条款 1）领域内，template 实参推导是我们的重大议题。

只要利用一个事实，我们就可以缓和编译器在 template 实参推导方面受到的挑战：template class 内的 friend 声明式可以指涉某个特定函数。那意味 class Rational<T>可以声明 operator* 是它的一个 friend 函数。Class templates 并不倚赖 template 实参推导（后者只施行于 function templates 身上），所以编译器总是能够在 class Rational<T> 具现化时得知 T。因此，令 Rational<T> class 声明适当的 operator*为其 friend 函数，可简化整个问题：

```
template<typename T>
class Rational {
public:
  ...
```

```
    friend                                              //声明
    const Rational operator*(const Rational& lhs,       //operator* 函数，
                             const Rational& rhs);      //细节详下。
};
template<typename T>                                    //定义
const Rational<T> operator*(const Rational<T>& lhs,   //operator* 函数。
                            const Rational<T>& rhs)
{ ... }
```

现在对 operator* 的混合式调用可以通过编译了，因为当对象 oneHalf 被声明为一个 Rational<int>，class Rational<int>于是被具现化出来，而作为过程的一部分，friend 函数 operator*（接受 Rational<int>参数）也就被自动声明出来。后者身为一个函数而非函数模板（function template），因此编译器可在调用它时使用隐式转换函数（例如 Rational 的 non-explicit 构造函数），而这便是混合式调用之所以成功的原因。

但是，此情境下的“成功”是个有趣的字眼，因为虽然这段代码通过编译，却无法连接。稍后我马上回来处理这个问题，首先我要谈谈在 Rational 内声明 operator* 的语法。

在一个 class template 内，template 名称可被用来作为“template 和其参数”的简略表达方式，所以在 Rational<T> 内我们可以只写 Rational 而不必写 Rational<T>。本例中这只节省我们少打几个字，但若出现许多参数，或参数名称很长，这可以节省我们的时间，也可以让代码比较干净。我谈这个是因为，本例中的 operator* 被声明为接受并返回 Rationals（而非 Rational<T>s）。如果它被声明如下，一样有效：

```
template<typename T>
class Rational {
public:
    ...
friend
    const Rational<T> operator*(const Rational<T>& lhs,
                                const Rational<T>& rhs);
    ...
};
```

然而使用简略表达方式（速记式）比较轻松也比较普遍。

现在回头想想我们的问题。混合式代码通过了编译，因为编译器知道我们要调用哪个函数（就是接受一个 Rational<int> 以及又一个 Rational<int> 的那个

operator*)，但那个函数只被声明于 Rational 内，并没有被定义出来。我们意图令此 class 外部的 operator* template 提供定义式，但是行不通——如果我们自己声明了一个函数（那正是 Rational template 内的作为），就有责任定义那个函数。既然我们没有提供定义式，连接器当然找不到它！

或许最简单的可行办法就是将 operator* 函数本体合并至其声明式内：

```
template<typename T>
class Rational {
public:
...
friend const Rational operator*(const Rational& lhs,
                                const Rational& rhs)
 {
   return Rational(lhs.numerator() * rhs.numerator( ),       //实现码与
                   lhs.denominator() * rhs.denominator()); //条款 24 同
 }
};
```

这便如同我们所期望地正常运作了起来：对 operator*的混合式调用现在可编译连接并执行。万岁！

这项技术的一个趣味点是，我们虽然使用 friend，却与 friend 的传统用途“访问 class 的 non-public 成分”毫不相干。为了让类型转换可能发生于所有实参身上，我们需要一个 non-member 函数（条款 24）；为了令这个函数被自动具现化，我们需要将它声明在 class 内部；而在 class 内部声明 non-member 函数的唯一办法就是：令它成为一个 friend。因此我们就这样做了。不习惯？是的。有效吗？不必怀疑。

一如条款 30 所说，定义于 class 内的函数都暗自成为 inline，包括像 operator*这样的 friend 函数。你可以将这样的 inline 声明所带来的冲击最小化，做法是令 operator*不做任何事情，只调用一个定义于 class 外部的辅助函数。在本条款的例子中，这样做并没有太大意义，因为 operator*已经是个单行函数，但对更复杂的函数而言，那么做也许就有价值。“令 friend 函数调用辅助函数”的做法的确值得细究一番。

“Rational 是个 template”这一事实意味上述的辅助函数通常也是个 template，所以定义了 Rational 的头文件代码，很典型地长这个样子：

```
template<typename T> class Rational;         //声明 Rational template
```

```
template<typename T>                          //声明 helper template
const Rational<T> doMultiply(const Rational<T>& lhs,
                             const Rational<T>& rhs);

template<typename T>
class Rational {
public:
  ...
friend
  const Rational<T> operator*(const Rational<T>& lhs,
                              const Rational<T>& rhs)
  { return doMultiply(lhs, rhs); }                //令 friend 调用 helper
  ...
};
```

许多编译器实质上会强迫你把所有 template 定义式放进头文件内，所以你或许需要在头文件内定义 doMultiply（一如条款 30 所言，这样的 templates 不需非得是 inline 不可），看起来像这样：

```
template<typename T>                                 //若有必要，
const Rational<T> doMultiply(const Rational<T>& lhs, //在头文件内定义
                             const Rational<T>& rhs) //helper template
{
  return Rational<T>(lhs.numerator() * rhs.numerator(),
                     lhs.denominator() * rhs.denominator());
}
```

作为一个 template，doMultiply 当然不支持混合式乘法，但它其实也不需要。它只被 operator* 调用，而 operator* 支持了混合式操作！本质上 operator* 支持了类型转换所需的任何东西，确保两个 Rational 对象能够相乘，然后它将这两个对象传给一个适当的 doMultiply template 具现体，完成实际的乘法操作。协作为成功之本，不是吗？

请记住

- 当我们编写一个 class template，而它所提供之“与此 template 相关的”函数支持“所有参数之隐式类型转换”时，请将那些函数定义为“class template 内部的 friend 函数”。

条款 47：请使用 traits classes 表现类型信息

Use traits classes for information about types.

STL 主要由“用以表现容器、迭代器和算法”的 templates 构成，但也覆盖若干工具性 templates，其中一个名为 advance，用来将某个迭代器移动某个给定距离：

```
template<typename IterT, typename DistT>   //将迭代器向前移动 d 单位。
void advance(IterT& iter, DistT d);         //如果 d < 0 则向后移动。
```

观念上 advance 只是做 iter += d 动作，但其实不可以全然那么实践，因为只有 *random access*（随机访问）迭代器才支持 +=操作。面对其他威力不那么强大的迭代器种类，advance 必须反复施行 ++ 或 --，共 d 次。

嗯，你不记得你的 STL 迭代器分类（categories）了吗？没关系，让我们来一次迷你回顾。STL 共有 5 种迭代器分类，对应于它们支持的操作。*Input* 迭代器只能向前移动，一次一步，客户只可读取（不能涂写）它们所指的东西，而且只能读取一次。它们模仿指向输入文件的阅读指针（read pointer）；C++ 程序库中的 istream_iterators 是这一分类的代表。*Output* 迭代器情况类似，但一切只为输出：它们只向前移动，一次一步，客户只可涂写它们所指的东西，而且只能涂写一次。它们模仿指向输出文件的涂写指针（write pointer）；ostream_iterators 是这一分类的代表。这是威力最小的两个迭代器分类。由于这两类都只能向前移动，而且只能读或写其所指物最多一次，所以它们只适合“一次性操作算法”（one-pass algorithms）。

另一个威力比较强大的分类是 *forward* 迭代器。这种迭代器可以做前述两种分类所能做的每一件事，而且可以读或写其所指物一次以上。这使得它们可施行于多次性操作算法（multi-pass algorithms）。STL 并未提供单向 linked list，但某些程序库有（通常名为 slist），而指入这种容器的迭代器就是属于 *forward* 迭代器。指入 TR1 hashed 容器（见条款 54）的也可能是这一分类。（译注：这里说“可能”是因为 hashed 容器的迭代器可为单向也可为双向，取决于实现版本。）

Bidirectional 迭代器比上一个分类威力更大：它除了可以向前移动，还可以向后移动。STL 的 list 迭代器就属于这一分类，set, multiset, map 和 multimap 的迭代器也都是这一分类。

最有威力的迭代器当属 *random access* 迭代器。这种迭代器比上一个分类威力更大的地方在于它可以执行“迭代器算术”，也就是它可以在常量时间内向前或向后跳跃任意距离。这样的算术很类似指针算术，那并不令人惊讶，因为 *random access* 迭代器正是以内置（原始）指针为榜样，而内置指针也可被当做 *random access* 迭代器使用。vector, deque 和 string 提供的迭代器都是这一分类。

对于这 5 种分类，C++标准程序库分别提供专属的卷标结构（tag struct）加以确认：

```
struct input_iterator_tag {};
struct output_iterator_tag {};
struct forward_iterator_tag: public input_iterator_tag { };
struct bidirectional_iterator_tag: public forward_iterator_tag { };
struct random_access_iterator_tag: public bidirectional_iterator_tag {};
```

这些 structs 之间的继承关系是有效的 *is-a* 关系(见条款 32)：是的，所有 *forward* 迭代器都是 *input* 迭代器，依此类推。很快我们会看到这个继承关系的效力。

现在回到 advance 函数。我们已经知道 STL 迭代器有着不同的能力，实现 advance 的策略之一是采用“最低但最普及”的迭代器能力，以循环反复递增或递减迭代器。然而这种做法耗费线性时间。我们知道 *random access* 迭代器支持迭代器算术运算，只耗费常量时间，因此如果面对这种迭代器，我们希望运用其优势。

我们真正希望的是以这种方式实现 advance：

```
template<typename IterT, typename DistT>
void advance(IterT& iter, DistT d)
{
   if (iter is a random access iterator) {
        iter += d;       //针对 random access 迭代器使用迭代器算术运算
   }
   else {
        if (d >= 0) { while (d--) ++iter; }      //针对其他迭代器分类
        else { while (d++) --iter; }             //反复调用 ++ 或 --
   }
}
```

这种做法首先必须判断 iter 是否为 *random access* 迭代器，也就是说需要知道类型 IterT 是否为 *random access* 迭代器分类。换句话说我们需要取得类型的某些信息。那就是 *traits* 让你得以进行的事：它们允许你在编译期间取得某些类型信息。

Traits 并不是 C++ 关键字或一个预先定义好的构件；它们是一种技术，也是一个 C++ 程序员共同遵守的协议。这个技术的要求之一是，它对内置（built-in）类型和用户自定义(user-defined)类型的表现必须一样好。举个例子，如果上述 advance 收到的实参是一个指针（例如 const char*）和一个 int，上述 advance 仍然必须有效运作，那意味 traits 技术必须也能够施行于内置类型如指针身上。

“traits 必须能够施行于内置类型”意味“类型内的嵌套信息（nesting information）”这种东西出局了，因为我们无法将信息嵌套于原始指针内。因此类型的 traits 信息必须位于类型自身之外。标准技术是把它放进一个 template 及其一或多个特化版本中。这样的 templates 在标准程序库中有若干个，其中针对迭代器者被命名为 iterator_traits：

```
template<typename IterT>          //template，用来处理
struct iterator_traits;           //迭代器分类的相关信息
```

如你所见，iterator_traits 是个 struct。是的，习惯上 traits 总是被实现为 structs，但它们却又往往被称为 traits *class*es。

iterator_traits 的运作方式是，针对每一个类型 IterT，在 struct iterator_traits<IterT> 内一定声明某个 typedef 名为 iterator_category。这个 typedef 用来确认 IterT 的迭代器分类。

iterator_traits 以两个部分实现上述所言。首先它要求每一个“用户自定义的迭代器类型”必须嵌套一个 typedef，名为 iterator_category，用来确认适当的卷标结构（tag struct）。例如 deque 的迭代器可随机访问，所以一个针对 deque 迭代器而设计的 class 看起来会是这样子：

```
template < ... >                 //略而未写 template 参数
class deque {
public:
   class iterator {
   public:
        typedef random_access_iterator_tag iterator_category;
        ...
   };
   ...
};
```

list 的迭代器可双向行进，所以它们应该是这样：

```
template < ... >
class list {
public:
   class iterator {
   public:
        typedef bidirectional_iterator_tag iterator_category;
        ...
   };
   ...
};
```

至于 iterator_traits，只是鹦鹉学舌般地响应 iterator class 的嵌套式 typedef：

```
//类型 IterT 的 iterator_category 其实就是用来表现“IterT 说它自己是什么”。
//关于 "typedef typename" 的运用，见条款 42。
template<typename IterT>
struct iterator_traits {
   typedef typename IterT::iterator_category iterator_category;
   ...
};
```

这对用户自定义类型行得通，但对指针（也是一种迭代器）行不通，因为指针不可能嵌套 typedef。iterator_traits 的第二部分如下，专门用来对付指针。

为了支持指针迭代器， iterator_traits 特别针对指针类型提供一个偏特化版本（*partial template specialization*）。由于指针的行径与 *random access* 迭代器类似，所以 iterator_traits 为指针指定的迭代器类型是：

```
template<typename IterT>                    //template 偏特化
struct iterator_traits<IterT*>              //针对内置指针
{
    typedef random_access_iterator_tag iterator_category;
    ...
};
```

现在，你应该知道如何设计并实现一个 traits class 了：

- 确认若干你希望将来可取得的类型相关信息。例如对迭代器而言，我们希望将来可取得其分类（category）。
- 为该信息选择一个名称（例如 iterator_category）。
- 提供一个 template 和一组特化版本（例如稍早说的 iterator_traits），内含你希望支持的类型相关信息。

好，现在有了 iterator_traits（实际上是 std::iterator_traits，因为它是 C++标准程序库的一部分），我们可以对 advance 实践先前的伪码（pseudocode）：

```
template<typename IterT, typename DistT>
void advance(IterT& iter, DistT d)
{
    if (typeid(typename std::iterator_traits<IterT>::iterator_category)
        ==typeid(std::random_access_iterator_tag))
    ...
}
```

虽然这看起来前景光明，其实并非我们想要。首先它会导致编译问题，但我将在条款 48 才探讨这一点，此刻有更根本的问题要考虑。IterT 类型在编译期间获知，所以 iterator_traits<IterT>::iterator_category 也可在编译期间确定。但 if 语句却是在运行期才会核定。为什么将可在编译期完成的事延到运行期才做呢？这不仅浪费时间，也造成可执行文件膨胀。

我们真正想要的是一个条件式（也就是一个 if...else 语句）判断“编译期核定成功”之类型。恰巧 C++ 有一个取得这种行为的办法，那就是重载（overloading）。

当你重载某个函数 f，你必须详细叙述各个重载件的参数类型。当你调用 f，编译器便根据传来的实参选择最适当的重载件。编译器的态度是“如果这个重载件最匹配传递过来的实参，就调用这个 f；如果那个重载件最匹配，就调用那个 f；如果第三个 f 最匹配，就调用第三个 f！”依此类推。看到了吗，这正是一个针对类型而发生的“编译期条件句”。为了让 advance 的行为如我们所期望，我们需要做的是产生两版重载函数，内含 advance 的本质内容，但各自接受不同类型的 iterator_category 对象。我将这两个函数取名为 doAdvance：

```
template<typename IterT, typename DistT>              //这份实现用于
void doAdvance(IterT& iter, DistT d,                  //random access
               std::random_access_iterator_tag)       //迭代器
{
    iter += d;
}

template<typename IterT, typename DistT>              //这份实现用于
void doAdvance(IterT& iter, DistT d,                  //bidirectional
               std::bidirectional_iterator_tag)       //迭代器
{
    if (d >= 0) { while (d--) ++iter; }
    else { while (d++) --iter; }
}

template<typename IterT, typename DistT>              //这份实现用于
void doAdvance(IterT& iter, DistT d,                  //input 迭代器
               std::input_iterator_tag)
{
    if (d < 0 ) {
        throw std::out_of_range("Negative distance");     //详下
    }
    while (d--) ++iter;
}
```

由于 forward_iterator_tag 继承自 input_iterator_tag，所以上述 doAdvance 的 input_iterator_tag 版本也能够处理 *forward* 迭代器。这是 iterator_tag structs 继承关系带来的一项红利。实际上这也是 public 继承带来的部分好处：针对 base class 编写的代码用于 derived class 身上也行得通。

advance 函数规范说，如果面对的是 *random access* 和 *bidirectional* 迭代器，则接受正距离和负距离；但如果面对的是 *forward* 或 *input* 迭代器，则移动负距离会导致不明确（未定义）行为。我所检验过的实现码都假设 d 不为负，于是直接进入一个冗长的循环迭代，等待计数器降为 0。上述代码中我以抛出异常取而代之。两种做法都有根据，但“无法预言发生何事”是“不明确行为”之祸源所在。

有了这些 doAdvance 重载版本，advance 需要做的只是调用它们并额外传递一个对象，后者必须带有适当的迭代器分类。于是编译器运用重载解析机制（overloading resolution）调用适当的实现代码：

```
template<typename IterT, typename DistT>
void advance(IterT& iter, DistT d)
{
  doAdvance(                    //调用的 doAdvance 版本
    iter, d,                    //对 iter 之迭代器分类而言
    typename                    //必须是适当的。
      std::iterator_traits<IterT>::iterator_category()
  );
}
```

现在我们可以总结如何使用一个 traits class 了：

- 建立一组重载函数（身份像劳工）或函数模板（例如 doAdvance），彼此间的差异只在于各自的 traits 参数。令每个函数实现码与其接受之 traits 信息相应和。
- 建立一个控制函数（身份像工头）或函数模板（例如 advance），它调用上述那些"劳工函数"并传递 traits class 所提供的信息。

Traits 广泛用于标准程序库。其中当然有上述讨论的 iterator_traits，除了供应 iterator_category 还供应另四份迭代器相关信息（其中最有用的是 value_type，见条款 42）。此外还有 char_traits 用来保存字符类型的相关信息，以及 numeric_limits 用来保存数值类型的相关信息，例如某数值类型可表现之最小值和最大值等等；命名为 numeric_limits 有点让人惊讶，因为 traits classes 的名称常以 "traits" 结束，但 numeric_limits 却没有遵守这种风格。

TR1（条款 54）导入许多新的 traits classes 用以提供类型信息，包括 is_fundamental <T>（判断 T 是否为内置类型），is_array<T>（判断 T 是否为数组类型），以及 is_base_of<T1, T2>（T1 和 T2 相同，抑或 T1 是 T2 的 base class）。总计 TR1 一共为标准 C++ 添加了 50 个以上的 traits classes。

请记住

- Traits classes 使得"类型相关信息"在编译期可用。它们以 templates 和"templates 特化"完成实现。
- 整合重载技术（overloading）后，traits classes 有可能在编译期对类型执行 if...else 测试。

条款 48：认识 template 元编程

Be aware of template metaprogramming.

Template metaprogramming（TMP，模板元编程）是编写 template-based C++ 程序并执行于编译期的过程。花一分钟想想这个：所谓 template metaprogram（模板元程序）是以 C++ 写成、执行于 C++ 编译器内的程序。一旦 TMP 程序结束执行，其输出，也就是从 templates 具现出来的若干 C++ 源码，便会一如往常地被编译。

如果这没有带给你异乎寻常的印象，你一定是没有足够认真地思考它。

C++ 并非是为 template metaprogramming 而设计，但自从 TMP 于 1990s 初期被发现以后，由于日渐被证明十分有用，其延伸部分很可能加入语言和标准程序库内，使 TMP 更容易进行。是的，TMP 是被发现而不是被发明出来的。当 templates 加入 C++ 时 TMP 底层特性也就被引进了。对某些人而言唯一需要注意的是如何以熟练巧妙而意想不到的方式使用 TMP。

TMP 有两个伟大的效力。第一，它让某些事情更容易。如果没有它，那些事情将是困难的，甚至不可能的。第二，由于 template metaprograms 执行于 C++ 编译期，因此可将工作从运行期转移到编译期。这导致的一个结果是，某些错误原本通常在运行期才能侦测到，现在可在编译期找出来。另一个结果是，使用 TMP 的 C++ 程序可能在每一方面都更高效：较小的可执行文件、较短的运行期、较少的内存需求。然而将工作从运行期移转至编译期的另一个结果是，编译时间变长了。是的，程序如果使用 TMP，其编译时间可能远长于不使用 TMP 的对应版本。

考虑 p.228 导入的 STL advance 伪码（位于条款 47。或许你会想现在就阅读它，因为本条款中我假设你已经熟悉条款 47 的内容）。就像 p.228 所示，我特别强调那段代码的伪码部分（pseudo part）：

```
template<typename IterT, typename DistT>
void advance(IterT& iter, DistT d)
{
    if (iter is a random access iterator) {
         iter += d;       //针对 random access 迭代器使用迭代器算术运算
    }
    else {
         if (d >= 0) { while (d--) ++iter; }      //针对其他迭代器类型
         else { while (d++) --iter; }             //反复调用 ++ 或 --
    }
}
```

我们可以使用 typeid 让其中的伪码成真，取得 C++ 对此问题的一个“正常”解决方案——所有工作都在运行期进行：

```
template<typename IterT, typename DistT>
void advance(IterT& iter, DistT d)
{
  if (typeid(typename std::iterator_traits<IterT>::iterator_category)
     == typeid(std::random_access_iterator_tag)) {
    iter += d;            //针对 random access 迭代器，使用迭代器算术运算。
  }
  else {
    if (d >= 0) { while (d--) ++iter; }    //针对其他迭代器分类
    else { while (d++) - -iter; }          //反复调用 ++ 或 --
  }
}
```

条款 47 指出，这个 typeid-based 解法的效率比 traits 解法低，因为在此方案中，(1) 类型测试发生于运行期而非编译期，(2)“运行期类型测试”代码会出现在（或说被连接于）可执行文件中。实际上这个例子正可彰显 TMP 如何能够比“正常的”C++ 程序更高效，因为 traits 解法就是 TMP。别忘了，traits 引发“编译期发生于类型身上的 if...else 计算”。

稍早我曾谈到，某些东西在 TMP 比在“正常的”C++ 容易，对此 advance 也提供了一个好例子。条款 47 曾经提过 advance 的 typeid-based 实现方式可能导致编译期问题，下面就是个例子：

```
std::list<int>::iterator iter;
...
advance(iter, 10);       //移动 iter 向前走 10 个元素；
                         //上述实现无法通过编译。
```

下面这一版 advance 便是针对上述调用而产生的。将 template 参数 IterT 和 DistT 分别替换为 iter 和 10 的类型之后，我们得到这些：

```
void advance(std::list<int>::iterator& iter, int d)
{
  if (typeid(std::iterator_traits<std::list<int>::iterator>::iterator_category)
      == typeid(std::random_access_iterator_tag)) {
    iter += d;           //错误！
  }
  else {
    if (d >= 0) { while (d--) ++iter; }
    else        { while (d++) --iter; }
  }
}
```

问题出在我所强调的那一行代码使用了 += 操作符，那便是尝试在一个 list<int>::iterator 身上使用 +=，但 list<int>::iterator 是 *bidirectional* 迭代器（见条款 47），并不支持 +=。只有 *random access* 迭代器才支持 +=。此刻我们知道绝不会执行起 += 那一行，因为测试 typeid 的那一行总是会因为 list<int>::iterators 而失败，但编译器必须确保所有源码都有效，纵使是不会执行起来的代码！而当 iter 不是 *random access* 迭代器时 "iter += d" 无效。与此对比的是 traits-based TMP 解法，其针对不同类型而进行的代码，被拆分为不同的函数，每个函数所使用的操作（操作符）都可施行于该函数所对付的类型。

TMP 已被证明是个“图灵完全”（Turing-complete）机器，意思是它的威力大到足以计算任何事物。使用 TMP 你可以声明变量、执行循环、编写及调用函数……但这般构件相对于“正常的”C++对应物看起来很是不同，例如条款 47 展示的 TMP if...else 条件句是藉由 templates 和其特化体表现出来。不过那毕竟是汇编语言层级的 TMP。针对 TMP 而设计的程序库（例如 Boost's MPL，见条款 55）提供更高层级的语法——尽管目前还不足以让你误以为那是“正常的”C++。

为了再次浮光掠影地认识一下“事物在 TMP 中如何运作”，让我们看看循环。TMP 并没有真正的循环构件，所以循环效果系藉由递归（recursion）完成。如果你对递归不太适应，恐怕必须在大胆投入 TMP 之前先解决它。TMP 主要是个“函数式语言”（functional language），而递归之于这类语言就像电视之于美国通俗文化一样地无法分割。TMP 的递归甚至不是正常种类，因为 TMP 循环并不涉及递归函数调用，而是涉及“递归模板具现化”（recursive template instantiation）。

TMP 的起手程序是在编译期计算阶乘（factorial）。这不是个令人特别兴奋的程序，但 "hello world" 程序也不是，而两者对于语言的导入都很有帮助。TMP 的阶乘运算示范如何通过“递归模板具现化”（recursive template instantiation）实现循环，以及如何在 TMP 中创建和使用变量：

```
template<unsigned n>                        //一般情况：Factorial<n> 的值是
struct Factorial {                          //  n 乘以 Factorial<n-1> 的值。
    enum { value = n * Factorial<n-1>::value };
};
template<>                                  //特殊情况：
struct Factorial<0> {                       //Factorial<0> 的值是 1
    enum { value = 1 };
};
```

有了这个 template metaprogram（其实只是个单一的 template metafunction Factorial），只要你指涉 Factorial<n>::value 就可以得到 n 阶乘值。

循环发生在 template 具现体 Factorial<n>内部指涉另一个 template 具现体 Factorial<n-1> 之时。和所有良好递归一样，我们需要一个特殊情况造成递归结束。这里的特殊情况是 template 特化体 Factorial<0>。

每个 Factorial template 具现体都是一个 struct，每个 struct 都使用 enum hack（见条款 2）声明一个名为 value 的 TMP 变量，value 用来保存当前计算所得的阶乘值。如果 TMP 拥有真正的循环构件，value 应该在每次循环内获得更新。但由于 TMP 系以“递归模板具现化”（recursive template instantiation）取代循环，每个具现体有自己的一份 value，而每个 value 有其循环内的适当值。

你可以这样使用 Factorial：

```
int main()
{
  std::cout << Factorial<5>::value;        //印出 120
  std::cout << Factorial<10>::value;       //印出 3628800
}
```

如果你认为这比冬天吃冰淇淋还酷，你就是取得了成为一个 template metaprogrammer 的必要条件。如果 templates 和其特化版本，以及递归具现化和 enum hacks，以及键入 Factorial<n-1>::value 这样的东西会使你汗毛直竖，唔……你是个十分“正常化”的 C++ 程序员。

当然，Factorial 示范 TMP 的用途就只是像 "hello world" 示范任何传统语言的用途一样。为求领悟 TMP 之所以值得学习，很重要的一点是先对它能够达成什么目标有一个比较好的理解。下面举出三个例子：

- 确保量度单位正确。在科学和工程应用程序中，确保量度单位（例如质量、距离、时间……等等）正确结合是绝对必要的。举个例子，将一个质量变量赋值给一个速度变量是错误的，但是将一个距离变量除以一个时间变量并将结果赋值给一个速度变量则成立。如果使用 TMP，就可以确保（在编译期）程序中所有量度单位的组合都正确，不论其计算多么复杂。这也就是为什么 TMP 可被用来进行早期错误侦测。这种 TMP 用途的一个有趣情况是，就连因次为分数的指数（fractional dimensional exponents）也可支持，但分数必须先在编译期被约简，例如 time$^{1/2}$ 的单位和 time$^{4/8}$ 的单位相同。

- 优化矩阵运算。条款 21 曾经提过某些函数包括 operator* 必须返回新对象，而条款 44 又导入了一个 SquareMatrix class。考虑以下代码：

```
typedef SquareMatrix<double, 10000> BigMatrix;
BigMatrix m1, m2, m3, m4, m5;            //创建矩阵并
...                                      //赋予它们数值。
BigMatrix result = m1 * m2 * m3 * m4 * m5;   //计算它们的乘积。
```

  以“正常的”函数调用动作来计算 result，会创建 4 个暂时性矩阵，每一个用来存储对 operator* 的调用结果。犹有进者，各自独立的乘法产生了 4 个作用于矩阵元素身上的循环。如果使用高级、与 TMP 相关的 template 技术，即所谓 *expression templates*，就有可能消除那些临时对象并合并循环，这一切都无需改变客户端的用法（像上面那样）。于是 TMP 软件使用较少的内存，执行速度又有戏剧性的提升。

- 可以生成客户定制之设计模式（custom design pattern）实现品。设计模式如 ***Strategy***（见条款 35）,***Observer***, ***Visitor*** 等等都可以多种方式实现出来。运用所谓 *policy-based design* 之 TMP-based 技术，有可能产生一些 templates 用来表述独立的设计选项（所谓 "policies"），然后可以任意结合它们，导致模式实现品带着客户定制的行为。这项技术已被用来让若干 templates 实现出智能指针的行为政策（behavioral policies），用以在编译期间生成数以百计不同的智能指针类型。这项技术已经超越编程工艺领域如设计模式和智能指针，更广义地成为 *generative programming*（殖生式编程）的一个基础。

不是每个人都喜欢 TMP。其语法不直观，其支持工具目前还不充分（template metaprograms 的调试器？哈，还早咧！）由于 TMP 是一个在相对短时间之前才意外发现的语言，其编程方式还多少需要倚赖经验。尽管如此，将工作从运行期移往编译期所带来的效率改善还是令人印象深刻，而 TMP 对“难以或甚至不可能于运行期实现出来的行为”的表现能力也很吸引人。

TMP 仿佛旭日东升。有可能下一版 C++ 会对它提供明确的支持，甚至 TR1 已经这样做了（见条款 54）。TMP 书籍已逐渐出现，网络上的 TMP 信息愈来愈丰富。

TMP 或许永远不会成为主流，但对某些程序员——特别是程序库开发人员——几乎确定会成为他们的主要粮食。

请记住

- Template metaprogramming（TMP，模板元编程）可将工作由运行期移往编译期，因而得以实现早期错误侦测和更高的执行效率。
- TMP 可被用来生成“基于政策选择组合”（based on combinations of policy choices）的客户定制代码，也可用来避免生成对某些特殊类型并不适合的代码。

8

定制 new 和 delete

Customizing new and delete

当计算环境（例如 Java 和 .NET）夸耀自己内置“垃圾回收能力”的当今，C++ 对内存管理的纯手工法也许看起来有点老气。但是许多苛刻的系统程序开发人员之所以选择 C++，就是因为它允许他们手工管理内存。这样的开发人员研究并学习他们的软件使用内存的行为特征，然后修改分配和归还工作，以求获得其所建置的系统的最佳效率（包括时间和空间）。

这样做的前提是，了解 C++ 内存管理例程的行为。这正是本章焦点。这场游戏的两个主角是分配例程和归还例程（allocation and deallocation routines，也就是 `operator new` 和 `operator delete`），配角是 new-handler，这是当 `operator new` 无法满足客户的内存需求时所调用的函数。

多线程环境下的内存管理，遭受单线程系统不曾有过的挑战。由于 heap 是一个可被改动的全局性资源，因此多线程系统充斥着发狂访问这一类资源的 race conditions（竞速状态）出现机会。本章多个条款提及使用可改动之 static 数据，这总是会令线程感知（thread-aware）程序员高度警戒如坐针毡。如果没有适当的同步控制（synchronization），一旦使用无锁（lock-free）算法或精心防止并发访问（concurrent access）时，调用内存例程可能很容易导致管理 heap 的数据结构内容败坏。我不想一再提醒你这些危险，我只打算在这里提一下，然后假设你会牢记在心。

另外要记住的是，`operator new` 和 `operator delete` 只适合用来分配单一对象。Arrays 所用的内存由 `operator new[]` 分配出来，并由 `operator delete[]` 归还（注意两个函数名称中的 `[]`）。除非特别表示，我所写的每一件关于 `operator new` 和 `operator delete` 的事也都适用于 `operator new[]` 和 `operator delete[]`。

最后请注意，STL 容器所使用的 heap 内存是由容器所拥有的分配器对象（allocator objects）管理，不是被 new 和 delete 直接管理。本章并不讨论 STL 分配器。

条款 49：了解 new-handler 的行为

Understand the behavior of the new-handler.

当 operator new 无法满足某一内存分配需求时，它会抛出异常。以前它会返回一个 null 指针，某些旧式编译器目前也还那么做。你还是可以取得旧行为（有那么几分像啦），但本条款最后才会进行这项讨论。

当 operator new 抛出异常以反映一个未获满足的内存需求之前，它会先调用一个客户指定的错误处理函数，一个所谓的 *new-handler*。（这其实并非全部事实。operator new 真正做的事情稍微更复杂些。详见条款 51。）为了指定这个“用以处理内存不足”的函数，客户必须调用 set_new_handler，那是声明于 <new>的一个标准程序库函数：

```
namespace std {
   typedef void (*new_handler)( );
   new_handler set_new_handler(new_handler p) throw();
}
```

如你所见，new_handler 是个 typedef，定义出一个指针指向函数，该函数没有参数也不返回任何东西。set_new_handler 则是“获得一个 new_handler 并返回一个 new_handler”的函数。set_new_handler 声明式尾端的 "throw()" 是一份异常明细，表示该函数不抛出任何异常——虽然事实更有趣些，详见条款 29。

set_new_handler 的参数是个指针，指向 operator new 无法分配足够内存时该被调用的函数。其返回值也是个指针，指向 set_new_handler 被调用前正在执行（但马上就要被替换）的那个 new-handler 函数。

你可以这样使用 set_new_handler：

```
//以下是当operator new无法分配足够内存时，该被调用的函数
void outOfMem()
{
   std::cerr << "Unable to satisfy request for memory\n";
   std::abort( );
}
```

```
int main()
{
    std::set_new_handler(outOfMem);
    int* pBigDataArray = new int[100000000L];
    ...
}
```

就本例而言，如果 operator new 无法为 100,000,000 个整数分配足够空间，outOfMem 会被调用，于是程序在发出一个信息之后夭折（abort）。（顺带一提，如果在写出错误信息至 cerr 过程期间必须动态分配内存，考虑会发生什么事……）

当 operator new 无法满足内存申请时，它会不断调用 new-handler 函数，直到找到足够内存。引起反复调用的代码显示于条款 51，这里的高级描述已足够获得一个结论，那就是一个设计良好的 new-handler 函数必须做以下事情：

- **让更多内存可被使用**。这便造成 operator new 内的下一次内存分配动作可能成功。实现此策略的一个做法是，程序一开始执行就分配一大块内存，而后当 new-handler 第一次被调用，将它们释还给程序使用。
- **安装另一个 new-handler**。如果目前这个 new-handler 无法取得更多可用内存，或许它知道另外哪个 new-handler 有此能力。果真如此，目前这个 new-handler 就可以安装另外那个 new-handler 以替换自己（只要调用 set_new_handler）。下次当 operator new 调用 new-handler，调用的将是最新安装的那个。（这个旋律的变奏之一是让 new-handler 修改自己的行为，于是当它下次被调用，就会做某些不同的事。为达此目的，做法之一是令 new-handler 修改“会影响 new-handler 行为”的 static 数据、namespace 数据或 global 数据。）
- **卸除 new-handler**，也就是将 null 指针传给 set_new_handler。一旦没有安装任何 new-handler，operator new 会在内存分配不成功时抛出异常。
- **抛出 bad_alloc（或派生自 bad_alloc）的异常**。这样的异常不会被 operator new 捕捉，因此会被传播到内存索求处。
- **不返回**，通常调用 abort 或 exit。

这些选择让你在实现 new-handler 函数时拥有很大弹性。

有时候你或许希望以不同的方式处理内存分配失败情况，你希望视被分配物属于哪个 class 而定：

```
class X {
   public:
   static void outOfMemory();
   ...
};
class Y {
   public:
   static void outOfMemory();
   ...
};
X * p1 = new X;     //如果分配不成功，
                    //调用 X::outOfMemory
Y * p2 = new Y;     //如果分配不成功，
                    //调用 Y::outOfMemory
```

C++ 并不支持 class 专属之 new-handlers，但其实也不需要。你可以自己实现出这种行为。只需令每一个 class 提供自己的 set_new_handler 和 operator new 即可。其中 set_new_handler 使客户得以指定 class 专属的 new-handler（就像标准的 set_new_handler 允许客户指定 global new-handler），至于 operator new 则确保在分配 class 对象内存的过程中以 class 专属之 new-handler 替换 global new-handler。

现在，假设你打算处理 Widget class 的内存分配失败情况。首先你必须登录"当 operator new 无法为一个 Widget 对象分配足够内存时"调用的函数，所以你需要声明一个类型为 new_handler 的 static 成员，用以指向 class Widget 的 new-handler。看起来像这样：

```
class Widget {
public:
   static std::new_handler set_new_handler(std::new_handler p) throw();
   static void* operator new(std::size_t size) throw(std::bad_alloc);
private:
   static std::new_handler currentHandler;
};
```

Static 成员必须在 class 定义式之外被定义（除非它们是 const 而且是整数型，见条款 2），所以需要这么写：

```
std::new_handler Widget::currentHandler = 0;
                                    //在 class 实现文件内初始化为 null
```

Widget 内的 set_new_handler 函数会将它获得的指针存储起来，然后返回先前（在此调用之前）存储的指针，这也正是标准版 set_new_handler 的作为：

```
std::new_handler Widget::set_new_handler(std::new_handler p) throw()
{
    std::new_handler oldHandler = currentHandler;
    currentHandler = p;
    return oldHandler;
}
```

最后，Widget 的 operator new 做以下事情：

1. 调用标准 set_new_handler，告知 Widget 的错误处理函数。这会将 Widget 的 new-handler 安装为 global new-handler。
2. 调用 global operator new，执行实际之内存分配。如果分配失败，global operator new 会调用 Widge 的 new-handler，因为那个函数才刚被安装为 global new-handler。如果 global operator new 最终无法分配足够内存，会抛出一个 bad_alloc 异常。在此情况下 Widget 的 operator new 必须恢复原本的 global new-handler，然后再传播该异常。为确保原本的 new-handler 总是能够被重新安装回去，Widget 将 global new-handler 视为资源并遵守条款 13 的忠告，运用资源管理对象（resource-managing objects）防止资源泄漏。
3. 如果 global operator new 能够分配足够一个 Widget 对象所用的内存，Widget 的 operator new 会返回一个指针，指向分配所得。Widget 析构函数会管理 global new-handler，它会自动将 Widget's operator new 被调用前的那个 global new-handler 恢复回来。

下面以 C++ 代码再阐述一次。我将从资源处理类（resource-handling class）开始，那里面只有基础性 RAII 操作，在构造过程中获得一笔资源，并在析构过程中释还（见条款 13）：

```
class NewHandlerHolder {
public:
    explicit NewHandlerHolder(std::new_handler nh)     //取得目前的
      : handler(nh) {}                                 //new-handler。
    ~NewHandlerHolder()                                //释放它
    { std::set_new_handler(handler); }
private:
    std::new_handler handler;                          //记录下来.
    NewHandlerHolder(const NewHandlerHolder&);         //阻止 copying
    NewHandlerHolder&                                  //（见条款 14）
      operator=(const NewHandlerHolder&);
};
```

这就使得 Widget's operator new 的实现相当简单：

```
void* Widget::operator new(std::size_t size) throw(std::bad_alloc)
{
   NewHandlerHolder                                  //安装 Widget 的
    h(std::set_new_handler(currentHandler));         //new-handler.
   return ::operator new(size);                      //分配内存或抛出异常.
}                                                    //恢复 global new-handler.
```

Widget 的客户应该类似这样使用其 new-handling：

```
void outOfMem();                        //函数声明。此函数在
                                        //Widget 对象分配失败时被调用.

Widget::set_new_handler(outOfMem);      //设定 outOfMem 为 Widget 的
                                        // new-handling 函数.

Widget* pw1 = new Widget;               //如果内存分配失败,
                                        //调用 outOfMem.

std::string* ps = new std::string;      //如果内存分配失败,
                                        //调用 global new-handling 函数
                                        //（如果有的话）.

Widget::set_new_handler(0);             //设定 Widget 专属的
                                        //new-handling 函数为 null.

Widget* pw2 = new Widget;               //如果内存分配失败,
                                        //立刻抛出异常.
                                        //（class Widget 并没有专属的
                                        //new-handling 函数）.
```

实现这一方案的代码并不因 class 的不同而不同，因此在它处加以复用是个合理的构想。一个简单的做法是建立起一个 "mixin" 风格的 base class，这种 base class 用来允许 derived classes 继承单一特定能力——在本例中是“设定 class 专属之 new-handler”的能力。然后将这个 base class 转换为 template，如此一来每个 derived class 将获得实体互异的 class data 复件。

这个设计的 base class 部分让 derived classes 继承它们所需的 set_new_handler 和 operator new，而 template 部分则确保每一个 derived class 获得一个实体互异的 currentHandler 成员变量。听起来似乎有点复杂，但代码非常近似前个版本。实际上，唯一真正意义上的不同是，它现在可被任何有所需要的 class 使用：

```
template<typename T>                  //"mixin" 风格的 base class，用以支持
class NewHandlerSupport {             //class 专属的 set_new_handler
public:
   static std::new_handler set_new_handler(std::new_handler p) throw();
   static void* operator new(std::size_t size) throw(std::bad_alloc);
   ...                                //其他的 operator new 版本——见条款 52
private:
   static std::new_handler currentHandler;
};

template<typename T>
std::new_handler
NewHandlerSupport<T>::set_new_handler(std::new_handler p) throw()
{
   std::new_handler oldHandler = currentHandler;
   currentHandler = p;
   return oldHandler;
}

template<typename T>
void* NewHandlerSupport<T>::operator new(std::size_t size)
throw(std::bad_alloc)
{
   NewHandlerHolder h(std::set_new_handler(currentHandler));
   return ::operator new(size);
}

//以下将每一个 currentHandler 初始化为 null
template<typename T>
std::new_handler NewHandlerSupport<T>::currentHandler = 0;
```

有了这个 class template，为 Widget 添加 set_new_handler 支持能力就轻而易举了：只要令 Widget 继承自 NewHandlerSupport<Widget>就好，像下面这样。看起来似乎很奇妙，稍后我将更详细解释它的精确意义。

```
class Widget: public NewHandlerSupport<Widget> {
  ...                    //和先前一样，但不必声明
};                       //set_new_handler 或 operator new
```

这就是 Widget 为了提供"class 专属之 set_new_handler"所需做的全部动作。

但或许你还是对 Widget 继承 NewHandlerSupport<Widget>感到心慌意乱。果真如此，你的焦虑还可能因为注意到 NewHandlerSupport template 从未使用其类型参数 T 而更放大数倍。实际上 T 的确不需被使用。我们只是希望，继承自 NewHandlerSupport 的每一个 class，拥有实体互异的 NewHandlerSupport 复件（更明确地说是其 static 成员变量 currentHandler）。类型参数 T 只是用来区分不同的

derived class。Template 机制会自动为每一个 T（NewHandlerSupport 赖以具现化的根据）生成一份 currentHandler。

至于说到 Widget 继承自一个模板化的（templatized）base class，而后者又以 Widget 作为类型参数，如果你对此头昏眼花，不要觉得惭愧。每个人一开始都有那种反应。由于它被证明是一个有用的技术，因此甚至拥有自己的名称："怪异的循环模板模式"（*curiously recurring template pattern*; CRTP）。有些人认为这个名称给人的第一眼印象很不自然。嗯，确实如此。

我曾发表过一篇文章，建议给它一个比较好的名称，像是 Do It For Me，因为当 Widget 继承 NewHandlerSupport<Widget> 时它其实并不是说"我是 Widget，我要针对 Widget class 继承 NewHandlerSupport"。但是，哎，没人采用我建议的名称（甚至我自己也不），但如果你看到 CRTP 会联想到它说的是 "do it for me"，或许可以帮助你了解这一模板化继承（templatized inheritance）到底用意为何。

像 NewHandlerSupport 这样的 templates，使得"为任何 class 添加一个它们专属的 new-handler"成为易事。然而 "mixin" 风格的继承肯定导致多重继承的争议，而在开始那条路之前，你需要先阅读条款 40。

直至 1993 年，C++ 都还要求 operator new 必须在无法分配足够内存时返回 null。新一代的 operator new 则应该抛出 bad_alloc 异常，但很多 C++ 程序是在编译器开始支持新修规范前写出来的。C++ 标准委员会不想抛弃那些"侦测 null"的族群，于是提供另一形式的 operator new，负责供应传统的"分配失败便返回 null"行为。这个形式被称为 "nothrow" 形式——某种程度上是因为他们在 new 的使用场合用了 nothrow 对象（定义于头文件 <new>）：

```
class Widget { ... };
Widget* pw1 = new Widget;                   //如果分配失败，抛出 bad_alloc.
if (pw1 == 0) ...                           //这个测试一定失败.
Widget* pw2 = new (std::nothrow) Widget;    //如果分配 Widget 失败，返回 0.
if (pw2 == 0) ...                           //这个测试可能成功
```

Nothrow new 对异常的强制保证性并不高。要知道，表达式 "new (std::nothrow) Widget" 发生两件事，第一，nothrow 版的 operator new 被调用，用以分配足够内存给 Widget 对象。如果分配失败便返回 null 指针，一如文档所言。如果分配成功，接下来 Widget 构造函数会被调用，而在那一点上所有的筹码便都耗尽，因为

Widget 构造函数可以做它想做的任何事。它有可能又 new 一些内存，而没人可以强迫它再次使用 nothrow new。因此虽然 "new (std::nothrow) Widget" 调用的 operator new 并不抛掷异常，但 Widget 构造函数却可能会。如果它真那么做，该异常会一如往常地传播。需要结论吗？结论就是：使用 nothrow new 只能保证 operator new 不抛掷异常，不保证像 "new (std::nothrow) Widget" 这样的表达式绝不导致异常。因此你其实没有运用 nothrow new 的需要。

无论使用正常（会抛出异常）的 new，或是其多少有点发育不良的 nothrow 兄弟，重要的是你需要了解 new-handler 的行为，因为两种形式都使用它。

请记住

- set_new_handler 允许客户指定一个函数，在内存分配无法获得满足时被调用。
- Nothrow new 是一个颇为局限的工具，因为它只适用于内存分配；后继的构造函数调用还是可能抛出异常。

条款 50：了解 new 和 delete 的合理替换时机

Understand when it makes sense to replace new and delete.

让我们暂时回到根本原理。首先，怎么会有人想要替换编译器提供的 operator new 或 operator delete 呢？下面是三个最常见的理由：

- **用来检测运用上的错误**。如果将“new 所得内存”delete 掉却不幸失败，会导致内存泄漏（memory leaks）。如果在“new 所得内存”身上多次 delete 则会导致不确定行为。如果 operator new 持有一串动态分配所得地址，而 operator delete 将地址从中移走，倒是很容易检测出上述错误用法。此外各式各样的编程错误可能导致数据 "overruns"（写入点在分配区块尾端之后）或 "underruns"（写入点在分配区块起点之前）。如果我们自行定义一个 operator news，便可超额分配内存，以额外空间（位于客户所得区块之前或后）放置特定的 byte patterns（即签名，signatures）。operator deletes 便得以检查上述签名是否原封不动，若否就表示在分配区的某个生命时间点发生了 overrun 或 underrun，这时候 operator delete 可以志记（log）那个事实以及那个惹是生非的指针。

- **为了强化效能**。编译器所带的 operator new 和 operator delete 主要用于一般目的，它们不但可被长时间执行的程序（例如网页服务器，web servers）接受，也可被执行时间少于一秒的程序接受。它们必须处理一系列需求，包括大块内存、小块内存、大小混合型内存。它们必须接纳各种分配形态，范围从程序存活期间的少量区块动态分配，到大数量短命对象的持续分配和归还。它们必须考虑破碎问题（fragmentation），这最终会导致程序无法满足大区块内存要求，即使彼时有总量足够但分散为许多小区块的自由内存。

  现实存在这么些个对内存管理器的要求，因此编译器所带的 operator news 和 operator deletes 采取中庸之道也就不令人惊讶了。它们的工作对每个人都是适度地好，但不对特定任何人有最佳表现。如果你对你的程序的动态内存运用型态有深刻的了解，通常可以发现，定制版之 operator new 和 operator delete 性能胜过缺省版本。说到胜过，我的意思是它们比较快，有时甚至快很多，而且它们需要的内存比较少，最高可省 50%。对某些（虽然不是所有）应用程序而言，将旧有的（编译器自带的）new 和 delete 替换为定制版本，是获得重大效能提升的办法之一。

- **为了收集使用上的统计数据**。在一头栽进定制型 news 和定制型 deletes 之前，理当先收集你的软件如何使用其动态内存。分配区块的大小分布如何？寿命分布如何？它们倾向于以 FIFO（先进先出）次序或 LIFO（后进先出）次序或随机次序来分配和归还？它们的运用型态是否随时间改变，也就是说你的软件在不同的执行阶段有不同的分配/归还形态吗？任何时刻所使用的最大动态分配量（高水位）是多少？自行定义 operator new 和 operator delete 使我们得以轻松收集到这些信息。

观念上，写一个定制型 operator new 十分简单。举个例子，下面是个快速发展得出的初阶段 global operator new，促进并协助检测 "overruns"（写入点在分配区块尾端之后）或 "underruns"（写入点在分配区块起点之前）。其中还存在不少小错误，稍后我会完善它。

```
static const int signature = 0xDEADBEEF;
typedef unsigned char Byte;
//这段代码还有若干小错误，详下。
void* operator new(std::size_t size) throw(std::bad_alloc)
{
    using namespace std;
    size_t realSize = size + 2 * sizeof(int);      //增加大小，使能够
                                                   //塞入两个 signatures.

    void* pMem = malloc(realSize);                 //调用 malloc 取得内存.
    if (!pMem) throw bad_alloc();

    //将 signature 写入内存的最前段落和最后段落.
    *(static_cast<int*>(pMem)) = signature;
    *(reinterpret_cast<int*>(static_cast<Byte*>(pMem)
        +realSize-sizeof(int))) = signature;
    //返回指针，指向恰位于第一个 signature 之后的内存位置.
    return static_cast<Byte*>(pMem) + sizeof(int);
}
```

这个 operator new 的缺点主要在于它疏忽了身为这个特殊函数所应该具备的“坚持 C++ 规矩”的态度。举个例子，条款 51 说所有 operator news 都应该内含一个循环，反复调用某个 new-handling 函数，这里却没有。由于条款 51 就是专门为此协议而写，所以这儿我暂且忽略之。我现在只想专注于一个比较微妙的主题：齐位（*alignment*）。

许多计算机体系结构（computer architectures）要求特定的类型必须放在特定的内存地址上。例如它可能会要求指针的地址必须是 4 倍数（*four-byte aligned*）或 doubles 的地址必须是 8 倍数（*eight-byte aligned*）。如果没有奉行这个约束条件，可能导致运行期硬件异常。有些体系结构比较慈悲，没有那么霹雳，而是宣称如果齐位条件获得满足，便提供较佳效率。例如 Intel x86 体系结构上的 doubles 可被对齐于任何 byte 边界，但如果它是 8-byte 齐位，其访问速度会快许多。

在我们目前这个主题中，齐位（alignment）意义重大，因为 C++ 要求所有 operator news 返回的指针都有适当的对齐（取决于数据类型）。malloc 就是在这样的要求下工作，所以令 operator new 返回一个得自 malloc 的指针是安全的。然而上述 operator new 中我并未返回一个得自 malloc 的指针，而是返回一个得自 malloc 且偏移一个 int 大小的指针。没人能够保证它的安全！如果客户端调用 operator new 企图获取足够给一个 double 所用的内存(或如果我们写个 operator new[]，元素类型是 doubles)，而我们在一部“ints 为 4 bytes 且 doubles 必须 8-byte

齐位”的机器上跑，我们可能会获得一个未有适当齐位的指针。那可能会造成程序崩溃或执行速度变慢。不论哪种情况都非我们所乐见。

像齐位（alignment）这一类技术细节，正可以在那种“因其他纷扰因素而被程序员不断抛出异常”的内存管理器中区分出专业质量的管理器。写一个总是能够运作的内存管理器并不难，难的是它能够优良地运作。一般而言我建议你在必要时才试着写写看。

很多时候是非必要的！某些编译器已经在它们的内存管理函数中切换至调试状态（enable debugging）和志记状态（logging）。快速浏览一下你的编译器文档，很可能就此消除自行撰写 new 和 delete 的需要。许多平台上已有商业产品可以替代编译器自带的内存管理器。如果需要它们来为你的程序提高机能和改善效能，你唯一需要做的就是重新连接（relink）。当然啦，首先你得花点钱买下它们。

另一个选择是开放源码（open source）领域中的内存管理器。它们对许多平台都可用，你可以下载并试试。Boost 程序库（见条款 55）的 Pool 就是这样一个分配器，它对于最常见的“分配大量小型对象”很有帮助。许多 C++ 书籍，包括本书早期版本，都曾展示高效率的小型对象分配器源码，但它们往往漏掉可移植性和齐位考虑、线程安全性……等等令人生厌的麻烦细节。真正称得上程序库者，必然稳健强固。即使你还是执意写一个自己的 news 和 deletes，看一看开放源码版本也可能对若干容易被漠视的细节（它们用来区分“几乎行得通”和“真正行得通”的制品）取得深刻的理解。齐位就是这样一个细节，TR1（见条款 54）支持各类型特定的对齐条件，很值得注意。

本条款的主题是，了解何时可在“全局性的”或“class 专属的”基础上合理替换缺省的 new 和 delete。挖掘更多细节之前，让我先对答案做一些摘要。

- **为了检测运用错误**（如前所述）。
- **为了收集动态分配内存之使用统计信息**（如前所述）。

- **为了增加分配和归还的速度。**泛用型分配器往往（虽然并不总是）比定制型分配器慢，特别是当定制型分配器专门针对某特定类型之对象而设计时。Class 专属分配器是“区块尺寸固定”之分配器实例，例如 Boost 提供的 Pool 程序库便是。如果你的程序是个单线程程序，但你的编译器所带的内存管理器具备线程安全，你或许可以写个不具线程安全的分配器而大幅改善速度。当然，在获得“operator new 和 operator delete 有加快程序速度的价值”这个结论之前，首先请分析你的程序，确认程序瓶颈的确发生在那些内存函数身上。

- **为了降低缺省内存管理器带来的空间额外开销。**泛用型内存管理器往往（虽然并非总是）不只比定制型慢，它们往往还使用更多内存，那是因为它们常常在每一个分配区块身上招引某些额外开销。针对小型对象而开发的分配器（例如 Boost 的 Pool 程序库）本质上消除了这样的额外开销。

- **为了弥补缺省分配器中的非最佳齐位**（suboptimal alignment）。一如先前所说，在 x86 体系结构上 doubles 的访问最是快速——如果它们都是 8-byte 齐位。但是编译器自带的 operator news 并不保证对动态分配而得的 doubles 采取 8-byte 齐位。这种情况下，将缺省的 operator new 替换为一个 8-byte 齐位保证版，可导致程序效率大幅提升。

- **为了将相关对象成簇集中。**如果你知道特定之某个数据结构往往被一起使用，而你又希望在处理这些数据时将“内存页错误”（page faults）的频率降至最低，那么为此数据结构创建另一个 heap 就有意义，这么一来它们就可以被成簇集中在尽可能少的内存页（pages）上。new 和 delete 的“*placement* 版本”（见条款 52）有可能完成这样的集簇行为。

- **为了获得非传统的行为。**有时候你会希望 operators new 和 delete 做编译器附带版没做的某些事情。例如你可能会希望分配和归还共享内存（shared memory）内的区块，但唯一能够管理该内存的只有 C API 函数，那么写下一个定制版 new 和 delete（很可能是 *placement* 版本，见条款 52），你便得以为 C API 穿上一件 C++ 外套。你也可以写一个自定的 operator delete，在其中将所有归还内存内容覆盖为 0，藉此增加应用程序的数据安全性。

请记住

- 有许多理由需要写个自定的 new 和 delete，包括改善效能、对 heap 运用错误进行调试、收集 heap 使用信息。

条款 51：编写 new 和 delete 时需固守常规

Adhere to convention when writing new and delete.

条款 50 已解释什么时候你会想要写个自己的 operator new 和 operator delete，但并没有解释当你那么做时必须遵守什么规则。这些规则不难奉行，但其中一些并不直观，所以知道它们究竟是些什么很重要。

让我们从 operator new 开始。实现一致性 operator new 必得返回正确的值，内存不足时必得调用 new-handling 函数（见条款 49），必须有对付零内存需求的准备，还需避免不慎掩盖正常形式的 new ——虽然这比较偏近 class 的接口要求而非实现要求。正常形式的 new 描述于条款 52。

operator new 的返回值十分单纯。如果它有能力供应客户申请的内存，就返回一个指针指向那块内存。如果没有那个能力，就遵循条款 49 描述的规则，并抛出一个 bad_alloc 异常。

然而其实也不是非常单纯，因为 operator new 实际上不只一次尝试分配内存，并在每次失败后调用 new-handling 函数。这里假设 new-handling 函数也许能够做某些动作将某些内存释放出来。只有当指向 new-handling 函数的指针是 null，operator new 才会抛出异常。

奇怪的是 C++ 规定，即使客户要求 0 bytes，operator new 也得返回一个合法指针。这种看似诡异的行为其实是为了简化语言其他部分。下面是个 non-member operator new 伪码（pseudocode）：

```
void* operator new(std::size_t size) throw(std::bad_alloc)
{                                          //你的 operator new 可能接受额外参数.
    using namespace std;
    if (size == 0) {                       //处理 0-byte 申请.
        size = 1;                          //将它视为 1-byte 申请.
    }
    while (true) {
        尝试分配 size bytes;
```

```
        if (分配成功)
        return (一个指针，指向分配得来的内存);

        //分配失败；找出目前的new-handling 函数（见下）
        new_handler globalHandler = set_new_handler(0);
        set_new_handler(globalHandler);

        if (globalHandler) (*globalHandler)();
        else throw std::bad_alloc();
    }
}
```

这里的伎俩是把 0 bytes 申请量视为 1 byte 申请量。看起来有点黏搭搭地令人厌恶，但做法简单、合法、可行，而且毕竟客户多久才会发出一个 0 bytes 申请呢？

你也可能带着怀疑的眼光斜睨这份伪码（pseudocode），因为其中将 new-handling 函数指针设为 null 而后又立刻恢复原样。那是因为我们很不幸地没有任何办法可以直接取得 new-handling 函数指针，所以必须调用 set_new_handler 找出它来。拙劣，但有效——至少对单线程程序而言。若在多线程环境中你或许需要某种机锁（lock）以便安全处置 new-handling 函数背后的（global）数据结构。

条款 49 谈到 operator new 内含一个无穷循环，而上述伪码明白表明出这个循环；"while (true)" 就是那个无穷循环。退出此循环的唯一办法是：内存被成功分配或 new-handling 函数做了一件描述于条款 49 的事情：让更多内存可用、安装另一个 new-handler、卸除 new-handler、抛出 bad_alloc 异常（或其派生物），或是承认失败而直接 return。现在，对于 new-handler 为什么必须做出其中某些事你应该很清楚了。如果不那么做，operator new 内的 while 循环永远不会结束。

许多人没有意识到 operator new 成员函数会被 derived classes 继承。这会导致某些有趣的复杂度。注意上述 operator new 伪码中，函数尝试分配 size bytes（除非 size 是 0）。那非常合理，因为 size 是函数接受的实参。然而就像条款 50 所言，写出定制型内存管理器的一个最常见理由是为针对某特定 class 的对象分配行为提供最优化，却不是为了该 class 的任何 derived classes。也就是说，针对 class X 而设计的 operator new，其行为很典型地只为大小刚好为 sizeof(X) 的对象而设计。然而一旦被继承下去，有可能 base class 的 operator new 被调用用以分配 derived class 对象：

```
class Base {
public:
   static void* operator new(std::size_t size) throw(std::bad_alloc);
   ...
};

class Derived: public Base  //假设Derived未声明operator new
{ ... };

Derived* p = new Derived;   //这里调用的是Base::operator new
```

如果 Base class 专属的 operator new 并非被设计用来对付上述情况（实际上往往如此），处理此情势的最佳做法是将“内存申请量错误”的调用行为改采标准 operator new，像这样：

```
void* Base::operator new(std::size_t size) throw(std::bad_alloc)
{
   if (size != sizeof(Base))              //如果大小错误，
       return ::operator new(size);       //令标准的 operator new 起而处理。
   ...                                    //否则在这里处理。
}
```

“等一下！”我听到你大叫，“你忘了检验 size 等于 0 这种病态**但是**可能出现的情况！”。是的，我没检验，但请你收回你的**但是**。测试依然存在，只不过它和上述的“size 与 sizeof(Base)的检测”融合一起了。是的，C++ 在某种秘境中运行，而其中一个秘境就是它裁定所有非附属（独立式）对象必须有非零大小（见条款 39）。因此 sizeof(Base)无论如何不能为零，所以如果 size 是 0，这份申请会被转交到::operator new手上，后者有责任以某种合理方式对待这份申请。

> 译注：这里所谓非附属/独立式（freestanding）对象，指的是不以“某对象之 base class 成分”存在的对象。此处所言的这个规定，可参考《*Inside the C++ Object*》by Stanly Lippman, Addison Wesley, 1996。

如果你打算控制 class专属之“arrays内存分配行为”，那么你需要实现 operator new 的 array 兄弟版：operator new[]。这个函数通常被称为 "array new"，因为很难想出如何发音 "operator new[]"。如果你决定写个 operator new[]，记住，唯一需要做的一件事就是分配一块未加工内存（raw memory），因为你无法对 array 之内迄今尚未存在的元素对象做任何事情。实际上你甚至无法计算这个 array 将含多少个元素对象。首先你不知道每个对象多大，毕竟 base class 的 operator new[] 有可能经由继承被调用，将内存分配给“元素为 derived class 对象”的 array 使用，而你当然知道，derived class 对象通常比其 base class 对象大。

因此，你不能在 Base::operator new[]内假设 array 的每个元素对象的大小是 sizeof(Base)，这也就意味你不能假设 array 的元素对象个数是 (bytes 申请数)/sizeof(Base)。此外，传递给 operator new[]的 size_t 参数，其值有可能比“将被填以对象”的内存数量更多，因为条款 16 说过，动态分配的 arrays 可能包含额外空间用来存放元素个数。

这就是撰写 operator new 时你需要奉行的规矩。operator delete 情况更简单，你需要记住的唯一事情就是 C++ 保证“删除 null 指针永远安全”，所以你必须兑现这项保证。下面是 non-member operator delete 的伪码（pseudocode）：

```
void operator delete(void * rawMemory) throw()
{
    if (rawMemory == 0) return;    //如果将被删除的是个 null 指针，
                                   //那就什么都不做。
    现在，归还 rawMemory 所指的内存；
}
```

这个函数的 member 版本也很简单，只需要多加一个动作检查删除数量。万一你的 class 专属的 operator new 将大小有误的分配行为转交::operator new 执行，你也必须将大小有误的删除行为转交::operator delete 执行：

```
class Base {          //一如以往，但此刻重点在 operator delete
public:
    static void* operator new(std::size_t size) throw(std::bad_alloc);
    static void operator delete(void* rawMemory,std::size_t size) throw();
    ...
};
void Base::operator delete(void* rawMemory, std::size_t size) throw()
{
    if (rawMemory == 0) return;              //检查 null 指针。
    if (size != sizeof(Base)) {              //如果大小错误，令标准版
        ::operator delete(rawMemory);        //operator delete 处理此一申请。
        return;
    }
    现在，归还 rawMemory 所指的内存；
    return;
}
```

有趣的是，如果即将被删除的对象派生自某个 base class 而后者欠缺 virtual 析构函数，那么 C++ 传给 operatordelete 的 size_t 数值可能不正确。这是“让你的 base classes 拥有 virtual 析构函数”的一个够好的理由；条款 7 还提过一个更好

的理由。我就不岔开话题了，此刻只要你提高警觉，如果你的 base classes 遗漏 virtual 析构函数，operator delete 可能无法正确运作。

请记住

- operator new 应该内含一个无穷循环，并在其中尝试分配内存，如果它无法满足内存需求，就该调用 new-handler。它也应该有能力处理 0 bytes 申请。Class 专属版本则还应该处理“比正确大小更大的（错误）申请”。
- operator delete 应该在收到 null 指针时不做任何事。Class 专属版本则还应该处理“比正确大小更大的（错误）申请”。

条款 52：写了 *placement* new 也要写 *placement* delete

Write placement delete if you write placement new.

placement new 和 *placement* delete 并非 C++ 兽栏中最常见的动物，如果你不熟悉它们，不要感到挫折或忧虑。回忆条款 16 和 17，当你写一个 new 表达式像这样：

```
Widget* pw = new Widget;
```

共有两个函数被调用：一个是用以分配内存的 operator new，一个是 Widget 的 *default* 构造函数。

假设其中第一个函数调用成功，第二个函数却抛出异常。既然那样，步骤一的内存分配所得必须取消并恢复旧观，否则会造成内存泄漏（memory leak）。在这个时候，客户没有能力归还内存，因为如果 Widget 构造函数抛出异常，pw 尚未被赋值，客户手上也就没有指针指向该被归还的内存。取消步骤一并恢复旧观的责任因此落到 C++ 运行期系统身上。

运行期系统会高高兴兴地调用步骤一所调用的 operator new 的相应 operator delete 版本，前提当然是它必须知道哪一个（因为可能有许多个）operator delete 该被调用。如果目前面对的是拥有正常签名式（signature）的 new 和 delete，这并不是问题，因为正常的 operator new：

```
void* operator new(std::size_t) throw(std::bad_alloc);
```

对应于正常的 operator delete：

```
void operator delete(void* rawMemory) throw();
                                        //global 作用域中的正常签名式.
void operator delete(void* rawMemory, std::size_t size) throw();
                                        //class 作用域中典型的签名式.
```

因此，当你只使用正常形式的 new 和 delete，运行期系统毫无问题可以找出那个“知道如何取消 new 所作所为并恢复旧观”的 delete。然而当你开始声明非正常形式的 operator new，也就是带有附加参数的 operator new，“究竟哪一个 delete 伴随这个 new”的问题便浮现了。

举个例子，假设你写了一个 class 专属的 operator new，要求接受一个 ostream，用来志记（logged）相关分配信息，同时又写了一个正常形式的 class 专属 operator delete：

```
class Widget {
public:
    ...
    static void* operator new(std::size_t size, std::ostream& logStream)
      throw(std::bad_alloc);                     //非正常形式的 new
    static void operator delete(void* pMemory std::size_t size)
      throw();                                   //正常的 class 专属 delete
    ...
};
```

这个设计有问题，但在探讨原因之前，我们需要先绕道，扼要讨论若干术语。

如果 operator new 接受的参数除了一定会有的那个 size_t 之外还有其他，这便是个所谓的 *placement* new。因此，上述的 operator new 是个 *placement* 版本。众多 *placement* new 版本中特别有用的一个是“接受一个指针指向对象该被构造之处”，那样的 operator new 长相如下：

```
void* operator new(std::size_t, void* pMemory) throw();
                                                   //placement new
```

这个版本的 new 已被纳入 C++ 标准程序库，你只要 #include <new> 就可以取用它。这个 new 的用途之一是负责在 vector 的未使用空间上创建对象。它同时也是最早的 *placement* new 版本。实际上它正是这个函数的命名根据：一个特定位置上的 new。以上说明意味术语 *placement* new 有多重定义。当人们谈到 *placement* new，大多数时候他们谈的是此一特定版本，也就是“唯一额外实参是个 void*”，少数时候才是指接受任意额外实参之 operator new。上下文语境往往也能够使意义不明确的含糊话语清晰起来，但了解这一点相当重要：一般性术语 "*placement* new" 意味带任意额外参数的 new，因为另一个术语 "*placement* delete" 直接派生自它。稍后我们即将遭遇后者。

现在让我们回到 Widget class 的声明式，也就是先前我说设计有问题的那个。这里的技术困难在于，那个 class 将引起微妙的内存泄漏。考虑以下客户代码，它在动态创建一个 Widget 时将相关的分配信息志记（logs）于 cerr：

```
Widget* pw = new (std::cerr) Widget; //调用 operator new 并传递 cerr 为其
                                     //ostream 实参；这个动作会在 Widget
                                     //构造函数抛出异常时泄漏内存
```

再说一次，如果内存分配成功，而 Widget 构造函数抛出异常，运行期系统有责任取消 operator new 的分配并恢复旧观。然而运行期系统无法知道真正被调用的那个 operator new 如何运作，因此它无法取消分配并恢复旧观，所以上述做法行不通。取而代之的是，运行期系统寻找 "参数个数和类型都与 operator new 相同" 的某个 operator delete。如果找到，那就是它的调用对象。既然这里的 operator new 接受类型为 ostream& 的额外实参，所以对应的 operator delete 就应该是：

```
void operator delete(void*, std::ostream&) throw();
```

类似于 new 的 *placement* 版本，operator delete 如果接受额外参数，便称为 *placement* deletes。现在，既然 Widget 没有声明 *placement* 版本的 operator delete，所以运行期系统不知道如何取消并恢复原先对 *placement* new 的调用。于是什么也不做。本例之中如果 Widget 构造函数抛出异常，不会有任何 operator delete 被调用（那当然不妙）。

规则很简单：如果一个带额外参数的 operator new 没有 "带相同额外参数" 的对应版 operator delete，那么当 new 的内存分配动作需要取消并恢复旧观时就没有任何 operator delete 会被调用。因此，为了消弭稍早代码中的内存泄漏，Widget 有必要声明一个 *placement* delete，对应于那个有志记功能（logging）的 *placement* new：

```
class Widget {
public:
  ...
  static void* operator new(std::size_t size, std::ostream& logStream)
    throw(std::bad_alloc);
```

```
    static void operator delete(void* pMemory) throw();
    static void operator delete(void* pMemory, std::ostream& logStream)
      throw();
    ...
};
```

这样改变之后，如果以下语句引发 Widget 构造函数抛出异常：

```
Widget* pw = new (std::cerr) Widget;          //一如以往，但这次不再泄漏
```

对应的 *placement* delete 会被自动调用，让 Widget 有机会确保不泄漏任何内存。

然而如果没有抛出异常（通常如此），而客户代码中有个对应的 delete，会发生什么事：

```
delete pw;                            //调用正常的 operator delete
```

就如上一行注释所言，调用的是正常形式的 operator delete，而非其 *placement* 版本。*placement* delete 只有在"伴随 *placement* new 调用而触发的构造函数"出现异常时才会被调用。对着一个指针（例如上述的 pw）施行 delete 绝不会导致调用 *placement* delete。不，绝对不会。

这意味如果要对所有与 *placement* new 相关的内存泄漏宣战，我们必须同时提供一个正常的 operator delete（用于构造期间无任何异常被抛出）和一个 *placement* 版本（用于构造期间有异常被抛出）。后者的额外参数必须和 operator new 一样。只要这样做，你就再也不会因为难以察觉的内存泄漏而失眠。唔，至少不是本条款所说的这些难以察觉的内存泄漏。

附带一提，由于成员函数的名称会掩盖其外围作用域中的相同名称（见条款 33），你必须小心避免让 class 专属的 news 掩盖客户期望的其他 news（包括正常版本）。假设你有一个 base class，其中声明唯一一个 *placement* operator new，客户端会发现他们无法使用正常形式的 new：

```
class Base {
public:
    ...
    static void* operator new(std::size_t size,
                              std::ostream& logStream)
      throw(std::bad_alloc);            //这个 new 会遮掩正常的 global 形式
    ...
};
```

```
Base* pb = new Base;                    //错误！因为正常形式的operator new 被掩盖.
Base* pb = new (std::cerr) Base;        //正确，调用Base 的 placement new.
```

同样道理，derived classes 中的 operator news 会掩盖 global 版本和继承而得的 operator new版本：

```
class Derived: public Base {                        //继承自先前的 Base
public:
  ...
  static void* operator new(std::size_t size) //重新声明正常形式的
    throw(std::bad_alloc);                          //形式的 new
  ...
};

Derived* pd = new (std::clog) Derived;      //错误！因为 Base 的
                                            // placement new 被掩盖了。
Derived* pd = new Derived;                  //没问题，调用 Derived的
                                            // operator new.
```

条款 33 更详细地讨论了这种名称遮掩问题。对于撰写内存分配函数，你需要记住的是，缺省情况下 C++ 在 global 作用域内提供以下形式的 operator new：

```
void* operator new(std::size_t) throw(std::bad_alloc); //normal new.
void* operator new(std::size_t, void*) throw();        //placement new.
void* operator new(std::size_t,                        //nothrow new,
                   const std::nothrow_t&) throw();     //见条款 49。
```

如果你在 class 内声明任何 operator news，它会遮掩上述这些标准形式。除非你的意思就是要阻止 class 的客户使用这些形式，否则请确保它们在你所生成的任何定制型 operator new之外还可用。对于每一个可用的 operator new 也请确定提供对应的 operator delete。如果你希望这些函数有着平常的行为，只要令你的 class 专属版本调用 global 版本即可。

完成以上所言的一个简单做法是，建立一个 base class，内含所有正常形式的 new 和 delete：

```
class StandardNewDeleteForms {
public:
  // normal new/delete
  static void* operator new(std::size_t size) throw(std::bad_alloc)
  { return ::operator new(size); }
  static void operator delete(void* pMemory) throw()
  { ::operator delete(pMemory); }
```

```
    // placement new/delete
    static void* operator new(std::size_t size, void* ptr) throw()
    { return ::operator new(size, ptr); }
    static void operator delete(void* pMemory, void* ptr) throw()
    { return ::operator delete(pMemory, ptr); }
    // nothrow new/delete
    static void* operator new(std::size_t size, const std::nothrow_t& nt) throw()
    { return ::operator new(size, nt); }
    static void operator delete(void *pMemory, const std::nothrow_t&) throw()
    { ::operator delete(pMemory); }
};
```

凡是想以自定形式扩充标准形式的客户，可利用继承机制及 using 声明式（见条款 33）取得标准形式：

```
class Widget: public StandardNewDeleteForms {           //继承标准形式
public:
    using StandardNewDeleteForms::operator new;         //让这些形式可见
    using StandardNewDeleteForms::operator delete;
    static void* operator new(std::size_t size,         //添加一个自定的
                              std::ostream& logStream)  //placement new
        throw(std::bad_alloc);
    static void operator delete(void* pMemory,          //添加一个对应的
                             std::ostream& logStream)   //placement delete
        throw();
    ...
};
```

请记住

- 当你写一个 *placement* operator new，请确定也写出了对应的 *placement* operator delete。如果没有这样做，你的程序可能会发生隐微而时断时续的内存泄漏。
- 当你声明 *placement* new 和 *placement* delete，请确定不要无意识（非故意）地遮掩了它们的正常版本。

9

杂项讨论

Miscellany

欢迎来到大杂烩的一章。本章只有 3 个条款，但千万别被低微的数字或不迷人的布景愚弄了，它们都很重要！

第一个条款强调不可以轻忽编译器警告信息。至少，如果你希望你的软件有适当行为的话，别太轻忽它们。第二个条款带你综览 C++ 标准程序库，其中覆盖由 TR1 引进的重大新机能。最后一个条款带你综览 Boost，那是我认为最重要的一个 C++泛用型网站。如果你尝试写出高效 C++ 软件，却没有参考这些条款所提供的信息，那么充其量也只是一场事倍功半的恶战。

条款 53：不要轻忽编译器的警告

Pay attention to compiler warnings.

许多程序员习惯性地忽略编译器警告。他们认为，毕竟，如果问题很严重，编译器应该给一个错误信息而非警告信息，不是吗？这种想法对其他语言或许相对无害，但在 C++，我敢打赌编译器作者对于将会发生的事情比你有更好的领悟。举个例子，下面是多多少少都会发生在每个人身上的一个错误：

```
class B {
public:
  virtual void f( ) const;
};
class D: public B {
public:
  virtual void f( );
};
```

这里希望以 `D::f` 重新定义 virtual 函数 `B::f`，但其中有个错误：`B` 中的 `f` 是个 `const` 成员函数，而在 `D` 中它未被声明为 `const`。我手上的一个编译器于是这样说话了：

```
warning: D::f() hides virtual B::f()
```

太多经验不足的程序员对这个信息的反应是："噢当然，`D::f` 遮掩了 `B::f`，那正是想象中该有的事！"错，这个编译器试图告诉你声明于 `B` 中的 `f` 并未在 `D` 中被重新声明，而是被整个遮掩了（条款 33 描述为什么会这样）。如果忽略这个编译器警告，几乎肯定导致错误的程序行为，然后是许多调试行为，只为了找出编译器其实早就侦测出来并告诉你的事情。

一旦从某个特定编译器的警告信息中获得经验，你将学会了解，不同的信息意味什么——那往往和它们"看起来"的意义十分不同！尽管一般认为，写出一个在最高警告级别下也无任何警告信息的程序最是理想，然而一旦有了上述的经验和对警告信息的深刻理解，你倒是可以选择忽略某些警告信息。不管怎样说，在你打发某个警告信息之前，请确定你了解它意图说出的精确意义。这很重要。

记住，警告信息天生和编译器相依，不同的编译器有不同的警告标准。所以，草率编程然后倚赖编译器为你指出错误，并不可取。例如上述发生"函数遮掩"的代码就可能通过另一个编译器，连半句抱怨和抗议也没有。

请记住

- 严肃对待编译器发出的警告信息。努力在你的编译器的最高（最严苛）警告级别下争取"无任何警告"的荣誉。
- 不要过度倚赖编译器的报警能力，因为不同的编译器对待事情的态度并不相同。一旦移植到另一个编译器上，你原本倚赖的警告信息有可能消失。

条款 54：让自己熟悉包括 TR1 在内的标准程序库

Familiarize yourself with the standard library, including TR1.

C++ Standard ——定义 C++ 语言及其标准程序库的规范——早在 1998 年就被标准委员会核准了。标准委员会又于 2003 年发布一个不很重要的"错误修正版"，并预计于 2008 年左右发布 *C++ Standard* 2.0。日期的不确定性使得人们总是称呼下一版 C++ 为 "C++0x"，意指 200x 版的 C++。

C++0x 或许会覆盖某些有趣的语言新特性，但大部分新机能将以标准程序库的扩充形式体现。如今我们已经能够知道某些新的程序库机能，因为它被详细叙述于一份称为 TR1 的文档内。TR1 代表 "Technical Report 1"，那是 C++ 程序库工作小组对该份文档的称呼。标准委员会保留了 TR1 被正式铭记于 C++0x 之前的修改权，不过目前已不可能再接受任何重大改变了。就所有意图和目标而言，TR1 宣示了一个新版 C++ 的来临，我们可能称之为 *Standard C++ 1.1*。不熟悉 TR1 机能而却奢望成为一位高效的 C++ 程序员是不可能的，因为 TR1 提供的机能几乎对每一种程序库和每一种应用程序都带来利益。

在概括论述 TR1 有些什么之前，让我们先回顾一下 C++98 列入的 C++ 标准程序库有哪些主要成分：

- STL（Standard Template Library，标准模板库），覆盖容器（*containers* 如 vector, string, map）、迭代器（*iterators*）、算法（*algorithms* 如 find, sort, transform）、函数对象（*function objects* 如 less, greater）、各种容器适配器（*container adapters* 如 stack, priority_queue）和函数对象适配器（*function object adatpers* 如 mem_fun, not1）。
- Iostreams，覆盖用户自定缓冲功能、国际化 I/O，以及预先定义好的对象 cin, cout, cerr 和 clog。
- 国际化支持，包括多区域（multiple active locales）能力。像 wchar_t（通常是 16 bits/char）和 wstring（由 wchar_ts 组成的 strings）等类型都对促进 Unicode 有所帮助。
- 数值处理，包括复数模板（complex）和纯数值数组（valarray）。
- 异常阶层体系（exception hierarchy），包括 base class exception 及其 derived classes logic_error 和 runtime_error，以及更深继承的各个 classes。
- C89 标准程序库。1989 C 标准程序库内的每个东西也都被覆盖于 C++ 内。

如果你对上述任何一项不很熟悉，我建议你好好排出一些时间，带着你最喜爱的 C++ 书籍，把情势扭转过来。

TR1 详细叙述了 14 个新组件（components，也就是程序库机能单位），统统都放在 std 命名空间内，更正确地说是在其嵌套命名空间 tr1 内。因此，TR1 组件 shared_ptr 的全名是 std::tr1::shared_ptr。本书通常在讨论标准程序库组件时略而不写 std::，但我总是会在 TR1 组件之前加上 tr1::。

本书展示以下 TR1 组件实例：

- 智能指针（smart pointers）`tr1::shared_ptr` 和 `tr1::weak_ptr`。前者的作用有如内置指针，但会记录有多少个 `tr1::shared_ptrs` 共同指向同一个对象。这便是所谓的 *reference counting*（引用计数）。一旦最后一个这样的指针被销毁，也就是一旦某对象的引用次数变成 0，这个对象会被自动删除。这在非环形（acyclic）数据结构中防止资源泄漏很有帮助，但如果两个或多个对象内含 `tr1::shared_ptrs` 并形成环状（cycle），这个环形会造成每个对象的引用次数都超过 0——即使指向这个环形的所有指针都已被销毁（也就是这一群对象整体看来已无法触及）。这就是为什么又有个 `tr1::weak_ptrs` 的原因。`tr1::weak_ptrs` 的设计使其表现像是“非环形 `tr1::shared_ptr`-based 数据结构”中的环形感生指针（cycle-inducing pointers）。`tr1::weak_ptrs` 并不参与引用计数的计算；当最后一个指向某对象的 `tr1::shared_ptr` 被销毁，纵使还有个 `tr1::weak_ptrs` 继续指向同一对象，该对象仍旧会被删除。这种情况下的 `tr1::weak_ptrs` 会被自动标示无效。

  `tr1::shared_ptr` 或许是拥有最广泛用途的 TR1 组件。本书多次使用它，条款 13 解释它为什么如此重要。本书并未示范使用 `tr1::weak_ptr`，抱歉。

- **`tr1::function`**，此物得以表示任何 *callable entity*（可调用物，也就是任何函数或函数对象），只要其签名符合目标。假设我们想注册一个 callback 函数，该函数接受一个 `int` 并返回一个 `string`，我们可以这么写：

```
void registerCallback(std::string func(int));
                  //参数类型是函数，该函数接受一个 int 并返回一个 string
```

  其中参数名称 `func` 可有可无，所以上述的 `registerCallback` 也可以这样声明：

```
void registerCallback(std::string (int)); //与上同；参数名称略而未写
```

  注意这里的 `"std::string (int)"` 是个函数签名。

tr1::function使上述的RegisterCallback有可能更富弹性地接受任何可调用物（callable entity），只要这个可调用物接受一个 int 或任何可被转换为 int 的东西，并返回一个 string 或任何可被转换为 string 的东西。tr1::function 是个 template，以其目标函数的签名（target function signature）为参数：

```
void registerCallback(std::tr1::function<std::string (int)> func);
//参数 "func" 接受任何可调用物（callable entity）
//只要该“可调用物”的签名与 "std::string (int)" 一致
```

这种弹性真令人惊讶，我尽最大的努力在条款 35 示范了它的用法。

- **tr1::bind**，它能够做 STL 绑定器（*binders*）bind1st 和 bind2nd 所做的每一件事，而又更多。和前任绑定器不同的是，tr1::bind 可以和 const 及 non-const 成员函数协同运作，可以和 *by-reference* 参数协同运作。而且它不需特殊协助就可以处理函数指针，所以我们调用 tr1::bind 之前不必再被什么 ptr_fun, mem_fun 或 mem_fun_ref 搞得一团混乱了。简单地说，tr1::bind 是第二代绑定工具（binding facility），比其前一代好很多。我在条款 35 示范过它的用法。

我把其他 TR1 组件划分为两组。第一组提供彼此互不相干的独立机能：

- Hash tables，用来实现 sets, multisets, maps 和 multi-maps。每个新容器的接口都以其前任（TR1 之前的）对应容器塑模而成。最令人惊讶的是它们的名称：tr1::unordered_set, tr1::unordered_multiset, tr1::unordered_map 以及 tr1::unordered_multimap。这些名称强调它们和 set, multiset, map 或 multimap 不同：以 hash 为基础的这些 TR1 容器内的元素并无任何可预期的次序。
- 正则表达式（Regular expressions），包括以正则表达式为基础的字符串查找和替换，或是从某个匹配字符串到另一个匹配字符串的逐一迭代（iteration）等等。
- Tuples（变量组），这是标准程序库中的 pair template 的新一代制品。pair 只能持有两个对象，tr1::tuple 可持有任意个数的对象。漫游于 Python 和 Eiffel 的程序员，额手称庆吧！你们前一个家园的某些好东西现在已经纳入 C++。

- **tr1::array**，本质上是个“STL 化”数组，即一个支持成员函数如 begin 和 end 的数组。不过 tr1::array 的大小固定，并不使用动态内存。
- **tr1::mem_fn**，这是个语句构造上与成员函数指针（member function pointers）一致的东西。就像 tr1::bind 纳入并扩充 C++98 的 bind1st 和 bind2nd 的能力一样，tr1::mem_fn 纳入并扩充了 C++98 的 mem_fun 和 mem_fun_ref 的能力。
- **tr1::reference_wrapper**，一个“让 references 的行为更像对象”的设施。它可以造成容器“犹如持有 references”。而你知道，容器实际上只能持有对象或指针。
- 随机数（random number）生成工具，它大大超越了 rand，那是 C++ 继承自 C 标准程序库的一个函数。
- 数学特殊函数，包括 Laguerre 多项式、Bessel 函数、完全椭圆积分（complete elliptic integrals），以及更多数学函数。
- C99 兼容扩充。这是一大堆函数和模板（templates），用来将许多新的 C99 程序库特性带进 C++。

第二组 TR1 组件由更精巧的 template 编程技术（包括 template metaprogramming，也就是模板元编程，见条款 48）构成：

- Type traits，一组 traits classes（见条款 47），用以提供类型（types）的编译期信息。给予一个类型 T，TR1 的 type traits 可以指出 T 是否是个内置类型，是否提供 virtual 析构函数，是否是个 empty class（见条款 39），可隐式转换为其他类型 U 吗……等等。TR1 的 type traits 也可以显现该给定类型之适当齐位（proper alignment），这对定制型内存分配器（见条款 50）的编写人员是十分关键的信息。
- **tr1::result_of**，这是个 template，用来推导函数调用的返回类型。当我们编写 templates 时，能够“指涉（*refer to*）函数（或函数模板）调用动作所返回的对象的类型”往往很重要，但是该类型有可能以复杂的方式取决于函数的参数类型。tr1::result_of 使得“指涉函数返回类型”变得十分容易。它也被 TR1 自身的若干组件采用。

虽然若干 TR1 成分（特别是 tr1::bind 和 tr1::mem_fn）纳入了某些“前 TR1”组件能力，但其实 TR1 是对标准程序库的纯粹添加，没有任何 TR1 组件用来替换既有组件，所以早期（写于 TR1 之前的）代码仍然有效。

TR1 自身只是一份文档[1]。为了取得它所规范的那些机能，你还需要取得实现代码。这些代码最终会随编译器出货。在我下笔的 2005 年此刻，如果你在你手上的标准程序库实现版本内寻找 TR1 组件，极可能有某些遗漏。幸运的是你可以补齐它们：TR1 的 14 个组件中的 10 个奠基于免费的 Boost 程序库（见条款 55），所以对 TR1-like 机能而言，Boost 是个绝佳资源。我说 "TR1-like" 是因为虽然许多 TR1 机能奠基于 Boost 程序库，但毕竟有些 Boost 机能并不完全吻合 TR1 规范。当你阅读这一段文字，说不定 Boost 已经不只提供与 TR1 一致的实现（对于那些奠基于 Boost 程序库的 10 个 TR1 组件），还供应 4 个不以 Boost 为基础的 TR1 组件实现。

在编译器附带 TR1 实现品的那一刻到来之前，如果你喜欢以 Boost 的 TR1-like 程序库作为一时权宜，或许你会愿意以一个命名空间上的小伎俩让自己将来好过些。所有 Boost 组件都位于命名空间 boost 内，但 TR1 组件都置于 std::tr1 内。你可以这样告诉你的编译器，令它对待 *references to* std::tr1 就像对待 *references to* boost 一样：

```
namespace std {
   namespace tr1 = ::boost;        //namespace std::tr1 是
}                                  //namespace boost 的一个别名
```

纯就技术而言，这简直是把你流放到“未定义行为”的国土去了，因为就如条款 25 所言，任何人不得加任何东西到 std 命名空间去。然而实际上你很可能不会有任何麻烦。一旦将来你的编译器提供它们自己的 TR1 实现品，你需要做的唯一事情就是消除上述的 namespace 别名，而后指涉 std::tr1 的代码继续生效，好极了。

非以 Boost 程序库为基础的那些 TR1 组件之中，最重要的或许是 hash tables。其实 hash tables 早已行之有年，分别以名称 hash_set, hash_multiset, hash_map 和 hash_multimap 为人熟知。也许你的编译器已经附带那些 templates 实现码。如果没有，请启动你最喜欢的查找引擎，查找那些名称（及其 TR1 称号），你一定可以找到若干来源，包括商业产品和免费产品。

[1] 在我下笔此刻的 2005 年初，这份文件尚未定稿，其 URL 常有变化。我建议你咨询 *Effective C++* TR1 信息网页，http://aristeia.com/EC3E/TR1_info.html。这个 URL 很稳定。

请记住

- C++ 标准程序库的主要机能由 STL、iostreams、locales 组成。并包含 C99 标准程序库。
- TR1 添加了智能指针（例如 `tr1::shared_ptr`）、一般化函数指针（`tr1::function`）、hash-based 容器、正则表达式（regular expressions）以及另外 10 个组件的支持。
- TR1 自身只是一份规范。为获得 TR1 提供的好处，你需要一份实物。一个好的实物来源是 Boost。

条款 55：让自己熟悉 Boost

Familiarize yourself with Boost.

你正在寻找一个高质量、源码开放、平台独立、编译器独立的程序库吗？看看 Boost 吧。有兴趣加入一个由雄心勃勃充满才干的 C++ 开发人员组成的社群，致力发展（设计和实现）当前最高技术水平之程序库吗？看看 Boost 吧！想要一瞥未来的 C++可能长相吗？看看 Boost 吧！

Boost 是一个 C++ 开发者集结的社群，也是一个可自由下载的 C++ 程序库群。它的网址是 `http://boost.org`。现在你应该把它设为你的桌面书签之一。

当然，世上多得是 C++ 组织和网站，但 Boost 有两件事是其他任何组织无可匹敌的。第一，它和 C++ 标准委员会之间有着独一无二的密切关系，并且对委员会深具影响力。Boost 由委员会成员创设，因此 Boost 成员和委员会成员有很大的重叠。Boost 有个目标：作为一个“可被加入标准 C++ 之各种功能”的测试场。这层关系造就的结果是，以 TR1（见条款 54）提案进入标准 C++ 的 14 个新程序库中，超过三分之二奠基于 Boost 的工作成果。

Boost 的第二个特点是：它接纳程序库的过程。它以公开进行的同僚复审（public peer review）为基础。如果你打算贡献一个程序库给 Boost，首先要对 Boost 开发者电邮名单（mailing list）投递作品，让他们评估这个程序库的重要性，并启动初步审查程序。然后开始这个网站所谓的“讨论、琢磨、再次提交”循环周期，直到一切都获得满足为止。

最后，你准备好你的程序库，要正式提交了。会有一位复审管理员出面确认你的程序库符合 Boost 最低要求。例如它必须通过至少两个编译器（以展现至此仍还微不足道的可移植性），你必须证明你的程序库在一个可接受的授权许可下是可用的（例如这个程序库必须允许免费的商业化和非商业化用途）。然后你的提交正式进入 Boost 社群，等待官方复审。复审期间会有志愿者察看你的程序库各种素材（例如源码、设计文档、使用说明等等），并考虑诸如此类的问题：

- 这一份设计和实现有多好？
- 这些代码可跨编译器和操作系统吗？
- 这个程序库有可能被它所设定的目标用户——也就是在这个程序库企图解决问题的领域中工作的人们——使用吗？
- 文档是否清楚、齐备，而且精确？

所有批注都会被投寄至一份 Boost 邮件列表，所以复审者和其他人可以看到并响应其他人的评论。复审最后周期结束之后，复审管理员便表决你的程序库被接受、被有条件接受，或被拒绝。

同僚复审对于阻挡低劣的程序库很有贡献，同时也教育程序库作者认真考虑一个工业强度、跨平台的程序库的设计、实现和文档工程。许多程序库在被 Boost 接受之前，往往经历了一次以上的官方复审。

Boost 内含数十个程序库，而且还不断有更多添加进来。偶尔也会有程序库被从中移除，通常那是因为它们的机能已被新程序库取代，而新程序库提供了更多、更好的机能，或更好的设计（例如更弹性或更有效率）。

Boost 各程序库之间的大小和作用范围有很大变化。举一个极端例子，某些程序库概念上只需数行代码（但在加入错误处理和可移植性后往往变长很多）。例如 Conversion 程序库，提供较安全或较方便的转型操作符，其 `numeric_cast` 函数在将数值从某类型转换为另一类型而导致溢出（overflow）或下溢（underflow）或类似问题时会抛出异常。`lexical_cast` 则使我们得以将任何类型（只要支持 `operator<<`）转换为字符串，对程序的诊断和运转志记（logging）都十分有用。另一个极端例子是某些程序库提供大面积能力，甚至可以写成一整本书，这类程序库包括 Boost Graph Library（用于编写任意 graph 结构）和 Boost MPL Library（一个元编程程序库，metaprogramming library）。

Boost 程序库对付的主题非常繁多，区分数十个类目，包括：

- **字符串与文本处理**，覆盖具备类型安全（type-safe）的 printf-like 格式化动作、正则表达式（此为 TR1 同类机能的基础，见条款 54），以及语汇单元切割（tokenizing）和解析（parsing）。
- **容器**，覆盖"接口与 STL 相似且大小固定"的数组（见条款 54）、大小可变的 bitsets 以及多维数组。
- **函数对象和高级编程**，覆盖若干被用来作为 TR1 机能基础的程序库。其中一个有趣的程序库是 Lambda，它让我们得以轻松地随时随地创建函数对象，但是你颇有可能不太了解你正在做什么：

```
using namespace boost::lambda;        //让 boost::lambda 的机能曝光
std::vector<int> v;
...
std::for_each(v.begin(), v.end(),            //针对 v 内的每一个元素 x,
    std::cout << _1 * 2 + 10 << "\n"); //印出 x * 2+10;
                                             //其中 "_1" 是 Lambda 程序库
                                             //针对当前元素的一个
                                             //占位符号（placeholder）
```

- **泛型编程**（Generic programming），覆盖一大组 traits classes。关于 traits 请见条款 47。
- **模板元编程**（Template metaprogramming，TMP，见条款 48），覆盖一个针对编译期 assertions 而写的程序库，以及 Boost MPL 程序库。MPL 提供了极好的东西，其中支持编译期实物（compile-time entities）诸如 *types* 的 STL-like 数据结构，等等。

```
//创建一个 list-like 编译期容器，其中收纳三个类型：
//（float, double, long double），并将此容器命名为 "floats"
typedef boost::mpl::list<float, double, long double> floats;

//再创建一个编译期间用以收纳类型的 list，以 "floats" 内的类型为基础，
//最前面再加上 "int"。新容器取名为 "types"。
typedef boost::mpl::push_front<floats, int>::type types;
```

这样的"类型容器"（常被称为 *typelists*——虽然它们也可以以一个 mpl::vector 或 mpl::list 为基础）开启了一扇大门，通往大范围、火力强大且重要的 TMP 应用程序。

- **数学和数值**（Math and numerics），包括有理数、八元数和四元数（octonions and quaternions）、常见的公约数（divisor）和少见的多重运算、随机数（又一个影

响 TR1 内部相关机能的程序库）。

- **正确性与测试**（Correctness and testing），覆盖用来将隐式模板接口（implicit template interfaces，见条款 41）形式化的程序库，以及针对“测试优先”编程形态而设计的措施。
- **数据结构**，覆盖类型安全（type-safe）的 unions（存储各具差异之“任何”类型），以及 tuple 程序库（它是 TR1 同类机能的基础）。
- **语言间的支持**（Inter-language support），包括允许 C++ 和 Python 之间的无缝互操作性（seamless interoperability）。
- **内存**，覆盖 Pool 程序库，用来做出高效率而区块大小固定的分配器（见条款 50），以及多变化的智能指针（smart pointers，见条款 13），包括（但不仅仅是）TR1 智能指针。另有一个 non-TR1 智能指针是 `scoped_array`，那是个 `auto_ptr`-like 智能指针，用来动态分配数组；条款 44 曾经示范其用法。
- **杂项**，包括 CRC 检验、日期和时间的处理、在文件系统上来回移动等等。

请记住，这只是可在 Boost 中找到的程序库抽样，不是一份详尽清单。

Boost 提供的程序库可以做很多很多事，但它并未覆盖整套编程风光。例如其中就没有针对 GUI 开发而设计的程序库，也没有用以连通数据库的程序库——至少在我下笔此刻没有。然而当你阅读本书时就有了也说不定。到底有没有，唯一可以确定的办法是常常上网检核。我建议你现在就去访问：`http://boost.org`。纵使你没能找到刚好符合需求的作品，也一定会在其中发现一些有趣的东西。

请记住

- Boost 是一个社群，也是一个网站。致力于免费、源码开放、同僚复审的 C++ 程序库开发。Boost 在 C++ 标准化过程中扮演深具影响力的角色。
- Boost 提供许多 TR1 组件实现品，以及其他许多程序库。

A 本书之外

Beyond Effective C++

《*Effective C++*》一书覆盖我认为对于以编程为业的 C++ 程序员最重要的一般性准则。如果你有兴趣更强化各种高效做法，我鼓励你试试我的另外两本书：《*More Effective C++*》和《*Effective STL*》。

《*More Effective C++*》覆盖了另一些编程准则，以及对于效能和异常的广泛论述。它也描述重要的 C++ 编程技术如智能指针（smart pointers）、引用计数（reference counting）和代理对象（proxy objects）等等。

《*Effective STL*》是一本和《*Effective C++*》一样的准则导向（guideline-oriented）书籍，专注于对 STL（Standard Template Library，标准模板库）的高效运用。

两本书的目录摘要于下。

《*More Effective C++*》目录

Basics

Item 01: Distinguish between pointers and references
Item 02: Prefer C++-style casts
Item 03: Never treat arrays polymorphically
Item 04: Avoid gratuitous default constructors

Operators

Item 05: Be wary of user-defined conversion functions
Item 06: Distinguish between prefix and postfix forms of increment and decrement operators
Item 07: Never overload &&, ||, or ,
Item 08: Understand the different meanings of new and delete

Exceptions

Item 09: Use destructors to prevent resource leaks

Item 10: Prevent resource leaks in constructors

Item 11: Prevent exceptions from leaving destructors

Item 12: Understand how throwing an exception differs from passing a parameter or calling a virtual function

Item 13: Catch exceptions by reference

Item 14: Use exception specifications judiciously

Item 15: Understand the costs of exception handling

Efficiency

Item 16: Remember the 80-20 rule

Item 17: Consider using lazy evaluation

Item 18: Amortize the cost of expected computations

Item 19: Understand the origin of temporary objects

Item 20: Facilitate the return value optimization

Item 21: Overload to avoid implicit type conversions

Item 22: Consider using op= instead of stand-alone op

Item 23: Consider alternative libraries

Item 24: Understand the costs of virtual functions, multiple inheritance, virtual base classes, and RTTI

Techniques

Item 25: Virtualizing constructors and non-member functions

Item 26: Limiting the number of objects of a class

Item 27: Requiring or prohibiting heap-based objects

Item 28: Smart pointers

Item 29: Reference counting

Item 30: Proxy classes

Item 31: Making functions virtual with respect to more than one object

Miscellany

Item 32: Program in the future tense

Item 33: Make non-leaf classes abstract

Item 34: Understand how to combine C++ and C in the same program

Item 35: Familiarize yourself with the language standard

《*Effective STL*》目录

Chapter 1: Containers

Item 01: Choose your containers with care.

Item 02: Beware the illusion of container-independent code.

Item 03: Make copying cheap and correct for objects in containers.

Item 04: Call empty instead of checking size() against zero.

Item 05: Prefer range member functions to their single-element counterparts.

Item 06: Be alert for C++'s most vexing parse.

Item 07: When using containers of newed pointers, remember to delete the pointers before the container is destroyed.

Item 08: Never create containers of auto_ptrs.

Item 09: Choose carefully among erasing options.

Item 10: Be aware of allocator conventions and restrictions.

Item 11: Understand the legitimate uses of custom allocators.

Item 12: Have realistic expectations about the thread safety of STL containers.

Chapter 2: vector and string

Item 13: Prefer vector and string to dynamically allocated arrays.

Item 14: Use reserve to avoid unnecessary reallocations.

Item 15: Be aware of variations in string implementations.

Item 16: Know how to pass vector and string data to legacy APIs.

Item 17: Use "the swap trick" to trim excess capacity.

Item 18: Avoid using vector<bool>.

Chapter 3: Associative Containers

Item 19: Understand the difference between equality and equivalence.

Item 20: Specify comparison types for associative containers of pointers.

Item 21: Always have comparison functions return false for equal values.

Item 22: Avoid in-place key modification in set and multiset.

Item 23: Consider replacing associative containers with sorted vectors.

Item 24: Choose carefully between map::operator[] and map::insert when efficiency is important.

Item 25: Familiarize yourself with the nonstandard hashed containers.

Chapter 4: Iterators

Item 26: Prefer iterator to const_iterator, reverse_iterator, and const_reverse_iterator.

Item 27: Use distance and advance to convert a container's const_iterators to iterators.

Item 28: Understand how to use a reverse_iterator's base iterator.

Item 29: Consider istreambuf_iterators for character-by-character input.

Chapter 5: Algorithms

Item 30: Make sure destination ranges are big enough.

Item 31: Know your sorting options.

Item 32: Follow remove-like algorithms by erase if you really want to remove something.

Item 33: Be wary of remove-like algorithms on containers of pointers.

Item 34: Note which algorithms expect sorted ranges.

Item 35: Implement simple case-insensitive string comparisons via mismatch or lexicographical_compare.

Item 36: Understand the proper implementation of copy_if.

Item 37: Use accumulate or for_each to summarize ranges.

Chapter 6: Functors, Functor Classes, Functions, etc.

Item 38: Design functor classes for pass-by-value.

Item 39: Make predicates pure functions.

Item 40: Make functor classes adaptable.

Item 41: Understand the reasons for ptr_fun, mem_fun, and mem_fun_ref.

Item 42: Make sure less<T> means operator<.

Chapter 7: Programming with the STL

Item 43: Prefer algorithm calls to hand-written loops.

Item 44: Prefer member functions to algorithms with the same names.

Item 45: Distinguish among count, find, binary_search, lower_bound, upper_bound, and equal_range.

Item 46: Consider function objects instead of functions as algorithm parameters.

Item 47: Avoid producing write-only code.

Item 48: Always #include the proper headers.

Item 49: Learn to decipher STL-related compiler diagnostics.

Item 50: Familiarize yourself with STL-related web sites.

B

新旧版条款对照

Item Mappings Between Second and Third Editions

《*Effective C++*》第三版和先前的第二版之间有许多不同，最重要的是它覆盖了许多新信息。第二版内容大多继续存在于第三版中，不过往往以修改过的形式和位置出现。下页表格列出第二版条款内的信息可在第三版哪里找到，下下页表格则是相反方向的对应。

以下表格所列的是信息的对应，不是文字的对应。例如第二版条款 39“避免在继承体系中做向下转型动作”的观念被移到第三版的**条款** 27，并赋予崭新的文字和示例。更极端的例子是第二版条款 18“努力让 class 接口完满且最小化”。这个条款的主要结论是，如果函数不需特别访问 class 的 non-public 成分，它通常应该被设计为一个 non-members。第三版中相同的结论却是藉由不同（更强烈）的理由触发，因此第二版的条款 18 对应至第三版的**条款** 23，尽管这两个条款之间的唯一共同点只是它们的结论。

第二版映射至第三版

第二版	第三版	第二版	第三版	第二版	第三版
1	2	18	23	35	32
2	—	19	24	36	34
3	—	20	22	37	36
4	—	21	3	38	37
5	16	22	20	39	27
6	13	23	21	40	38
7	49	24	—	41	41
8	51	25	—	42	39,44
9	52	26	—	43	40
10	50	27	6	44	—
11	14	28	—	45	5
12	4	29	28	46	18
13	4	30	28	47	4
14	7	31	21	48	53
15	10	32	26	49	54
16	12	33	30	50	—
17	11	34	31		

第三版映射至第二版

第三版	第二版	第三版	第二版	第三版	第二版
1	—	20	22	39	42
2	1	21	23,31	40	43
3	21	22	20	41	41
4	12,13,47	23	18	42	—
5	45	24	19	43	—
6	27	25	—	44	42
7	14	26	32	45	—
8	—	27	39	46	—
9	—	28	29,30	47	—
10	15	29	—	48	—
11	17	30	33	49	7
12	16	31	34	50	10
13	6	32	35	51	8
14	11	33	9	52	9
15	—	34	36	53	48
16	5	35	—	54	49
17	—	36	37	55	—
18	46	37	38		
19	pp.77-79	38	40		

索引

Index

所有操作符（operator）都列于词条 *operator* 之下，亦即 `operator<<` 列于词条 *operator* 之下而非 << 之下。依此类推。范例所用之 classes、structs、class templates、struct templates 名称列于词条 *example classes / templates* 之下，范例所用之函数名称列于词条 *example functions / templates* 之下。

译注：由于中译本和英文版页页对译，因此保留英文版完整索引不做任何改动。中英术语之对照请见 ix 页。

Before A

A

B

C

D

F

J

P

U

V

W

X

Z

反侵权盗版声明